Jan Peter Apel
Physikirrungen

Cover-Bild:
Enkel des Autors im Zustand kräftefreier Körper auf Einstein's Geodäte bei der Suche nach der Krümmung des Raums

Wissen ist eine dünne klare Schicht an der Oberfläche eines Sees voller urmächtiger Empfindungen, die den See trüben und immer wieder hoch quellen und die dünne Schicht der Wahrheit beiseite schieben. Jeder neu geborene Mensch fängt neu von unten an, durch seine das Wasser eintrübenden subjektiven Ansichten über die Welt bis zur oberen klaren Schicht der Wahrheiten zu gelangen. Ohne Führung anzunehmen von denen, die die Oberfläche kennen, kommt er in seinem eigenen Leben aber nie da an.

Im Folgenden wird die Vergangenheit der Entwicklung der heutigen Physik daraufhin untersucht, wo und wie Irrtümer eingeflossen sind. Alles neu dargestellte hat einen nachprüfbaren sachlichen Untergrund, der weder von der Mathematik noch Expertenmeinungen ersetzt werden kann, sondern nur durch physikalische Regeln bestimmt ist. Richtiges in der Physik kann ausschließlich nur durch die Natur mit ihren Regeln bestätigt werden.

Jan Peter Apel

Physikirrungen

Bibliografische Information der Deutschen Nationalbibliothek:
Die deutsche Nationalbibliothek verzeichnet diese Publikation
in der deutschen Nationalbibliografie; bibliografische
Daten sind im Internet über http://dnb.de abrufbar.

2015
Herausgeberin
Roswitha Apel
36269 Philippsthal

Herstellung und Verlag
BoD - Books on Demand, Norderstedt

ISBN 9783738644470

Layout und Skizzen:
Jan Peter Apel

Die Gärten der Erkenntnisse	2
Die Ursünde	18
Logik ade, die Wahrheit kommt	34
Wackelt die Zeit?	40
Das große Undurchschaubare	65
Warum fallen wir?	95
Was sehen wir falsch?	117
Die Sturheit der Materie	122
Das unbekannte Wesen Kraft	128
Eine Reise durch die Welt	150
Die galaktischen Kreisel	161
Das Ding, das man nicht sieht	166
Wackelt das Weltall?	175
Die rote Ferne	179
Das Unverstehbare	186
Was ist wahr?	193
Das richtige Weltbild	197
Schlußerkenntnis	199

Die Gärten der Erkenntnisse

Im Vorwort zum Buch von Richard Feynman (Nobelpreis 1965), "Vom Wesen physikalischer Gesetze". schrieb Rudolf Mößbauer (Nobelpreis 1961): "*Er als Theoretiker untersagte mir bei diesen Diskussionen zu meinem größten Erstaunen die Verwendung von mathematischen Formulierungen mit der Begründung, daß die Mathematik ja dann nachgeholt werden könne, wenn die Lösungen erst einmal klar wären.*"

Mößbauers Erstaunen repräsentiert das heutige Verständnis für das, was, z. Zt. mit Inbrunst betrieben, als Physik verstanden wird: *mathematische* Beschreibungen von Vorgängen der Natur. Feynmans vorgenannte Aussage steht damit im Widerspruch zum derzeitigen Lehrverständnis, das sich *Lösungen ohne Mathematik* überhaupt nicht vorstellen kann. Deshalb meint die Öffentlichkeit ja auch: "Physiker suchen Formeln!" Tun sie das wirklich? Die Frage, was Physiker suchen bzw. suchen sollten, ist wesentlicher Inhalt dieses Buches. Selbstverständlich wollen Physiker was entdecken. Die Hardware der Natur ist aber schon sehr weitgehend bekannt. Bei der Software aber, den Funktionismen, liegt noch sehr vieles im Dunkel. Egal aber, welche Entdeckungen sie machen, die gelten nur etwas, wenn sie auch Kollegen beeindrucken.

Da mathematische Formeln mehr Eindruck machen als einfache Erklärungen, wie etwas funktioniert, wurde die Physik mathematisch und Formeln zum goldenen Kalb. Die größten Formeln stammen von Einstein. Ihr Nachteil: Kein normaler Mensch versteht sie. Der normale Mensch will aber gar nicht wissen, wie Formeln lauten, er will wissen, wie was in der Natur funktioniert, und das verständlich mit Worten. Und wenn das geklärt ist, entstehen auch von ganz allein Formeln dafür, sogar einfachere als die derzeitigen.

Alle aktuellen populären Darstellungen der Welt mit ihren so phantastischen Weltbildern wie Raum- und Zeitkrümmungen fußen auf Interpretationen aus mathematischen Formulierungen, von denen ein noch genannter Professor sagt, daß sie wissenschaftlich sowieso nicht verwertbar wären.

"Wenn wir alles Mathematische betreffs der Natur erst einmal richtig durchgearbeitet haben, können wir es dann auch verständlich darstellen", so die Auffassung von Wissenschaftlern über den heutigen Status der Physik. Darauf warten wir z. B. bei den Relativitätstheorien nun aber schon über einhundert Jahre! Also kann da ja Etwas nicht so ganz stimmen.

Daß Forscher einen Auftrag von der Allgemeinheit haben, die ihre Forschungen bezahlt, ist wohl keinem von ihnen mehr bewußt. Trotzdem muß das Ergebnis ihres Forschens sein, daß die Erklärung der Natur populär verständlich ***dem Auftraggeber***, also der Menschheit insgesamt, vorgelegt werden kann, was die meisten Forscher auch nicht wissen. Obwohl erst dann, wenn sie das können, es auch der endgültige Beweis dafür ist, daß sie überhaupt das Richtige gefunden haben, wie sich noch zeigen wird.

Auch ein Laie kann Physikalisches bewerten, entsprechendes Denkenkönnen und Interesse vorausgesetzt, ***ohne*** Physik oder Mathematik studiert zu haben. Wie sagte mal jemand: "Muß ich erst Koch gelernt haben, um beurteilen zu können, ob eine Suppe versalzen ist?" Das heißt, auch ein interessierter Laie kann die Sinnhaftigkeit physikalischer Theorien beurteilen. Das Argument von Fachleuten "Davon verstehen Sie nichts" als Antwort auf von ihnen nicht verständlich beantwortbare Fragen ist nichts als ein nur hilfloser Rückzug in eine mathematische Schein-Welt.
Ergebnisse physikalischer Forschung *müssen* auch vernünftigem Denken standhalten, was z. B. bei den heutigen überdimensionalen Raumzeitstrukturen nicht mehr der Fall ist und sie auch deshalb, wie noch nachgewiesen wird, nur mathematisch möglich sind, nicht aber wahrhaftig.

In diesem Buch wird aus gutem Grund das Mathematische ganz weggelassen und die Feynman'schen "Lösungen", das sind die Wirkungsweisen der Natur, ***direkt*** gesucht. Die Lösung eines Naturphänomens muß nämlich auch *zuerst* ihren Funktionismus betreffen. Die Mathematik hat, wie noch begründet wird, nicht die Fähigkeit, vor der Findung der physikalischen Lösung feststellen zu können, ob bestimmte Vorgänge in der Natur möglich oder nicht möglich sind. Deshalb ist es in der heutigen Physik auch verboten, richtig oder falsch sagen zu dürfen. Die Meinungen von Physikern streuen deshalb wie die Gutachten von Psychologen oder Medizinern über Angeklagte oder Zeugen vor Gericht.

Daß die Natur einmal gänzlich ohne Mathematik erklärbar sein wird, sagte Feynman im genannten Buch ebenfalls voraus: "*Warum sollte ein unendlicher Aufwand an Logik erforderlich sein, um Vorgänge in einem einzigen winzigen Stückchen Raum/Zeit heraus zu finden? Deshalb hänge ich irgendwie an der Hypothese, daß die Physik letztendlich der Mathematik nicht bedarf, daß zu guter Letzt die Maschinerie ans Licht kommen wird und die Gesetze sich als so einfach erweisen wie die Regeln des vordergründig scheinbar komplexen Schachspiels.*"

Fangen wir also damit an, die Möglichkeit, die Natur ohne Mathematik ergründen zu können, auszuschöpfen. Und das führt auch prompt zu Anfangserfolgen, die schon zwei bisher bestehende größte Rätsel der Natur lösen.

Trennen wir zunächst Physik und Mathematik. Und zwar mit dem Beispiel von Gärten, in denen Blumen Blüten treiben. Die Blumen sind verschiedene Bereiche und die Blüten einzelne Aussagen, in der Physik Theorien und in der Mathematik Formeln.

In welchem "Garten" kann die Physik die Blüten der Erkenntnisse pflücken, in ihrem oder dem mathematischen?
Natürlich in ihrem, was sonst?
Was aber sind physikalische Blüten?
Ja, genau das ist die Frage, denn:
Was ist Physik?
Das konnte bis heute nicht definiert werden!
Eines wird sich hier aber noch zeigen: *Mathematik ist es nicht,* so, wie es Feynman ebenfalls sah.

Früher, vor der rechnerischen Entdeckung des Neptun, war Physik eine rein denkerische Wissenschaft, die auch noch Wahrheiten suchte, wovor die heutige Physik schon längst kapituliert hat. Genau dieses Nichtmathematische rief Feynman wieder einmal ins Gedächtnis, was aber außer zu Mößbauers nur vorübergehender großer Verwunderung zu keinen sonstigen Folgen führte.

Heute werden Physiker "mathematisch" ausgebildet. Damit entgeht ihnen das Wissen, daß Physik auch ohne Mathematik "kann". Die heutige Physik versteht sich so, daß die Natur Erscheinungen liefert, die die Mathematik dann "bearbeiten" kann. Darin ist die Physik nur der Zuträger zur Mathematik. Moderne Physiker pflanzen nur Blumen im mathematischen Garten, deren Blüten Formeln sind. Mit der Notwendigkeit, daraus Erklärungen für die Natur heraus *interpretieren* zu müssen. Aber, diese Blüten "duften" nicht, sie sind stumm. Der Duft ist aber das, was sprechen und erklären kann, somit das, was eigentlich gesucht ist. Die Erfolge dieser mathematischen Physik, geschönt mit "theoretisch" bezeichnet, sind fast null, was aber geschickt kaschiert wird.

Auch Feynman wurde im mathematischen Garten groß, behielt aber eine Ahnung davon, was Physik ist. Seine Ahnungen waren aber nicht so stark, daß er es wagte, auszubrechen. Ohne den Garten der Mathematik zu verlassen und den der Physik aufzusuchen, können aber keine physikalischen Blumen mit

Blüten als Einzelerkenntnisse gefunden werden. So auch er nicht. Aber, er hatte die Gabe, das "Mathematische" wenigstens noch bildlich begreifbar darzustellen, er hatte noch physikalisches "Gefühl".

Der physikalische Garten ist eine Kümmerwiese, in dem seine Blumen von Fremdblüten, die nicht nur aus dem mathematischen, sondern zusätzlich auch noch aus dem philosophischen Garten oberflächlich polypenhaft herein ranken, überwuchert sind.
Da man heute die Blüten aus dem physikalischen wie dem mathematischen Garten nur in Form von Formeln Beachtung schenkt, sehen beide gleich aus. Es gibt aber einen ganz wesentlichen Unterschied zwischen den Formeln aus dem mathematischen und denen aus dem physikalischen Garten. Die mathematischen Blüten sind abstrakte Zusammenhänge physikalischer Größen, ohne aber die Kenntnisse zu besitzen, wie die Natur es macht, daß es zu diesen Formeln kommt. Sie stellen nur nackte Ergebnisse dar. Die physikalischen Formeln aber stammen aus Theorien, die wissen, wie in der Natur ein Vorgang von welcher Ursache zu welcher Wirkung nach welchem Naturprinzip abläuft. Physikalische Blüten können also was erzählen, haben einen "Duft".

Die Überzahl mathematischer Fremd-Blüten im physikalischen Garten bestimmt das heutige Wesen der Physik. Das geht so weit, daß Mathematiker, die die Sprache physikalischer Blüten, die unsere Sprache ist, gar nicht benutzen, sogar die Fähigkeit absprechen, die Abläufe von Naturgeschehen exakt und stringent (abfolgerichtig) darlegen zu können.

Die Abgrenzung des physikalischen Gartens zum mathematischen, der Gartenzaun, ist:

***Die Natur funktioniert nicht deshalb,
weil es eine Mathematik gibt.***

Was die Natur im physikalischen Garten wachsen läßt und sich durch Blüten als Erkenntnisse zeigt, ist Physik und benötigt keine Hilfe durch irgend etwas anderes.
Auch Einstein kannte diesen Unterschied zwischen Mathematik und Physik. Er drückte ihn so aus:

***Es gibt die überraschende Möglichkeit,
daß man eine Sache mathematisch beschreiben kann
ohne den "Witz der Sache" begriffen zu haben.***

Der "Witz der Sache" aber ist Physik, die Funktionismus der Natur, der Duft der Blüten aus dem physikalischen Garten. Aber, fast die gesamte heutige Physik basiert auf dieser "überraschenden Möglichkeit", also ohne die "Sache", das ist die Natur, wirklich erkannt zu haben. Einstein begriff den "Witz der Sache" leider selbst nicht, denn er züchtete, wie sich noch zeigen wird, eine mathematische Pflanze, die den physikalischen Garten fast vollständig überwucherte. Und das, obwohl er richtig erkannte, daß die Natur *unabhängig* von der Mathematik ist, was ja die Kernaussage seiner Worte ist. Sie bedeuten nichts anderes, als daß die Physik *selbständig* sein muß.

Die nur mathematisch gewachsenen Formeln ohne den "Witz der Sache" sind zwar ergebnisrichtig, aber duft-, das heißt sprachlos. Man kann sie nichts fragen, da sie nicht antworten können. Sie können nie sagen, ***warum*** die Ergebnisse stimmig sind. Deshalb lautet das Obergesetz für die Physik:

Da die Natur selbständig funktioniert,
muß sie auch <u>selbständig</u> ohne Mathematik erklärt werden.

Mathematik kann zudem auch gar nicht *erklären*, sondern lediglich nur *beschreiben*. Zum Erklären ist ausschließlich nur die Sprache fähig. Nur sie kann den Ursprung physikalischer Abläufe, den "Witz der Sache", verdeutlichen. Allerdings muß sie dazu auch hergerichtet sein. Das gilt vor allem für die Begriffe, die in der Physik benötigt werden. Leider betrifft das mangels ausreichender Worte aber viele, die auch in der Alltagssprache verwendet werden. Das ist aber auch kein Wunder, da wir ja in und mit dem leben, was die Physik zu erklären hat.

Also: Sprachliche Begriffe müssen *für ihre Anwendungen in der Physik* speziell präzisiert, d. h. definiert, werden. Natürlich können sie in ihren umgangssprachlichen Bedeutungen trotzdem weiter verwendet werden. Die zuvor verwendeten Begriffe "*erklären*" und "*beschreiben*" sind aber schon welche, deren Verwendungen in der Physik z. Zt. heillos durcheinander gehen. Mathematiker glauben z. B., daß ihre Formeln etwas "erklären" könnten. Ein Fehlschluß: Formeln ergeben sich schon aus äußerlichen Zusammenhängen, ohne die physikalischen Wurzeln zu kennen.

Wie z. B. eine Kraft aus welcher Ursache mit welchem Prinzip zu welcher Wirkung entsteht, kann nur sprachlich erfolgen, so, wie es Newton gemacht hat: *Durch Änderung des Impulses*. Diese nur vier Worte sind zwar schon eine Erklärung, eine in der richtigen Form, aber noch lange nicht die physikalische

Blüte, die bis zur Wurzel im physikalischen Garten reicht. Denn, "Impuls" ist kein Ding der Natur, sondern eine nur abstrakte mathematische Formel. Auch die Erklärung der Entstehung einer Kraft muß mit ausschließlich ***Dinglichem*** der Natur erfolgen und nicht mittels Zuhilfenahme mathematischer Formulierungen. *Erklärungen* müssen einen aussprechbaren physikalischen Hosenboden haben und immer ***bis zur Wurzel*** im physikalischen Garten hinab reichen und nicht wie in diesem Beispiel bei Kräften nur die oberflächlichen Zusammenhänge zwischen Masse, Beschleunigung und Kraft nur beschreiben. In diesen drei physikalischen Einzelgrößen steckt ja nicht drin, *warum* die gegenseitigen Beziehungen so sind, wie sie sind. Das kann nur die physikalische Blume verbal sagen wie es im Weiteren auch noch geschieht.

Sprache ist die Sprache der Physik.

Wobei die Bedeutung dieser Erkenntnis aber nicht nur das Sprechen anbelangt, sondern viel mehr noch das *Denken*! Und physikalisches Denken führt im Weiteren dazu, daß sich insbesondere die Probleme Zeitdilatation und sogar Gravitation lösen.

Galilei sah die Welt noch anders: "*Das Buch der Natur ist in den Lettern der Mathematik geschrieben*!". Er begründete die Zeit des "Die Welt ist ein Uhrwerk, alles läßt sich voraus rechnen". Diese Denkgrundlage ist mit der heutigen Mathematik auf ihrem Gipfel angekommen, gleichzeitig damit aber auch an ihrem Ende. Es geht nicht mehr weiter voran. Im Gegenteil, die Fragen vermehren sich schneller als die Antworten. An das viel wichtigere "Warum das so ist" dachte nämlich auch Galilei nicht. Inzwischen sind die Vorausrechnungen auch viel unsicherer geworden. Nicht, weil die Formeln nicht stimmen, sondern weil die Wirklichkeit an noch mehr als nur an eine "denkt". Z. B. hat der Mond kleine Schwankungen in seiner Umlaufzeit um die Erde. Sie sind bisher nicht einmal mathematisch zu bewältigen, von der Findung ihrer Ursachen noch gar nicht zu reden, wobei die sich mathematisch auch gar nicht finden lassen, sonst hätte man sie längst. Damit ist das "Uhrwerk Natur" Out! Die Wissenschaft kapitulierte inzwischen: Neben der Uhrzeit auf der Erde verpaßte sie dem Mond eine eigene Zeit, die aus *seiner* Umlaufzeit. Damit ist das Problem weg, oder? Der Leser mag sich selbst einen Reim darauf machen.

Ein ganz zentraler und die Physik wesentlich bestimmender Begriff ist "relativ". Er wird benutzt von *relativ* teuer bis zur "*Relativ*"itätstheorie, von der sich kein normaler Mensch eine sinnvolle Vorstellung machen kann, was sie

überhaupt sein soll. Der Begriff "relativ" wird eher in Witzen verstanden als in der Physik. Und das, obwohl er in einer Wissenschaft Physik die fundamentalste Bedeutung hat, die man sich vorstellen kann. "Relativ" dreht sich die Sonne um uns, in Wahrheit drehen wir uns um die Sonne. Nicht die Sonne geht morgens auf und abends unter, sondern wir sehen sie morgens durch die Drehung des Balles, auf dem wir wohnen, wieder und abends drehen wir uns wieder von ihr weg.
Wie sich noch zeigen wird, sind gerade die doch so heiligen Relativitätstheorien das Produkt des gleichen Mißverständnisses betreffs relativ. Die Mathematik kennt gar keine Begriffe wie relativ oder absolut. Wie kann sie daher Physik machen? Denn: *Absolut* und *relativ* unterscheiden wahr und unwahr!

Sichten aus falschen Standorten setzen eine uralte Tradition fort, nämlich die Natur in subjektiver Weise zu sehen. Ganz früher sah man nicht verstandene Erscheinungen als von Göttern verursacht, später war man selbst Gott und ließ sich die Sonne um die Erde, damit um sich selbst, drehen und aktuell läßt man die Mathematik auf die Natur los und macht sie damit sogar noch übernatürlich. Immer wieder dasselbe: menschliche Phantastereien.

In diesem Buch wird die Natur gefragt, wie sie ist,
und nicht, wie wir oder die Mathematik sie sehen.

Dazu reicht es aber nicht, die Natur nur von unten in ihren vielen Einzelphänomenen zu betrachten, sondern sie muß von *oben* her gesehen werden. Das erkannte schon Johann Wolfgang von Goethe: "*Zur Einsicht in den geringsten Teil ist die Übersicht über das Ganze nötig*!"
Die vielen kleinen Geschehnisse wie das "auf die Nase fallen" oder der Schmerz, sich gestoßen zu haben oder die Möglichkeit, fliegen zu können, lassen sich erst dann wirklich verstehen, wenn das Ganze, das ist das Gen der Blumen im physikalischen Garten, bekannt ist. Das "Ganze" ist natürlich auch das Ziel physikalischer Forschung, findet sich aber leider nicht nach dem Baukastenprinzip als geistiger Turm zu Babel aus der Summe vieler kleiner Einzelerlebnisse, sondern kann, wie sich noch zeigt, nur *vorgreifend* nach dem Prinzip Versuch und Irrtum *für sich allein* gefunden werden. Das Ganze, oft auch als "Oberes" bezeichnet, kann weder errechnet noch aus Einzelgeschehnissen "hinauf" interpoliert oder -pretiert, sondern letztlich nur erraten werden. Kriminalistik ist das einzige Mittel zur Aufdeckung der Geheimnisse der Natur. Gesucht ist der "Täter", die obere Ursache für alle Geschehnisse dieser Welt.

Mathematik hat keine Fähigkeiten, diesen Täter finden zu können, nämlich, welches Ober-Ursache-Wirk-Prinzip die Abläufe der Natur bestimmt. Nur dessen Kenntnis führt aber erst zu mathematischen Formeln, die auch Wurzeln im physikalischen Garten haben und nicht nur Blüten von Ranken aus dem mathematischen sind, die nur die Oberfläche der Natur sehen ohne deren Verursachungen zu kennen.
Die Mathematik bietet weiter immer mehrere Wege zu gleichen Ergebnissen an. Z. B. führen fünf ganz unterschiedliche Mathematiken (fünf verschiedene Blüten aus dem mathematischen Garten) aus auch noch fünf ganz unterschiedlichen falschen Ideen (Unkrautblüten im physikalischen Garten) für die Gravitation zu gleichen Ergebnissen. Obwohl alle diese Formeln keine Ahnung davon haben, um was es überhaupt geht. Die Mathematik kann das auch gar nicht wissen, sie kennt nur Zahlen, die wiederum die Natur nicht kennt.

Da viele physikalische Theorien bis heute nicht korrekt sind (Unkrautblüten), sind auch viele Mathematiken, die Naturereignisse beschreiben, getürkt, d. h. auf beobachtete bzw. gemessene Ergebnisse hin *angeglichen*. Deswegen werden auch viele sogenannte Konstanten, also Zahlen, benötigt, die einen Ersatz für physikalische Wurzeln bilden. Eine solche Konstante ist z. B. die Gravitationskonstante, die aus dem Zusammenhang von Gravitationskraft, Masse und Abstand ein quantitativ richtiges Ergebnis ermöglicht. Sie stammt aber nur aus Messungen, ohne eine Ahnung davon zu haben, was Gravitation ist. Ein gemessener Wert ist aber keine Physik, die will ja wissen, wo ein solcher Wert herkommt, aus welchem Ursache-Wirk-Prinzip er entsteht, so daß er mit dieser physikalischen Grundlage sogar errechnet werden können muß. Wie groß er ist, interessiert die Physik weniger, sie hat zu sagen, warum es diesen und andere Werte überhaupt gibt und wie sie entstehen.

Physik sucht Wissen und keine Zahlen.

Die Zahlenmethodik ist für die Technik aber erforderlich, weil sie sonst warten müßte, bis die wahren physikalischen Erkenntnisse gefunden sind. Wir hätten sonst z. B. noch keine Satelliten für TV, GPS und anderes, bevor entdeckt wird, was Gravitation ist. Nur Berechnungs*möglichkeiten* aber, wie z. B. für Satellitenbahnen und Flugzeugkonstruktionen, als Physik zu verkaufen, ist Betrug. Technik ist etwas anderes als Physik, nämlich nur die *Benutzung* der Natur und nicht ihre Erklärung.

Dieses Buch ist in einfachster Umgangssprache geschrieben, da mehr auch

nicht nötig ist. Die bestehende Methodik, physikalische Erkenntnisse mit Namen zu versehen, entweder für technische Begriffe wie z. B. Dynamik oder individualen wie Bernoulli-Effekt, erklärt nichts, sondern verwirrt noch zusätzlich. Die Natur funktioniert nicht in komplizierter Weise sondern mit einfachen Prinzipien. Die aber zu finden, wird durch solche Begriffe ungemein erschwert bis unmöglich, denn mit ihnen ist kein *Denken* möglich. Die vielen hochtrabenden Fachausdrücke, die sowieso keine Verständnisse erzeugen können, werden, meist unwissentlich, sogar zur Verschleierung von Unwissen benutzt. Entweder, Naturphänomene lassen sich in einfachster Sprache erklären oder man kann sie noch nicht erklären, weil man ihren "Witz der Sache" noch gar nicht gefunden hat.
Eine *einfache* Erklärung stellt auch ein Indiz dafür, ob eine Theorie überhaupt richtig sein kann. Theorien sind, wenn sie sich nicht *stringent* bis zum jeweiligen Grundprinzip zurückführen lassen, per se falsch. Es gibt inzwischen solche, die sich nur deshalb halten können, weil sie durch ihre Überkompliziertheit nicht widerlegbar sind. Das betrifft z. B. die sogenannte String-Theorie, in der viele Entwicklungsschritte mit "man kann es doch auch so sehen" enthalten sind. Das ist in der Physik aber gar nicht zulässig, da hat man zu finden, ob etwas so ist wie man glaubt oder hofft oder nicht. Und der Nachweis für das Geglaubte oder Erhoffte muß durchgängig für jeden Gedankenfortschritt bestehen.

Diese angesprochenen "Fehlleistungen" der heutigen Physik sind aber keine Dummheiten, sondern haben eine konkrete menschliche Ursache. Auch nach neuesten Hirn-Forschungen sieht der Mensch die Natur nicht so, wie sie wirklich ist, sondern so, wie er sie geistig "einkleidet". Einkleidet mit dem, was er sich als "Bilder" während seines Großwerdens angeeignet hat oder/und was ihm in der Ausbildung beigebracht wurde.
Daraus entsteht eine geistige Einschränkung auf nur bisher Gesagtes und Gemachtes. Das wird ansonsten allgemein als Betriebsblindheit bezeichnet. Im Physik-"Betrieb" ist diese Betriebsblindheit auch vorhanden, wird aber nicht wahrgenommen.

Ausgebildete Physiker legen ihre erlernten Denk-Bilder, das sind heute nur Blüten aus dem mathematischen Garten, auf alles, was ihnen später begegnet. Die Crux dabei ist, daß das, oberflächlich gesehen, funktioniert, da quantitativ erfolgreich, obwohl es physikalisch grundfalsch sein kann. Inzwischen geht das aber schon so weit, daß frech gelogen wird. Ein aktuelles Beispiel einer glatten Lüge vom Kaliber der Relativitätstheorien ist noch aufgeführt.

Heutige Physik-Lehrabsolventen sind durch ihre "über"mathematischen Ausbildungen und Denkweisen grundsätzlich nicht mehr in der Lage, rein Physikalisches überhaupt noch erkennen zu können, ihnen wird gar kein Unterschied mehr zwischen Physik und Mathematik aufgezeigt. Ihnen wird die physikalische Sprache, die durch physikalische und nicht mathematische Regeln bestimmt ist, vorenthalten.

Ein mittelständischer Unternehmer, der Meßgeräte herstellt, sinngemäß: "Ich stelle keine TH-Physiker mehr ein, die haben kein *Verständnis* mehr von realen Dingen". Wo ist das Verständnis hin? Es ist mit einer undurchsichtigen mathematischen Verpackung eingewickelt. Diese verhindert jeden Durchblick auf den "Witz der Sache", auf das Original der Natur.

Durch dic Selbstüberschätzung der heutigen Wissenschaft als schon fast alles Wissendem erwarten Lehrabsolventen auch gar nichts grundsätzlich Neues mehr. Sie glauben, alle Blüten der Natur zu kennen, dabei sind es nur mathematische. Die Hauptkrankheit der heutigen "Wissenschaft" Physik ist, daß sie nicht mehr offen ist, weder in der Fähigkeit, Altes neu hinterfragen zu können noch Neues verstehen zu wollen, das bestehende Theorien auch nur ankratzen könnte. Dabei ist das heutige Wissen nur mathematische Tapete auf noch vielem Unbekannten der Natur.
Einstein legte man damals nahe, keine Physik zu studieren, da in ihr doch schon alles bekannt sei. Heute glaubt man schon wieder, daß man alles wüßte. Dabei kann man die Natur nur mathematisch *beschreiben*. Von *Erklärungen* wie etwa "*Was* ist Gravitation?" oder "*Was* ist Zeitdilatation" ist das noch meilenweit entfernt.

Eine sich nicht immer wieder selbst nach kontrollierende Wissenschaft läuft unausweichlich "in den Wald". Die heutige Wissenschaft Physik, die mangels eigener Regeln noch gar keine Wissenschaft ist, lebt nicht, sie ist tot. Nur Gralshüter dürfen noch etwas laut sagen. Andere mit anderen Meinungen werden verstoßen.
Ohne neues kritisches Denken kann sich die Physik aber nicht weiter entwickeln. Wissenschaftler bilden heute einen Verein, der sich in nichts vom Kastensystem Indiens unterscheidet. "Höhere" sprechen grundsätzlich nicht mit "Niedereren". Obwohl es ja ein Sprichwort gibt, das eine wahre Lebenserfahrung wiedergibt: "Man kann vom Dümmsten noch lernen!" In der Praxis tun viele "Obere" das aber heimlich, indem sie die Lauscher auf haben und jedes Wort Anderer danach untersuchen, ob da was für sie drin steckt. Unsittlich ist

nur, daß sie das Aufgeschnappte dann als ihre Idee ausgeben. Als Liese Meitner als "nur" Assistentin als erste aussprach, daß eine bestimmte radioaktive Erscheinung nur so entstehen könne, daß sich der Atomkern geändert haben müsse, griff Otto Hahn das auf und ließ es binnen Wochen als seine Idee veröffentlichen, womit er den Nobelpreis für die Kernspaltung erhielt. Sein schlechtes Gewissen ließ Liese Meitner dann aber das Preisgeld zukommen. Angeblich Dümmere bringen auch heute noch gute Ideen ein, die im modernen Brainstorming-Verfahren den Ideenpool füllen. Sie sind nämlich nicht gehemmt davor, nur scheinbar Unmögliches auszusprechen. Aber natürlich ist die Zahl der von "Unteren" kommenden großen Ideen weit weit geringer als die, die die Experten selbst finden, die sind ja schon schlauer. Nur wissen sie als Mathematiker oft nicht, "was" sie tun!

Bewertungen des hier Geschriebenen mit Mathematik sind sinnlos, denn es handelt sich um Naturlehre, also um Physik. Mathematik kann allenfalls nachrechnen, was die Physik sagt.

Nur Mit-*Denken* ohne Vorurteile führt zum Verstehen dessen, was hier geschrieben ist. Das im Buch enthaltene Neue steht zum Teil frontal gegen Bestehendes, was nach Karl Popper, einem österreichischen Physikphilosophen, auch so sein ***muß.*** Er erkannte nämlich, daß Physik nicht kumulativ, sondern revolutionär ist: Neues *verdrängt* Altes, was "die Wissenschaft" nicht nur nicht wahrhaben will, sondern sogar aktiv bekämpft.

Bewertungen von Neuem sind nur aus <u>dessen</u> Verstehen sinnvoll.

Verstehen wird jedoch zusätzlich auch noch individuell dadurch behindert bzw. gar unmöglich, weil ein jeder Mensch versucht, Neues wie Altes, mit seiner *persönlichen* Logik zu verstehen. Jeder Mensch baut sich im Kopf *seine* Verstehenssoftware auf. Weicht diese von der der Natur ab, hat er keine Chance, sie jemals verstehen zu können.

Forschung, egal wofür, erfordert, den Kopf zunächst *leer* zu machen. Dann sind die Logiken, die im zu Erforschenden bestehen, aufzunehmen. Nur mit ihnen ist dann ein Eintauchen in die Natur möglich. Die zu findenden Logiken des zu Erforschenden betreffen *zuerst die Oberen,* denn nur mit ihnen sind die unteren Erscheinungen überhaupt zu verstehen.
Das Fehlen der oberen Logiken der Natur ist das Problem, das in der heutigen Physik besteht. Sie kennt nur ein paar einzelne kleine Blüten aus dem physi-

kalischen Garten, nicht aber die großen Blumen, die das Bild des Gartens prägen.
Neues durch die Zensur mit Alten zu leiten, wie es regelmäßig gemacht wird, ist die sicherste Methode, es zu töten. Die Vergangenheit der Wissenschaft faßte schon einmal jemand so zusammen: "*Die Wissenschaft hat ihr Äußerstes getan, um zu verhindern, was sie je erreicht hat*". Es gibt keine Anzeichen dafür, daß sich "die Wissenschaft" in Gestalt ihrer heutigen Mitwirkenden geändert hat oder diese gar bereit dazu wären. Im Gegenteil, nach wie vor werden Forscher mit von aktueller Lehre abweichenden Meinungen massivst bekämpft, mit Degradierungen und Forschungsverboten. Und das, obwohl die "Freiheit in der Forschung" das höchste Gut der Forschung ist! Die Sturheit des Denkens in von oben (was immer auch das "oben" ist) gelenkten Bahnen unterscheidet sich auch heute noch in nichts von der im Mittelalter.

Wissenschaft hat keine Konkurrenz!

Also bleibt sie im nur Bestehenden stecken.

Physik sei eine Wissenschaft. Sie sei sogar die Königswissenschaft. Was aber ist eigentlich eine Wissenschaft? In Lexika finden sich lediglich Betrachtungen ohne wirkliche konkrete Definitionen. Also müssen wir auch hier die Definition finden. Vorab so (es folgt später noch eine nach Brockhaus):

"Wissenschaften sind geistige und natürliche Sachgebiete,
die sich <u>allein</u> nach <u>ihren</u> jeweiligen Regeln <u>selbst</u> bestimmen".

Regeln sind das Wesentlichste einer Wissenschaft, sie prägen sie. Die seinerzeitige Alchimie mit personenbezogenen Ansichten und Geheimnissen war noch keine Wissenschaft. Die heutige, nach gefundenen Regeln entstandene, Chemie ist aber daraus entstanden.
Die heutige Physik weiß aber noch nicht einmal, daß sie noch gar keine Regeln hat, denn die Regeln der Mathematik sind *nicht* die Regeln der Natur! So, wie es Richard Feynman richtig voraus ahnte: "*So wundere ich mich immer wieder, wie es möglich ist, etwas mit Hilfe der Mathematik vorauszusagen, die sich doch an Regeln hält, die mit dem, was in dem berechneten Ding vor sich geht, wirklich nichts zu tun haben*". Er suchte oder fand die Antwort aber selbst nicht und kam somit auch nicht aus den falschen mathematischen Regeln des Physik-"Betriebes" heraus. Im Gegenteil, er verteidigte sie noch: "*Um es kurz zu machen, die Rolle der Mathematik in der Physik ist bei der Diskussion der einzelnen Vorgänge in komplizierten Situationen gar nicht zu überschätzen;*

schließlich garantiert die Mathematik die Grundregeln des Spiels." Allerdings schränkte er diese Aussage auf *komplizierte Situationen* ein. Das funktioniert deshalb, weil Physik und Mathematik beide stringent logisch sind. Die Ergebnisse beider sind aber nur quantitativ übereinstimmend. Sachlich ist die mathematische Vorgehensweise eine nur "Auch"-Möglichkeit. Physikalisch ist sie jedoch nur eine "Man kann es doch auch so sehen"-Ansicht auf die Natur, ohne daß sich dadurch Wahrheitsinhalte aufzeigen. "Man kann es doch auch so sehen" ist gerade das, was die Physik in die Irre führt! "Man kann es doch auch so sehen" ist in der Physik verboten, das ist eine Regel in der Physik, denn, die Wahrheit ist einzig und läßt keine andere Sicht zu.
Auch Feynmans übersah, daß es neben den mathematischen auch physikalische Regeln gibt. In diesem Buch halten wir uns *nur* an physikalische Regeln.

Wissenschaften gibt es viele. So viele, wie es Sachgebiete gibt. Die Sachgebiete teilen sich in zwei grundsätzliche auf, in geistige und dingliche. Geistige sind reine Gedankenwelten, wie z. B. die Mathematik oder Wirtschaftslehre bis Chaosbetrachtungen.
Speziell für die Mathematik muß festgestellt werden, daß sie allein gar keinen Sinn macht, sie braucht anderes, um darin Anwendungen zu finden. Sie ist dabei so hungrig, daß sie sich in alles Mögliche und Unmögliche einmischt, weshalb es besonderer Vorsicht bedarf, sie anzuwenden. Sie versucht immer, die Regie zu übernehmen und mit ihren Regeln andere zu verdrängen.
Physik ist eine dingliche und eigenständige Wissenschaft. Sie ist die Ergründung der Natur, was sich in dieser befindet und *wie* die Dinge in ihr zusammen wirken. Daß sich diese Zusammenwirkungen dann auch noch berechnen lassen, ist sekundär.
Wissenschaften sind autark. Sie grenzen sich durch ihre Regeln von anderen ab. Eine Wissenschaft, die einer anderen bedarf, ist keine Wissenschaft.

Die heutige Physik ist trotz ihrer Bezeichnung als Wissenschaft noch keine. Sie erfüllt zwar die Bedingung, daß gefundene Zusammenhänge der Natur funktionell und quantitativ reproduzierbar sind, aber, ihr fehlen Regeln. Insbesondere dafür, was richtig und falsch ist. Zur Zeit kann jedermann in der Physik alles Mögliche als wahr oder falsch hinstellen. Und davon wird ausgiebig Gebrauch gemacht wie mit Raumzeit, Parallelwelten, Wurmlöcher, dunkle Materie, dunkle Energie usw.. Nichts von dem läßt sich beweisen noch gar nachweisen.

Regeln für die Physik wurden bisher noch nicht einmal gesucht. Warum macht man sie nicht einfach?

Weil man sie von der Natur erfragen muß, denn es sind ihre.

Wie müßte das Endergebnis der Wissenschaft Physik aussehen?
Daß man alles ausrechnen könnte? Daß es eine Weltformel gäbe? Es läßt sich zwar schon fast alles rechnen, eine Weltformel steht dagegen noch in den Sternen. Sie wäre aber auch gar nicht die Lösung.

Robert Laughlin (Nobelpreis 1998) benannte sein Buch deshalb auch schon mit "*Abschied von der Weltformel*". Und er setzte noch eins drauf mit dem Untertitel "*Die Neuerfindung der Physik*". Wobei er mit "Neuerfindung" nur deshalb keinen Volltreffer landet, weil die Physik ja überhaupt erst einmal das werden muß, was sich mit Wissenschaft bezeichnen läßt. In der Physik bestimmen immer noch nur Individuen und/oder Mehrheitsmeinungen. Es handelt sich also immer noch um nur eine Fortentwicklung zu einer exakten Wissenschaft. Die mathematische Exaktheit der Berechnungen von Naturerscheinungen darf nicht damit verwechselt werden, was Physik ausmacht: *Erklärungen* der Naturerscheinungen. *Die* müssen verbal, folgerichtig (stringent) und exakt sein:

Das Endergebnis der Physik muß die Welt von dem zentralen Punkt ihrer Entstehung bzw. Herkunft aus funktionell in Theorien von Ursachen nach Wirkungen bis zu allen ihren auch allerkleinsten Erscheinungen in direkter Linie verbal stringent von oben nach unten erklären.

Zu erklärende Naturerscheinungen gibt es fast unendlich viele. Funktionismen gibt es aber nur in begrenzter und überschaubarer Anzahl. Erklärungen für Naturpänomene müssen, da sie letztlich von nur einem einziges Oberprinzip ausgehen, ohne jegliche Anpassungsmaßnamen *von ganz allein* zusammen passen. Theorien, die "frisiert" werden müssen oder gar Hilfstheorien benötigen, wie z. B. die Bernoullitheorie für das Fliegen, die schon in sich selbst nicht zusammen paßt, sind im Kern falsch. Die Theorie des Fliegens wird deshalb von Fachleuten als komplex bezeichnet. Paul Dirac, (Nobelpreis 1933 und Vorbereiter zur Entdeckung der Antimaterie) stellte aber schon fest, daß, sinngemäß, Theorien "entweder kurz oder falsch" sind. Komplexe Theorien sind immer lang und deshalb schon aus diesem Grunde mit aller höchster Wahrscheinlichkeit falsch. Die richtige Theorie dessen, was Gravitation ist, besteht, wie sich noch zeigt, aus nur sieben einfachen Worten.

Das Zusammenfügen der unterschiedlichen Naturerscheinungen zum Erreichen eines Endergebnisses wird heute mathematisch gemacht und mit *Vereinigun-*

gen bezeichnet. Diese sollen zu dem einen oberen Punkt führen, aus dem alles entstand. Dieser wird als mathematische Formel erwartet, der sogenannten Weltformel, von der sich Laughlin aber schon verabschiedete.

Die größte heutige Nichtvereinbarkeit besteht in der Theorie für das Große (Relativitätstheorie) mit der des Kleinen (Quantentheorie). Wobei sich ein Unvoreingenommener nur wundern kann, wieso ein Großes nicht die Summe von vielem Kleinen sein soll. Solch ein ganz einfaches und nur wahr sein könnendes Vernunft-Prinzip für die Welt wie die, daß ein substanzielles Ganzes immer die Summe seiner Teile ist, ist der heutigen mathematischen Physik aber so fremd wie einem Säugling die Frage, warum es in die Windeln macht. Die heutige Physik sieht nur noch die Mathematik wie ein Säugling nur die Milchflasche. Was dabei heraus kommt, ist beiden egal. Das Kleinkind kann noch nichts dafür, Mathematiker aber schon. Sie sollten nicht meinen, daß der Austausch algebraischer Variablen durch physikalische Größen Mathematik zu Physik macht, wie schon einmal jemand feststellte.

Ein Obergesetz der Natur lautet also:

Großes besteht aus Kleinem.

Natürlich ist das eine Selbstverständlichkeit, nur so selbstverständlich und trivial, daß man sie gar nicht mehr zu beachten braucht. Also ignorierte oder vergaß man sie und schuf ein Großes (Relativitätstheorie) und ein separates Kleines (Quantenmechanik). Und dann wundert man sich auch noch, daß beides nicht zusammen passen will. Eines weiß man aber, es ***muß*** zusammen passen! Aber das schaffte man nun schon hundert Jahre lang nicht.

Die Theorie für das Große unterscheidet sich von der des Kleinen in Zweierlei. Erstens in den Sichtweisen. Die Theorie für das Kleine entsteht aus Beobachtungen von außen in es hinein, die für das Große aus Beobachtung von innen nach außen. Der Beobachter sind wir. In einem Mikroskop sieht man immer etwas anderes als in einem Fernrohr. Wenn man aber alles sehen will, braucht man auch einen Beobachtungsort für alles, also von ganz oben, von wo aus man auch ins Große *hinein* sehen kann. Dabei zeigt sich dann zwangsweise, daß das Große aus vielem Kleinen besteht und es letztlich nur Kleines gibt. Zum Zweiten besteht die Theorie des Kleinen aus wirklich *meßbaren* Zusammenhängen, die des Großen bisher aber nur aus mathematischen extrapolierenden Rechnereien.

Richard Feynman schrieb zu Letzterem folgendes: "*Mathematiker bereiten abstrakte Schlußfolgerungen vor, deren man sich nur zu bedienen braucht, wenn man eine Reihe von Axiomen über die reale Welt erstellt. Der Physiker dagegen verbindet mit all seinen Sätzen eine Bedeutung - ein äußerst wichtiger Umstand, den Physiker, die von der Mathematik her kommen, oft nicht richtig einschätzen. Physik ist keine Mathematik. Eine hilft der anderen. Aber in der Physik müssen sie den Zusammenhang zwischen Worten und wirklicher Welt begreifen. Unter dem Strich müssen sie das, was sie herausgefunden haben, ins Deutsche übersetzen, in die Welt der Kupfer- und Glasblöcke, mit denen sie ihre Experimente durchführen.*"

Mathematiker, die Physik machen wollen, müssen sich *erst* in die Natur hinein denken und nicht allein auf mathematisch abstrakten Pfaden wandeln, bevor sie überhaupt in die Lage kommen können, sinnvolle physikalische Interpretationen erstellen zu können.

Theorien errechnen zu können, geht genau so wenig wie die Hardware eines Komputers aus seiner Software heraus zu errechnen. Theorien zu finden, setzt also nicht nur keinerlei mathematische Kenntnisse voraus, sondern im Gegenteil, die Regularien der Mathematik passen gar nicht zur Logik der Natur, sie sind etwas ganz und gar wesensfremdes und dürfen gar nicht verwendet werden. Es stellt sich dann zwar heraus, daß eine gefundene physikalische Lösung auch zu mathematischen Formulierungen mit ihren Regeln führt, was den umgekehrten Weg aber nicht sanktioniert. Physik bündelt mehrere Naturerscheinungen wie eine Sammellinse auf einen Punkt ihrer Entstehung, einem Grundprinzip. Mathematik "erfindet" für nur eine Naturerscheinung aber mehrere Ursachen wie z. B. mehrere Theorien mit mehreren Prinzipien für nur ein Ding, z. B. für die Gravitation. So ist die Natur aber nicht strukturiert.

Neben der Suche nach den Funktionismen der Welt sind natürlich auch alle ihre dinglichen Teile zu finden. Dabei entsteht dann auch die Frage, aus welchem Ur-Einen ist die Welt entstanden? Z. B. bestehen alle Stoffe der Welt aus Atomen. Das ist aber noch nicht das Ende. Im Inneren der Atome und seinen Bauteilen gibt es weitere Teile. Und im ganz Großen gibt es noch ein Ding, dessen Existenz früher schon einmal als sicher galt, durch Einstein später aber "entfernt" wurde. Das Problem dabei ist, daß es unsicht- und unfühlbar ist. Es wird im folgenden Kapitel neu aufgespürt.

Die Ursünde

Eine Wissenschaft ohne Regeln gibt es nicht. Da die Regeln der Physik noch nicht alle vorhanden sind, ist sie auch noch keine Wissenschaft. Regeln entsprechen den notwendigen Gärtnerarbeiten, die im physikalischen Garten Blumen mit Blüten erst wachsen lassen.

Einstein begann jedoch schon mit dem Bruch einer Regel, die schon lange bekannt und immer unumstritten war:

"***Theorien müssen allgemeingültig sein***."

Ansonsten sind sie definitiv falsch. Das bedeutet im natürlich auch gelten müssenden Umkehrschluß, daß es *keinerlei* Ausnahmen geben darf! Physikalische Regeln müssen vor- wie rückwärts gleich wahr sein.

Nun gibt es eine altbewährte, nachvollzieh- und verstehbare Theorie für Wellen. Sie lautet:

"***Wellen sind Schwingungen eines Mediums***."

Eine klare und unzweideutige Aussage. Klarer geht es gar nicht mehr. Luftwellen, Wasserwellen, Körperwellen, alle fallen darunter. Körperwellen sind an Saiten von Streichinstrumenten oder Membranen von Lautsprechern oder an Wasseroberflächen direkt sichtbar, innerhalb von Materialien nicht, aber zuweilen als Vibrationen fühlbar. Der Schall in Eisenbahnschienen geht z. B. einem fahrenden Zug weit voraus, das kann zwar nicht gesehen und kaum gefühlt, aber gehört werden.
Für Wellen gibt es gewisse charakteristische Erscheinungen. Diese sind bei Licht, das auch eine Welle ist, sogar sichtbar. Lichtwellen von z. B. einer Kerze breiten sich (ohne Bündelung durch Reflektoren) mit der ihnen eigenen Geschwindigkeit kugelförmig aus, sie reflektieren sich zum Teil an Oberflächen, was beim Radar ausgenutzt wird, dringen durch Spalte und breiten sich dahinter wieder kugelförmig aus, sie erfahren Richtungsänderungen beim schrägen Durchgang von Medienänderungen z. B. von Luft in Wasser und umgekehrt und streuen beim vorbei fließen an Kanten.
Alle diese Erscheinungen lassen sich zweifelsfrei mittels der Theorie *erklären*, daß Wellen Schwingungen *eines Mediums* sind. Ohne Medium gibt es keine Wellen, so wie z. B. ohne Luft keine Schallwellen existieren können.

Trotzdem behauptet Einstein, daß Licht zwar eine Welle ist, aber keine

Schwingung eines Mediums. Das heißt, er postulierte eine Ausnahme für das Gesetz, daß Theorien allgemeingültig sein müssen. Das müßte dann zur Folge haben, daß die Wellentheorie insgesamt falsch ist, was sich aber niemand wirklich vorstellen kann.

Wie kam Einstein dazu?

Es wurde ein Experiment gemacht.
Eines.
Ein einziges!
Und dieses einzige bestimmt die Physik des Großen bis heute, und zwar in ihrem Fundament.

Als Medium, dessen Schwingungen Lichtwellen ermöglichen sollen, sich im scheinbar leeren Weltraum auszubreiten, wurde der sogenannte "Äther" postuliert. Er fülle das gesamte Weltall aus wie eine Art Gas. Dieser Äther war bis Einstein fester Bestandteil der Physik als ein konkretes "Ding" der Natur. Ende des 19ten Jahrhunderts sollte dieser Äther dann auch substanziell nachgewiesen werden. Man erdachte sich eine Meßtheorie und Michelson und Morley konstruierten nach dieser ein Meßgerät.

Das Meßergebnis lag überraschenderweise völlig neben den Voraussagen der Meßtheorie.
Es fand sich nicht ein erwartet hoher Meßwert. Der Meßwert war aber auch nicht null, sondern *reproduzierbar* ein bißchen über null, aber gegenüber dem erwarteten Wert sehr sehr klein.

***Einstein "schlußfolgerte" aus diesem einzigen Experiment,
dem Michelson-Morley-Experiment,
daß es den Äther nicht gäbe.***

Einstein postulierte damit, daß Licht eine Ausnahme sei und keines Mediums bedarf. Es hangele sich allein durch die Wechsel von magnetischem und elektrischem Feld vorwärts. Wobei der Begriff "Feld", wie immer in der Physik, in seiner Bedeutung für Unbekanntes benutzt wird. Ist etwas unbekannt, so, wie gewisse Fernwirkungen, z. B. die für elektrische Spannung in der Luft und Magnetismus und auch Gravitation, so wird der Begriff "Feld" benutzt. "Feld" ist also kein "Ding" der Natur, sondern nur ein sprachlicher Flicken für noch Unbekanntes. Für die Mathematik ist er aber der Ausgangspunkt für Formelentwicklungen, obwohl er physikalisch ein Nichts ist.

Nun hat James Clerk Maxwell vor diesem Experiment und auch vor Einstein Gleichungen für die Elektromagnetik erstellt unter der Annahme, daß der Äther *dinglich* existiert. Und mehr noch, der Äther ist in seinen Gleichungen direkt mit seinen Bewegungen (Schwingungen) *als Basis* enthalten. Maxwell entlieh sich dazu Gleichungen aus der Strömungslehre. Maxwell's Formeln sind mit die genauesten Formeln für Naturerscheinungen überhaupt. Diese müßten, wenn es einen Äther nicht gäbe, ungültig werden. Das tat man natürlich nicht, man mußte sie behalten, denn sie sind bitter notwendig.

Und nun kommt's: Die Maxwellschen Formeln gelten ebenfalls für das Licht, da auch dieses eine elektromagnetische Schwingung ist, obwohl Einstein dem Licht ein Ausbreitungsmedium absprach!.
Und? Niemanden macht das heiß. Einstein als "'Physik-Gott" bestimmte es eben anders. Wo bleibt da Wahrheiten und das eigene Denken und die Exaktheit und vor allem die Vernunft? Und wo bleiben die Regeln der Physik?

Einstein's Postulation einer Ausnahme für das Licht und der Nichtexistenz des Äthers war der Anfang dafür, daß die Physik seitdem "in den Wald" lief und sich bis heute nicht mehr zurecht findet und sich demgemäß auch nicht einmal mehr selbst definieren kann.

Einstein's Mißachtung der Allgemeingültigkeit von Theorien führte in Folge dazu, daß physikalische Regeln nicht mehr wirklich ernst genommen wurden und werden und weitere Regeln über die damalig bestandenen hinaus überhaupt gar nicht mehr gesucht wurden, sie würden nur "stören". Verbalen Aussagen (auch Regeln) wurden seit dem jegliche physikalische Bedeutungen abgesprochen: Josef Honerkamp in "Was können wir wissen?", Springer 2013, Ste. 209, also ganz aktuell:
"*Auf dieser Ebene* (der verbalen) *können auch Laien und nicht unmittelbar beteiligte Fachwissenschaftler zu Wort kommen. Sie haben natürlich ein Handikap: wie die Leute im Platon'schen Höhlengleichnis sehen sie nur die Schemen der Theorie, können nie zurückgreifen auf die Gleichungen, können nicht beurteilen, wie gut diese denn die Phänomene wirklich beschreiben und was in dem, was die Experten über die Theorie verlautbaren, schon Interpretation ist.*"

Man kann gar nicht besser sagen, was Physik <u>nicht</u> ist!

Honerkamp ordnet den Begriff *Theorie* nun auch noch mathematischen Gleichungen zu! Nicht nur Regeln werden mißachtet, auch Begriffs*definitionen*

werden nach Belieben fremd verwendet. Meßwerte und Mathematik bestimmen die Natur und verbale Aussagen (Theorien) sind wertlos. Sie seien nur der ungeeignete Versuch, mathematischen Beschreibungen einen dinglich anschaulichen Sinn geben zu können.
Für eines werden verbale Aussagen aber gern genommen, um falsche Theorien zu richtig hin zu reden, wie später noch aufgeführt. Und das wird mit Perfektion und Druck betrieben. "Harte" *verbale* Regeln für die Physik? Um Himmels Willen, die zerstören ja jegliche mathematischen Fähigkeiten.

Einstein's Einfluß setzte sich damals aber auch deshalb durch, weil er ein Feld beackerte, auf dem er allein war: Licht erhielt so seinen Sonderstatus. Es als elektromagnetische Welle, für die die Maxwell'schen Gleichungen gelten, obwohl diese des Äthers bedürfen, benötige keinen Äther als Wellenmedium. Und das, obwohl Einstein andererseits dem scheinbaren Vakuum des leeren Weltraums doch einen *substanziellen* Inhalt gab, geben mußte. Warum der dann nicht der Äther als auch Lichtwellenleiter sein darf, bleibt sein Geheimnis. Persönliche Meinungen unter der Meinungsführerschaft durch Einstein entschieden über die Natur, ob sie denn einen Äther auch im Sinne eines Wellenmediums hat oder nicht.

Im Weiteren des Buches zeigt sich, daß viele der heutigen Probleme nur deshalb nicht gelöst werden konnten, weil der Äther fehlt.

Was lief schief?

Ein einziges Experiment wurde richtungsweisend für die gesamte Physik des Großen, ohne je ein Kontrollexperiment überhaupt für nötig zu halten und ohne daß dessen kleiner Meßwert erklärt werden konnte.

Wahnsinn!

Hat dieses Experiment, durchgeführt von Michelson und Morley, überhaupt die für eine solch grundsätzliche Wesensbestimmung der Physik notwendige Sicherheit?
Nein!

Das Experiment wurde wegen seines unklaren Ergebnisses, die seine Unterstützer natürlich weg reden, von nicht wenigen nach überprüft. Sie fanden aber keine so gravierenden Fehler, daß ein ernsthaftes Neudenken entstand.

Warum fanden sie nichts?
Weil auch sie in den Denkstrukturen dachten, die zu genau diesem Experiment führten und weil man noch zu wenig über den Äther selbst wußte. Äther war bis dahin nur ein Wort, das für etwas stand, das man nur vermutete. Daß dieses Unbekannte masselos, aber doch energiegeladen ist, wie man heute weiß, war damals unvorstellbar. Einstein hatte es also leicht, etwas zu entfernen, das noch gar nicht so richtig da war. Maxwells Formeln für die Elektromagnetik spielten da keine große Rolle, denn eine Elektrotechnik im heutigen Sinne gab es auch noch nicht.

Das Experiment besitzt die Meßtheorie, daß durch den im Weltraum still stehenden Äther ein "Fahrtwind" an der Erdoberfläche auf der Bahn der Erde um die Sonne bestehen müsse. Dieser Fahrtwind müßte eine Geschwindigkeit von etwa 30 000 m/s haben, das ist die Geschwindigkeit der Erde auf ihrer Umlaufbahn um die Sonne.

Zum Nachweis des Äthers als schwingungsfähigem Medium für Lichtwellen wurde die Lichtgeschwindigkeit in und gegen die Richtung des prognostizierten Fahrtwindes mit der rechtwinklig dazu verglichen. So, wie Schall in Luft gegen den Wind langsamer voran kommt und mit dem Wind schneller, so müßte auch das Licht gegen den Fahrtwind des Äthers langsamer voran kommen und mit dem Fahrtwind schneller.
Das nachprüfbare Meßergebnis war weit entfernt von der Geschwindigkeit der Erde um die Sonne, ein fast Nichts. Es zeigte sich ein Wert von nur ein paar hundert m/s statt der erwarteten 30 000 m/s. Dieser kleine Wert aber war reproduzierbar, es handelt sich also nicht um nur einen Nullpunktfehler.

Das, was Einstein aus diesem Ergebnis machte, war, die Wirklichkeit an einen Nicht-Wert anzugleichen anstatt zu suchen, woher der keine Meßwert kommt und was die wirklichen Ursachen für dieses doch völlig unerwartete Ergebnis ist. Auch ein Kontrollexperiment zu entwickeln, um dieses doch sonderbare Ergebnis bestätigen zu können, hielt er nicht für nötig.

Heute weiß die Wissenschaft, daß es einen nicht massebehafteten "Stoff" im Vakuum des Weltalls gibt. Scheut sich aber weiterhin, diesen als Äther im Sinne eines Mediums für die Ausbreitung des Lichts anzuerkennen.

Theorien über die Natur aus Meßergebnissen herauszuholen, obwohl diese nicht *vollkommen* abgesichert sind, wurde beispielgebend für die weiteren Vorgehensweisen in der Physik. Kommen Theorien zu Aussagen, die nicht zur

Wirklichkeit passen, wird die Wirklichkeit geändert. Eine Theorie in Frage zu stellen, wurde und wird dagegen als Gotteslästerung behandelt, wobei die Mathematik der "Gott" ist.

Nun muß man natürlich einwenden, daß, die Wirklichkeit zu ändern, damit eine Theorie erhalten bleibt, ja gar nicht gehen kann. Geht auch nicht. Aber, wir sehen die Wirklichkeit der Natur ja nicht direkt, da die Natur diese dummerweise oft auch noch sehr gut versteckt und wir nur die Tapete unserer geistigen Vorstellungen für die wahre Natur sehen. Und diese "Tapete" läßt sich ändern und dafür ist die Mathematik bestens geeignet, sie kann alles, nur *wissen* tut sie nichts.

Damit nun eine ergebnisoffene und sachliche Neubewertung des Michelson-Morley-Experiments.

1) Das Experiment erbrachte entsprechend seiner Meßtheorie das ***physikalische*** Ergebnis, daß es *einen Fahrtwind von Äther* gibt. Es beantwortet die Frage, *ob* es eine Äther gibt, mit ja. Die Höhe des Meßwertes lag aber undenkbar weit weg vom erwarteten Wert: ein paar hundert statt 30 000 m/s.
Daß die Physik nicht danach fragt, wie groß etwas ist, sondern nur, ob etwas da ist oder nicht, spielte bei der Auswertung keine Rolle. Man dachte wie heute nur mathematisch quantitativ. Und da ist ein Großes mehr wert als ein Kleines. Also kam das Kleine in den Papierkorb. Wie sich noch zeigen wird, ein größtmöglicher Fehler in physikalischer Forschung. Außerdem ist eine nur Nichtfindung sowieso noch kein abschließender Beweis dafür, ob es etwas wirklich nicht gibt. Deshalb ist in einem solchen Fall ein Kontrollexperiment mit anderer Meßtheorie zwingend erforderlich.
Ein "Kontroll"experiment zum Michelson-Morley-Experiment fand, wie noch beschrieben wird, ***unbeabsichtigterweise*** 1971 statt und es beweist den Äther genau so, wie der kleine Meßwert des Michelson-Morley-Experiments. Die Ergebnisse diese Experimentes werden aber umgelogen.

2) Ein Meßergebnis kann nur eine Meß*theorie* bestätigen oder widerlegen. Es fehlt beim Michelson-Morley-Experiment aber der *Beweis* für die Richtigkeit der Meßtheorie, nämlich, daß es einen Fahrtwind von Äther aus der Umlaufbahn der Erde um die Sonne überhaupt gibt. Daß ihn die Logik erwartet, ist kein Beweis: Logik ist Menschensache, die Natur hat ihre eigene.

3) Am Meßort wurde nur in der Horizontalen gemessen, das bedeutet durch die Eigendrehung der Erde zwar trotzdem in allen drei Raumdimensionen, aber

auch, daß immer *nur quer zur Richtung der Gravitationswirkung* gemessen wurde. Was die Lichtgeschwindigkeit in/gegen die Richtung der Gravitation macht, ist zwar eine zusätzliche, aber äußerst interessante Frage. Sie wurde dennoch bis heute nicht gestellt. Obwohl also mit der Messung von Michelson-Morley eine wesentliche Meßrichtung ausgelassen wurde, wollte Einstein daraus ein Gesamtbild der Welt erstellen. So etwas aber ist physikalische Hochstapelei und es gelang ja auch nicht.

Die Schlußfolgerungen, die insbesondere Einstein aus diesem Experiment zog, führten zur Entstehung der Relativitätstheorien als Basistheorien für die große Welt (etwa ab Atomgröße aufwärts bis zur Unendlichkeit). Diese Theorie stellt im *mathematischen* Garten die größte Pflanze dar mit unzähligen Ranken, die eine Fülle von Irr-Blüten in den physikalischen Garten trieb.

Einstein's Fehl-Schlußfolgerungen wurden Basis der heutigen Physik: Licht brauche keinen Äther, sei aber trotzdem eine Welle. Weiter sei es in seiner Geschwindigkeit in jeder Richtung *absolut* und *gleichzeitig* auch noch *relativ* konstant gegenüber sich beliebig bewegenden Körpern!
Das ist schon harter Tobak.
Außer von Hendrik Antoon Lorentz (Lorentz-Transformation) kamen aber keinerlei Einwände.

Die *physikalische* Bewertung des Michelson-Morley-Experimentes sieht so aus.

Ein "Ding" mit nur einem einzigen Experiment
nicht gefunden zu haben,
ist kein abschließender Beweis dafür,
daß das "Ding" tatsächlich nicht existiert.

Dieses "Nichtfindungsgesetz" hindert jeden Staatsanwalt daran, einen Beschuldigten überführen können. Einsteins Postulation, daß es den Äther nicht gibt, ist lediglich *seine* Interpretation. Heute sind Beobachtungen bekannt, die ohne einen Äther gar nicht so sein könnten.

Willis Lamb, Nobelpreis 1955, beobachtete an einem Elektron im Vakuum, daß es Zitterbewegungen macht wie die Pilz-Sporensamen auf der Wasseroberfläche, die bekannten Brown'schen Bewegungen. Letztere sind Wärmebewegungen der Wassermoleküle, die die Sporensamen hin und her schubsen. Die Zitterbewegungen eines Elektrons im Vakuum müssen also in gleicher Weise

auf Einflüsse zurück zu führen sein, die von außen auf es einwirken. Im Vakuum kann aber nur der Äther sein.
In der Kerntechnik lernen Studenten schon zu Anfang, daß das Vakuum zwischen den Atomkernen und den Elektronen nicht leer ist. Ohne eine Füllung des scheinbar leeren Raumes kann die Kerntechnik gar nicht funktionieren.
Stephan Hawking benutzt eine spontane Entstehung von Teilchen und Antiteilchen aus dem scheinbaren Nichts heraus dazu, um schwarze Löcher an Masse verlieren zu lassen. Wo kommen die her? Aus einem wirklichen Nichts kann auch nichts entstehen.
Und Einstein selbst mußte eine Füllung des Vakuums des leeren Raumes zugestehen, wollte ihr aber partout nicht die Eigenschaften zuordnen, die das Licht betreffen.

Laughlin schreibt zum Problem Äther in seinem Buch "Abschied von der Weltformel": "*Wie sich herausstellt, existiert eine solche Materie. Als die Relativität allmählich anerkannt wurde, zeigten Untersuchungen der Radioaktivität nach und nach, daß das leere Vakuum eine spektroskopische Struktur besitzt, die jener der normalen Quantenfestkörper und Quantenflüssigkeiten gleicht. Aufgrund nachfolgender Studien mit großen Teilchenbeschleunigern verstehen wir inzwischen, daß der Raum eher einem Stück Fensterglas als der idealen Newton'schen Leere ähnelt. Er ist mit einem normalerweise transparentem Stoff gefüllt, der aber sichtbar gemacht werden kann, wenn man so hart trifft, daß ein Teil heraus geschlagen wird. Die moderne, jeden Tag experimentell bestätigte Vorstellung des Raumvakuums ist ein relativistischer Äther. Wir nennen ihn nur nicht so, weil das tabu ist.*"

Und solche Verhaltensweisen, die eine Wissenschaft mit Tabus erschaffen, sollen vernünftig sein? Eine Wissenschaft mit auch nur einem einzigen Tabu ist keine Wissenschaft mehr, sondern eine Pseudowissenschaft.

Daß Laughlin zu Anfang seiner zuvor genannten Aussage den Begriff "Materie" für den Äther benutzt, obwohl Materie eine Trägheit besitzt, die einen Ätherwind kräftemäßig spürbar machen müßte, zeigt auf, wie unbedacht mit Begriffen in der Physik umgegangen wird. Der Äther ist zwar eine “Substanz“ oder ein "Stoff", wie er weiter unten sagt, aber keine Materie, denn die ist durch ihre kinetische Trägheit definiert.

Was Laughlin weiter mit dem in diesem Zusammenhang fehl verwendeten Attribut "*relativistisch*" meint, wird im Kapitel "Wackelt die Zeit?" erklärt.

Alles das zuvor Aufgezählte führt zu nur einem Schluß:

Es gibt den Äther.

Nur was er genau ist, ist noch offen. Im Kapitel "Wackelt die Zeit?" zeigt sich die erste Wirkung seiner Existenz.

Die neuzeitliche Physik ist auf Grund der Fehlinterpretation des Michelson-Morley-Experimentes nicht mehr auf physikalischen Regeln aufgebaut, die in der Natur hätten gefunden werden können, sondern nur noch auf abstrakten mathematischen "Bildern", das sind Blüten aus dem mathematischen Garten. Die Natur wird nur noch beschrieben, wie sie aussieht und nicht mehr, wie sie funktioniert. Auch dazu Laughlin: "*Wie sich herausstellt, ist unsere Beherrschung des Universums weitgehend ein Bluff - große Klappe und nichts dahinter. Die Behauptung, alle wichtigen Naturgesetze seien bekannt, ist schlicht und einfach ein Teil dieser Täuschung. Die Grenze ist immer noch in unserer Nähe, und hier geht es nach wie vor ziemlich ungesetzlich zu.*"

Das "Ungesetzliche" liegt im Fehlen physikalischer Regeln und der Nichtbeachtung bestehender.

Für die Technik ist diese Art "Physik" aber eine Goldgrube. Technik ist nur an Erfolgen interessiert. Warum etwas funktioniert, ist ihr egal, Hauptsache, es funktioniert. Mathematik kann Wege gestalten, die von fast beliebigen Ausgangssituationen zu gewünschten Resultaten führen. Die Natur funktioniert aber aus nur Ursache-Wirk-Pfaden. Nur diese machen das Wesen und das Regelwerk der Physik aus: "*Warum* funktioniert etwas und wie"?

Die heutige "Physik" ist noch keine Wissenschaft.

Was ist nun wirklich Physik?
Diese Frage bringt jeden Physiker zum stottern. Wie kann man aber Physik machen, ohne zu wissen, was Physik ist? Das, was man heute macht, ist auch keine Physik, sondern nur ein Herumgestolpere in der Natur. Man findet hier etwas und da etwas. Von jedem ausgehend wird wie ein Pilzgeflecht in die Umgebung hinaus extrapolierend gerechnet. Rechnen ist "In", schließlich hat sich die Mathematik ja bewährt, weil sie, wie gleich beschrieben, den Neptun gefunden hat. Also findet sie auch alles andere. Physik ist damit zu einer Mathematik-Ideologie geworden. Physik studieren geht nur mit Mathematik, sie ist das goldene Kalb in der heutigen "Wissenschaft" Physik.

Bis Mitte des 19ten Jahrhunderts war Physik getrennt von Mathematik betrachtet worden und eine rein denkerische Angelegenheit. 1846 aber fand sich der Neptun über mathematische Berechnungen aus durch von ihm verursachten Bahnabweichungen des Nachbarplaneten Uranus. Mathematik fand damit etwas in der Natur, das zum Bereich Physik gehörte.
Was dabei aber unbeachtet blieb, ist, daß die Findung eines nur *zusätzlichen* Planeten zu zuvor schon bekannten anderen gar keine physikalische Angelegenheit mehr ist. Physik ist die Erkenntnis, daß es in der Natur Planeten gibt, die Zentralgestirne auf Grund von Gravitationsfeldern umkreisen. Sie im Einzelnen zu finden, ist dagegen keine prinzipielle Sache, sondern eine nur auf der Physik basierende "Haus-Aufgabe". Die nur Findung einer Erhöhung der Anzahl von Planeten mit Hilfe der Mathematik macht aus Mathematik noch gar lange keine Physik. Diese Findung ist trotzdem die Begründung dafür, daß Mathematik in der Physik etwas zu sagen hätte und das bis heute auch übermächtig tut. Mit diesem falsch verstandenen "Erfolg" übernahm die Mathematik die fast alleinige Regie in der Physik. Mathematische Regeln verdrängten nicht nur physikalische, sondern verhinderten auch noch die Suche nach weiteren fehlenden.

Der letzte Physiker in Deutschland, der noch wirklicher Physiker war, ist wohl mit Carl Friedrich von Weizsäcker gestorben.
Der letzte Physiker der Welt, der noch *physikalisch* weit voraus denken konnte, war wohl Richard Feynman, auch schon gestorben.

Früher hieß Physik Naturlehre. Naturlehre definiert sich selbst: die Lehre von der Natur. Nicht also, wie man ihre Erscheinungen berechnen kann (das entspricht "handwerklichen" Tätigkeiten und kann angelernt werden), sondern, wie sie funktionieren, was nur durch Beobachtungen und *kriminalistischem* Suchen nach den Ursache-Wirk-Pprinzipien gefunden werden kann. Zu diesen Beobachtungen sind *hilfsweise* auch mathematische Rechnungen notwendig, was die Natur damit aber nicht mathematisch macht. Die Entscheidungshoheit bleibt weiter bei der Natur, also der Physik.
Mathematik kann nur mit helfen, Weiteres zu finden wie z. B. bei der Rotationsstabilität eines Stabes, die bei Drehung um die Längsachse stabil ist und auch bei Drehung um den Mittenpunkt aus der Länge des Stabes, also bei Drehungen wie ein Propeller. Die Mathematik zeigt das dann auf, wenn bei der in der Berechnung enthaltenen Radizierung auch der Minuswert als zweiter Lösungsweg beachtet wird. Auch daraus schließen Mathematiker, daß sie die Welt erkunden könnten. Nur müssen sie bedenken, daß das nur eine Erweite-

rung von *Bestehendem* ist, während die wirklichen Geheimnisse der Natur *aus einem noch Nichtwissen heraus* entdeckt werden müssen. Und das kann die Mathematik nicht, sie braucht immer einen konkreten Ansatz.

Ob es z. B. eine dunkle Materie oder einen Äther oder Zeitdilatation oder relativistische Längenkontraktion oder Massenzunahme gibt oder nicht, ist lokalisier- und meßbar in der Natur zu finden und nicht aus nur mathematischen Formulierungen heraus zu interpretieren. Honerkamp hat Recht, daß physikalische Interpretationen nichts wert sind. Aber, das liegt nicht darin begründet, daß die Sprache nicht geeignet ist, physikalische Abläufe exakt darstellen zu können, sondern daran, weil die Zusammenhänge, die zu Erklärungen erkannt sein müssen, in mathematischen Formeln gar nicht enthalten sind, selbst wenn diese die Naturvorgänge exzellent beschreiben können. Beschreibungen sind keine Erklärungen, damit keine Physik. Trotz seiner Erkenntnis über die Zweifelhaftigkeit von physikalischen Interpretationen aus mathematischen Gleichungen mußten Studenten auch von ihm lernen, daß es Längenkontraktionen und Massenvermehrungen gibt, obwohl sie nur physikalische Interpretationen aus der Formel des relativistischen Impulses sind und ***noch nie*** konkret nachgewiesen wurden. Mathematische Formulierungen können zwar sehr wohl dazu ausgenutzt werden, um daraus sich ergebende Interpretationen als neu zu *Suchendes* anzusehen. Danach muß dieses jedoch zwingend auch ***gefunden*** werden. Bis dahin ist alles reine Phantasie, die die Mathematik gebärt, ohne daß sie weiß, ob es so etwas auch geben kann.

Der bloße Wechsel vom verständlichen Begriff Naturlehre zum fremdsprachlichen Begriff Physik führte, trotz gleicher Bedeutung, zu einem ganz wesentlich anderem Verständnis über dessen Inhalt. So ist das mit Sprachen nun einmal. Damit wurde es möglich, daß seit der Einführung des Begriffs "Physik" statt Naturlehre ein *mathematisches* Denken Einzug erhielt. Und das hat natürlich Auswirkungen auf die Definition dessen, was Physik ist.
Der Physiker Hans Graßmann, der von seinem Verlag animiert wurde, ein Buch über Physik für Jugendliche zu schreiben, sagt in "Alles Quark?", Rowohlt 2000, sinngemäß, daß, bis die Definition für Physik abschließend fertig sei, der jugendliche Leser schon alt geworden wäre. Das zeigt auf, daß es eine Definition für Physik überhaupt noch nicht gibt. Eine unfertige Definition kann es aber auch nicht geben, denn auch der Inhalt des Begriffes "Definition" ist definiert, und zwar als eine *explizite und umfassende* Beschreibung des Bedeutungsinhaltes von Begriffen.

Da ein Gemisch aus zweierlei Inhalten (Natur und Mathematik) in *einem* Wort aber gar nicht definierbar ist, bedeutet es, daß das heutige Mathematik-Physik-Gemenge gar nicht als Physik bezeichnet werden darf. Eine Naturwissenschaft und eine Geisteswissenschaft kann nicht in einen Topf (Definition) geworfen werden.

Was ist das aber dann, was heute als Physik bezeichnet wird? Es ist etwas, mit dem man in der Natur herum "rechnet", also nur Formeln für naturdingliche Geschehnisse. Das ist in der Lehre gut vermittel- und vor allem gut benotbar, da mathematisch. Beispiel: Ein Stein fällt zu Boden. Wie schnell er sich beschleunigt wurde gemessen, woraus sich letztlich die Gravitationskonstante fand. Das wird als Physik angesehen. Da solche Naturvorgänge ausgenutzt werden (z. B. mit fallendem Wasser auf ein Mühlrad), lassen sich solche Handlungen als Technik bezeichnen. Physik ist aber etwas ganz anderes, nämlich die Suche und Beantwortung von Fragen wie: "Warum fällt der Stein?" und "Warum beschleunigt er sich dabei?" und "Warum fühlt er die Fallbeschleunigung im Gegensatz zu einer Newton'schen Beschleunigung in seinem Inneren *nicht*?"

Die Hoffnung, daß z. B. aus der mathematischen Formel des Fallens eines Steines die Ursache des Fallens ermitteln könnte, ist null. Trotzdem wird es aber versucht, mit nicht enden wollender Geduld. Josef Honerkamp: "*So schnell geben wir nicht auf*!" Den nicht ausbleiben könnenden Mißerfolg beschreibt `DIE ZEIT´ Nr. 5, 2006, so: "*Aus! Die Physik steckt in der Krise*".

Mathematische Vorgehensweisen produzieren lediglich neue Fragen anstelle zu Antworten zu führen. Richard Feynman: "*Newton's mathematische Fassung des Gravitationsgesetzes ist sogar noch relativ einfach. Je weiter wir voran kommen, desto abstruser und schwieriger geht es zu. Warum? Ich habe keine blasse Ahnung*".

Die Physik ist in der mathematischen Falle, es geht nicht weiter voran und alle wundern sich darüber. Daß sie auf dem falschen Pferd, der Mathematik, sitzen und nur Blüten im mathematischen Garten betrachten, bleibt unbemerkt.
Bisher entstanden und entstehen weiterhin aus jeder mathematisch "schein"-gelösten Frage mehrere neue Fragen. Und niemand denkt sich etwas dabei.

Fortschritt in der Naturerkundung kann es nur geben, wenn Theorien mehr Fragen beantworten als zu ihrer Findung führten. Nur so zentriert sich das Wissen zu dem gesuchten Einen, aus dem dann alle Erklärungen der Welt

resultieren.
Feynmans zuvorige Frage mit dem "*je weiter wir voran kommen, desto abstruser geht es zu*" ist beantwortbar: weil mathematische Forschung in die falsche Richtung läuft, sie läuft nicht zu dem zentralen Punkt der oberen Welterkenntnis, sondern von diesem weg.

Fortschritte in der Naturerkenntnis drücken sich nur in der Reduzierung von Fragen aus.

Entstehen nach Formulierungen neuer Thesen auch neue Fragen, sind diese Thesen falsch. Bisher vermehren sich solche Fragen in einem Ausmaße, daß einem schwindlig wird. Dieser Zustand wird sich ohne einen Paradigmenwechsel, einer Wiederbesinnung auf das, was Physik wirklich ist, auch nicht ändern. Seit einem Jahrhundert geht es nicht weiter voran mit Entdeckungen von *Funktionellem* in der Natur. Nur noch technisch verwertbare Kleinerscheinungen werden gemacht, die die Technik aber enorm voran bringen, das Wissen über die Natur aber nur unwesentlich vermehren. Letztes Beispiel ist der Nobelpreis für Physik 2014 für Leuchtdioden, die nur praktischen Wert besitzen.

Übrigens besteht ein mächtiger Unterschied zwischen Wissen und Können. Man kann heute ganze Galaxien berechnen. Das ist mathematisches Können. Ein Wissen über Galaxien, also warum es sie überhaupt gibt und warum sie so aussehen, wie sie aussehen, ist dabei nicht nötig und es besteht auch noch gar keines. Das bleibt jedoch deshalb unbemerkt, weil es heute nur noch "mathematische" Physiker gibt. Aber: Niemals kann die Mathematik eine physikalische Erklärung *errechnen*! Die nicht beobacht-, lokalier- und berechenbare Software der Natur, ihre Ursachen-Wirk-Mechanismen, sind das, was Feynman mit "*Maschinerie*" bezeichnet und das, was Physik ist.

Beschreibungen in Lexika, was Physik sei, reichen von Dreizeilern bis zu mehreren Seiten mit unterschiedlichen und oft verwickelten Ansichten, obwohl eine Definition ja gerade Klarheit erbringen muß. Nur eines ist ausnahmslos in allen findbaren "Erklärungen" über Physik enthalten, die Mathematik. Warum? Wo man doch sagt, daß Mathematik eine Geisteswissenschaft und Physik eine Naturwissenschaft sei, beides also grundlegend unterschiedliche Wissenschaften mit extrem unterschiedlichen Logiken sein müssen. Und überhaupt: Was hat eine Wissenschaft in einer anderen zu suchen? Nichts, außer, daß sie aufzeigt, daß in dieser etwas faul sein muß.

Wie muß eine Definition für Physik aussehen?
Sie muß aufzeigen, welche Art Wissenschaft Physik ist und daß sie *eigenständig* ist. Es müssen also ihre Abgrenzungen zu anderen Wissenschaften hervorgehen. Und sie muß kurz sein, denn das ist bestes Kriterium, das aufzeigt, ob eine Definition "auf den Punkt" gekommen ist.

Das führt unbeabsichtigt zur Frage: Was ist eigentlich eine "Wissenschaft"?
Schon ist man vom Regen in die Traufe geraten. Auch für sie gibt es noch keine konkrete Definition. Die Suche in Lexika ist genau so erfolglos wie die über Physik. Das bedeutet natürlich, daß so lange, wie Wissenschaft nicht definiert ist, auch Physik nicht definiert werden kann, denn sie ist ja als eine Wissenschaft zu definieren. Somit sei beides hier angegangen.

Wissenschaft ist ein funktionell zusammenhängendes geistiges Denk-Gebiet, das auf logisch-stringenter Grundlage beruht und <u>*aus sich selbst*</u> *heraus die Tendenz zur Überwindung aller ihr entgegenstehenden inneren oder äußeren Hemmungen hat* (kursiv: Brockhaus 1960).
Das "aus sich selbst heraus" verbietet jeglichen Einfluß von außen, insbesondere von anderen Wissenschaften.

Physik muß also in ihrem Inneren *eigene* Regeln für das besitzen, was sie behandelt. Als Naturwissenschaft müssen das natürlich auch Natur-Regeln sein. Natur-Regeln sind jedoch nicht die in der bestehenden "Nochnichtphysik" benutzten Orientierungs-"Denkpunkte" wie z. B. Impuls- und Energieerhaltung. Beides sind Konstrukte aus dem mathematischen Garten, die die Natur gar nicht kennt.
Natur-Regeln sind z. B.: Eine Naturerscheinung darf nicht aus beliebiger Perspektive betrachtet werden und sie läuft nach Ursache-Wirk-Prinzipien ab und für diese gibt es keinerlei Ausnahmen und weit vorausschauend: Die Natur ist nicht übernatürlich! (Letzteres wird noch im Kapitel "Das große Undurchschaubare" behandelt.)

Damit die Definition für Physik:

Physik sind die verbalen <u>Erklärungen</u> der Erscheinungen der Natur mittels Theorien, die Funktionsprinzipien enthalten und von Ursachen nach Wirkungen gerichtet sind.

Dem steht die heutige Physik mit ihren sie prägenden mathematischen nur

Beschreibungen in Form mathematischer Formulierungen vom Lokalisier- und Meßbaren von Naturphänomenen gegenüber. Mathematik kann nun einmal nur beschreiben und niemals erklären, weshalb sie in der Physik auch nichts zu suchen hat.

Die Regeln der Natur wären für die Ausbildung das erste, das schon in der Grundschule lehrbar ist, weil sie von grundsätzlich einfacher Art sind. Es sind, da nie gesucht, bisher aber nur wenige bekannt und die werden auch noch nach Belieben ignoriert. Schon die erste Regel, die dieses Buch mit eröffnete, nämlich "Theorien müssen allgemeingültig sein", ist ein Beispiele dieser Ignoranz. Die Theorie dafür, warum z. B. Körper schwerer als Luft fliegen können, muß danach, um allgemeingültig zu sein, zwingend für *alle* Flugobjekte gelten. Das sind Flugzeuge, Vögel, Insekten, also auch für die Hummel, und dann sogar noch für Unter- *und* Überschallflug. Eine solche Theorie gibt es aber nicht, sondern mehrere wie für den Unterschall- und Überschallflug und für Flugzeuge und Insekten. Verglichen mit dem Eigenlob, mit dem das derzeitige physikalische Wissen über die Welt dargestellt wird, ist die Unfähigkeit, *das bißchen Fliegen* richtig ergründen zu können, eine Blamage.

Physik wird als die Königswissenschaft bezeichnet. Wie aber kann eine Königswissenschaft der Knecht einer anderen Wissenschaft sein, nämlich der nur "Zuträger" zur Mathematik? Denn das ist sie bisher nur, wie es sich aus Darstellungen in Lexika herausliest und wie es auch gängige Praxis ist.

Das Lokalisier- und Meßbare in der Natur ist das, was heute als Physik in der Lehre "verkauft" wird und auch wissenschaftliches Denken bestimmt. Berechenbares wurde zum Schwert über allem. Es bestimmt, was sein darf und was nicht. Paßt das Berechenbare nicht zur Realität, wird die Realität "frisiert". Wie? Notfalls mit Hinzuerfindungen wie z. B. dunkle Materie, dunkle Energie und dunkle Strömung. Warum? Damit Rechnungen, die von Vergleichsobjekten oder -ideen stammen, aufgehen. Z. B. ist das Vergleichsobjekt für eine Galaxie ein Planetensystem. Abgesehen davon, daß Planetensysteme niemals schweifförmig angeordnete Planetenstellungen erzeugen, erscheint das optisch angebracht. Die von Planetensystemen übernommenen Rechnungen führen aber dazu, daß Galaxien auseinanderfliegen müßten, weil die gemessenen Umfangsgeschwindigkeiten der äußeren Sterne viel zu hoch sind. Sie fliegen aber nicht auseinander.

Was tat die Wissenschaft? Sie suchte nicht die *physikalische* Ursache dafür, *warum* das so ist, sondern paßte die unverstehbare Wirklichkeit trotzdem an die Planetensysteme an, indem sie Galaxien eine sogenannte *dunkle Materie* verordnete. Das war leichter realisierbar und etwas anderes fiel wegen Ideenlosigkeit niemandem ein. Daß diese dunkle Materie in einer dazu auch noch genau erforderlichen Verteilung und Menge vorhanden sein muß, damit diese "Korrektur" zur Wirklichkeit des Beobachteten kommt, erfordert dann weitere Theorien, was aufzeigt, wie zu einem Problem neue hinzukommen, anstatt daß eine Lösung eine Sache beendet. Die Probleme vermehren sich anstelle sich zu vermindern: Es geht in die falsche Richtung. Mit welch einer unrealistischen Wahrscheinlichkeit sollte sich eine dunkle Materie zufällig in genau dieser gewünschten Weise und auch in ausnahmslos allen Galaxien gleichermaßen verteilt haben? Dieser Galaxie-Problem-Lösung wie noch anderen fehlt es einfach an Vernunft. Genau diese aber ist von der rigorosen Mathematik aus der Physik verdrängt worden, es zählen nur noch Zahlen.

Diese erste, scheinbar erfolgreiche, Hinzuerfindung, wenn man die Nachfolgeprobleme ignoriert, führte beispielgebend zu weiteren Erfindungen wie einer dunklen Energie und dunklen Strömung (im Strahlungshintergrund des Kosmos). Alle diese *Er*findungen konnten bis heute noch nicht nachgewiesen werden, obwohl mit nicht unbeträchtlichen Finanzmitteln danach gesucht wird. Ein an der Suche nach Schwerewellen (Kapitel "Wackelt das Weltall?") beteiligter Physiker sagte schon einmal "*Womöglich gehören wir zu denen, die etwas suchen, das es gar nicht gibt*".

Alles das führte bis heute nicht zu neuem Denken, weiterhin hat das "Schwert", die Mathematik, die Macht. Wer das angreift, wird damit "geköpft" Wer nur mundtot gemacht wird, hat noch Glück. Zuweilen werden Existenzen vernichtet. Newton als Mitglied der Wissenschaft war schon Vorbild für Ränkespiele, z. B. gegen Leibnitz, der die Infinitesimalrechnung (höhere Mathematik) gleichzeitig, aber unabhängig von ihm, entwickelte. Sogar innerhalb von Familien werden Konkurrenten bekämpft, aus reinem Neid! Daniel Bernoulli's Vater klaute seinem Sohn dessen Flüssigkeitsdynamik (Bernoullieffekt), benannte sie um in Hydraulik und datierte sie acht Jahre früher, um zu erreichen, daß dieser von ihm abgeschrieben hätte. Zuvor versuchte er schon mit Macht zu verhindern, daß sein Sohn überhaupt in die Physik einstieg.

Physik zu machen, ist bis heute "Krieg"!

Logik ade, die Wahrheit kommt

Was der Mensch für Schwierigkeiten hat, etwas zu verstehen, läßt sich an einem Beispiel zeigen, das seit etwa vierzig Jahren ungeklärt herumgeistert, obwohl es eine an drei Fingern abzählbare einfachste Sache ist.

In den 70ern des vergangenen Jahrhunderts gestaltete in England ein Entertainer ein Gewinnspiel für eine TV-Unterhaltungsserie. Es entspricht einem Losspiel mit nur drei Losen. Als TV-Verpackung präsentierte er die drei Lose als drei Türen auf der Bühne, hinter denen sich ein Auto als Gewinn und zwei meckernde Ziegen als Nieten verbargen.
Die vom Quizmaster zum spannend werden erdachten Spielregeln sehen wie folgt aus:
Der Ratekandidat darf sich eine der drei Türen auswählen, um das Auto zu gewinnen. Nachdem er das getan hat, erhöht der Quizmaster die Spannung dadurch, daß er vor Öffnung der Tür des Kandidaten eine der zwei anderen Türen, von der er weiß, daß sich dahinter eine Ziege verbirgt, öffnet. Um den Kandidaten dann noch zusätzlich zu verwirren, bietet er ihm nun auch noch an, seine erst gewählte Tür mit der noch ungeöffneten der zwei anderen tauschen zu dürfen.

Nach einiger Zeit stellte sich heraus, daß die Gewinnquote des Kandidaten, wenn er nicht tauscht, ein Drittel beträgt und wenn er tauscht, zwei Drittel.

Das ist Fakt!

Dieser paßt nun aber überhaupt nicht zu der Theorie, die der Mensch für solche Wahrscheinlichkeiten entwickelt hat. Die lauten für dieses Spiel so:
Nachdem der Quizmaster eine Niete "entfernt" hat, ergibt sich:
Tauscht der Kandidat nicht, so hat er eine Gewinnchance von ein Halb, da er eines von nur noch zwei Losen besitzt.
Tauscht der Kandidat, so erhält er eine Chance von auch ein halb, eben auch ein Los von nur noch zwei.

Nach der etablierten Theorie für Wahrscheinlichkeiten wäre es also egal, ob er tauscht oder nicht und die Gewinnquote erhöhe sich durch das Öffnen einer Tür, also eines Loses, generell auf fünfzig Prozent. Das steht nun aber gegen die Fakten.

Warum ist es nun nicht so, wie es die sich doch sonst überall bewährten Wahrscheinlichkeitstheorien vorhersagen? Bis nun mehr als vierzig Jahre danach ist noch immer keine anerkannte Lösung des Problems gefunden. Angeblich haben sich damit selbst Nobelpreisträger beschäftigt. Dieses Problem hat sich damit zu einem Test für den Intellekt des Menschen entwickelt. Denn, wenn bei einem Quizspiel von nur drei wenigen Losen, das sogar Kinder spielen können, die Ergebnisse nicht mit einer entsprechenden Theorie vorhersagbar sind, dann ist es nicht weit her mit der Qualität menschlicher Logiken oder in offener Sprache: eine Blamage für die gesamte Menschheit.

Aber es sind doch Formeln entstanden, die das Ergebnis berechnen können? Ja, aber die konnten nur dadurch entwickelt werden, weil das Ergebnis *zuvor* bekannt war! Für Aufgaben, bekannte Ergebnisse zu produzieren, findet die Mathematik immer Pfade. Diese beinhalten aber nur mathematische Regeln und nicht die Logiken, die zu dem Unverständlichen führen. So auch im Fall des Ziegenrätsels. Mathematiken für Zusammenhänge enthalten immer nur deren "Äußeres", das Meßbare mit nur quantitativen Zusammenhängen und nicht die inneren Funktionslogiken, weder in Wahrscheinlichkeitsabläufen noch in der Natur. Gerade deshalb besteht ja auch noch das Rätsel des Ziegenspiels.

Machen wir also nicht den gleichen Fehler wie "in die Mathematik zu gehen" und entwickeln die Theorie aus *Funktions*logiken neu. Dazu müssen wir aber zum Anfang aller Wahrscheinlichkeitstheorien zurück gehen. Wer sich verlaufen hat und nicht wieder zurückkehrt, wird auch nicht wieder auf den richtigen Weg kommen.

Die richtige Theorie für das Ziegenrätsel mit ja nur drei wenigen Losen muß die Lösung schon verbal präsentieren können. Um bis drei zu zählen ist eine Mathematik überflüssig.

Analysieren wir das Problem:
1) Der Ausgangspunkt entspricht einem Lostopf mit drei Losen.
2) Diese Lose werden verteilt.
3) Nach dem Grundsatz aller Losspiele hat jedes Los eine Gewinnwahrscheinlichkeit von eins durch die Gesamtanzahl der Lose.
4) Jeder, der Lose hat, ist Mitspieler.

Spieler im Ziegenspiel sind der Ratekandidat und der Quizmaster. Er spielt genau so mit wie die Bank beim Roulett. Wobei beim Roulett der Spieler den Einsatz mitbringen muß, während ihn beim Ziegenspiel der Quizmaster spendet.

Nach den Spielregeln des Quizmasters für das Ziegenspiel erhält der Kandidat ein Los, er selbst behält die zwei übrigen.

Für was wird nun die Lösung gesucht?
Die Gewinnchance von ein Drittel für jedes der drei Lose liegt grundsätzlich fest. Das ist aber nicht die Gesuchte, sondern: Mit welcher Wahrscheinlichkeit gewinnt ein Mitspieler? Gesucht ist also die Losbesitzerwahrscheinlichkeit.

Aufgabe der Wahrscheinlichkeitstheorie für ein Gewinnspiel ist, die Gewinnquoten der Losbesitzer zu bestimmen.

Jedes Los hat eine Gewinnwahrscheinlichkeit von einem Drittel. Damit erhält jeder *Besitzer* von Losen eine Besitzergewinnquote von der eines Loses mal der Anzahl der Lose, die er besitzt.
Der Rate-Kandidat hat damit eine Gewinnwahrscheinlichkeit von einem Drittel, der Quizmaster eine von zwei Drittel.

Der Quizmaster öffnet während des Spiels eines *seiner* Lose, und zwar mit Absicht eine Niete. Seine Gewinnchance von zwei Drittel bleibt ihm aber trotzdem erhalten, denn er kann ja noch mal ein Los öffnen. Ein Los seiner zwei mußte ja sowieso eine Niete sein. Das Öffnen einer Niete aus seinem Los*bündel* kann also *seine* Besitzergewinnchance von *zwei Drittel* nicht ändern.

Dann erfolgt ein Tausch oder Nichttausch.

Bei einem Nichttausch behält der Kandidat *seine* Besitzer-Gewinnchance von einem Drittel bei. Das ist die, die er *bei der Verteilung* erhielt und daran hat sich nichts geändert.
Der Quizmaster hat zwar nur noch ein ungeöffnetes Los, hat aber zwei aus dem Lostopf erhalten und damit eine Besitzergewinnchance von zwei Drittel, das Auto zu behalten. Seine erste Eindrittel-Chance hat er schon getätigt. Die zweite Eindrittel-Chance des Quizmasters erfüllt sich dann, wenn er das zweite Los öffnet.

Was passiert aber beim Tausch?
Dazu eine Analyse für dieses Spielmoment:
Nach dem Öffnen eines Nietenloses sieht es so aus, als ob nun ein neues Spiel begänne, eines mit nur noch zwei Losen. Wo wäre dann aber die Zweidrittel-Chance des Quizmasters hin gegangen, seine *Besitzer*wahrscheinlichkeit aus seinen zwei Losen? Hätte er die Lose kaufen müssen, würde jeder sagen, daß

er, egal, wie er sie öffnet, eine Zweidrittel-Chance hat, das Auto zu behalten. Und warum sollte die Gewinnchance des Kandidaten mit seinem einen Los nun größer werden, er hätte ja nur eines bezahlt?

Die Wirklichkeit im Ziegenspiel zeigt auf, daß beim Tausch die Zweidrittel-Gewinnchance an den Kandidaten und die der ein Drittel Chance an den Quizmaster übergeht. Und diese Wirklichkeit muß die Theorie voraussagen.

Gesucht ist also, aus welchem der zuvor genannten vier Punkte der Spielablaufanalyse die Theorie erstellt werden muß, damit sie zum richtigen Ergebnis führt.

Diese Suche führt zum Punkt 2 der Analyse, zur Verteilung. Sie bestimmt die Chancen der Losbesitzer. Wer eines der drei Lose aus dem Lostopf erhält, hat eine Gewinnchance von einem Drittel. Wer zwei der drei Lose aus dem Lostopf erhält, hat eine zwei Drittel Gewinnchance.
Würden anstelle der Türen auf der Fernsehbühne Papier-Lose getauscht, die man im Gegensatz zu den Türen auch in den Händen halten kann, so erhielte der Quizmaster beim Tausch das des Kandidaten, der Kandidat das noch eine des Quizmasters. Und die geöffnete Niete des Quizmasters? Dieser gibt sie dem Kandidaten deshalb nicht, weil der sie auch nicht mehr haben will. Aber existieren tut diese Niete als verteiltes und nur schon geöffnetes Los schon. Das darf für die Kalkulation der Gewinnchancen also nicht ignoriert werden.

Mit anderen Worten:
Der Kandidat übernimmt nach dem Tausch *anstelle* des Quizma*sters die Öffnung dessen <u>zweiten</u> Loses, also mit dessen* Besitzergewinnchance von immer noch zwei Drittel. Und das bestätigt die Wirklichkeit.
Als Merksatz ohne Theoriebetrachtungen ergibt sich:

Tausch ist Tausch, mit <u>allen</u> Konsequenzen.

Durch den Tausch beginnt also kein neues Spiel mit insgesamt nur noch zwei Losen! Man denke nur daran, daß man sie evtl. ja bezahlt haben könnte.
Die Theorie für Besitzergewinnchancen lautet:

Die Gewinnchancen von Losspielern
ergeben sich <u>aus der Aufteilung in Besitzerbündel,</u>
egal, in welcher Reihenfolge die Lose danach geöffnet werden.

Dabei sind die Anzahl der Lose im Lostopf das Kriterium und nicht die Anzahl der noch ungeöffneten. Und: Das letzte Los eines Losbündels eines Besitzers hat immer noch die Gewinnchance des *gesamten* Bündels!

Pro Losspieler muß also in Besitzerbündeln gedacht werden, da die Gewinnchancen für die Besitzer gefragt sind. Nur beim Besitz von nur einem Los ist und bleibt die Besitzergewinnchance auch die Losgewinnchance.
Nieten in den Losbündeln, ob geöffnet und evtl. schon weggeworfen oder nicht, gehören zum Spiel bis zur Öffnung des letzten Loses.

Als Denk-Hilfe dient durchaus die Vorstellung, daß man die Lose bezahlen mußte und dann die Gewinnwahrscheinlichkeit an des Geld knüpft. Dabei merkt man, daß man *jedes* Los bezahlt hat, auch das zwischendurch geöffnete. Es erhält dann den Wert, den es wirklich hat und wird nicht als wertlos weggeworfen bzw. gedanklich aus dem Spiel entfernt. Das macht das Verständnis der Folgen eines Tausches verständlicher: Geld initiiert hier eine andere Logik in uns!

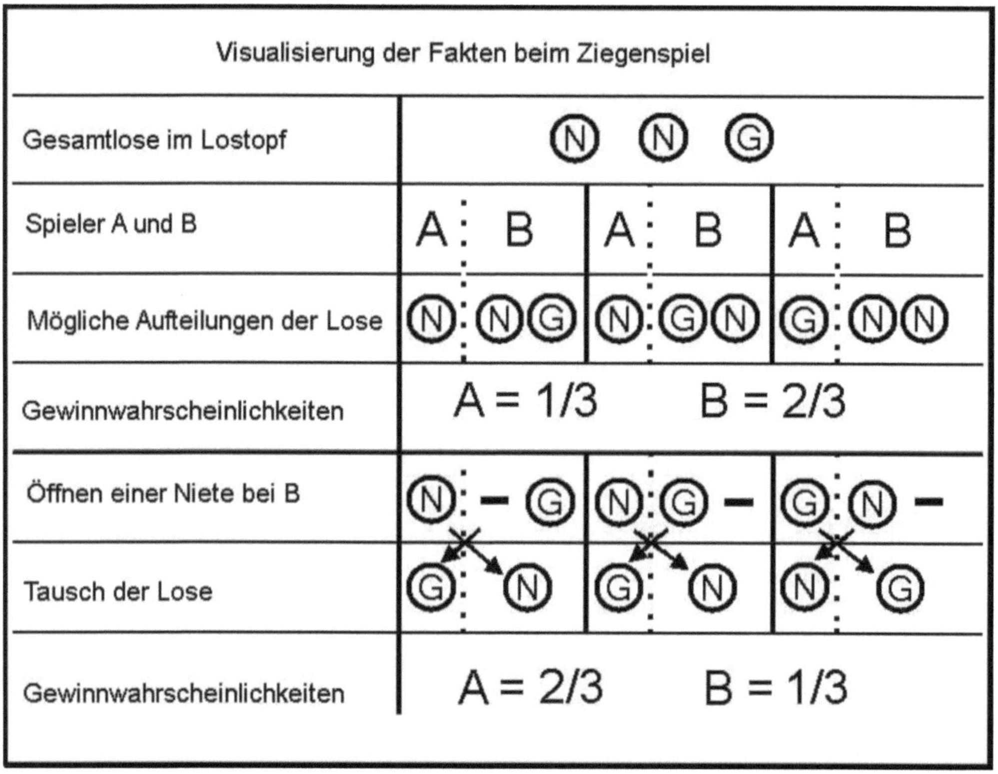

Visualisierung der Fakten beim Ziegenspiel			
Gesamtlose im Lostopf	N N G		
Spieler A und B	A : B	A : B	A : B
Mögliche Aufteilungen der Lose	N : N G	N : G N	G : N N
Gewinnwahrscheinlichkeiten	A = 1/3	B = 2/3	
Öffnen einer Niete bei B	N : – G	N : G –	G : N –
Tausch der Lose	G : N	G : N	N : G
Gewinnwahrscheinlichkeiten	A = 2/3	B = 1/3	

Zum Verständnis für die, die das Ergebnis des Ziegenspiels immer noch nicht glauben wollen, die vorstehende Wahrheitstabelle. Sie zeigt alle möglichen Konstellationen auf, die mit drei Losen möglich sind. Beim Tausch bzw. Nichttausch zeigen sich die für viele überraschenden Ergebnisse.

Die Theorie für das Ziegenspiel muß aus dieser Wahrheitstabelle erstellt werden, denn sie zeigt die Wahrheit **!**

Genau so sind Theorien zu entwickeln, auch in der Physik für Naturphänomene: *Wahrheiten* müssen bestimmen!

Resümee:
Menschliche Logiken gibt es für gleiche Dinge immer mehrere. Mit ihnen kann deshalb keine Wissenschaft gemacht werden. Wissenschaft ist Wahrheiten *zu finden* und nicht die Wirklichkeit in menschliche Logiken zu pressen.

Die hier angewandte Methodik für Theoriefindungen, Feststellung aller Fakten, ihrer Bewertungen und ihrer *sinnhaften* (nicht mathematischen!) Verknüpfungen zur Postulierung von Theorien, ist auch Vorbild dafür, wie in der Physik Theorien gefunden werden können. Das gelingt "leeren" Personen, die noch keine eigenen Logiken für die Sicht auf die Welt gebildet haben, immer besser als schon Vollgestopften. Deshalb gibt es Wissenschaftsbereiche, die ohne die Hilfe von Außenstehenden gar nicht weiter voran kommen können, da die Insider durch ihre geistige "Verstopfung" betriebsblind sind. Zum Weiterkommen ist auch vonnöten, daß bereits bestehende Theorien in Frage gestellt werden dürfen und auch müssen. Denn, wenn es Probleme gibt, die dafür zuständige Theorien nicht lösen können, sind diese Theorien sowieso falsch, und zwar bis in ihre innersten selbst wissenschaftlichen Logiken, die ja auch nur "*menschen*logisch" sind.

In der Physik sind die <u>Logiken der Natur</u> zu finden.

Wackelt die Zeit?

Joseph Larmor (1857-1942) erkannte ein "Etwas" in der Natur, das zwar nicht dinglich ist, aber in seinen Auswirkungen gravierend. Er kannte es aber nur nominal, also nur mathematisch. Physikalisch konnte er dieses Etwas noch nicht ins Dingliche der Welt einordnen, was sogar bis heute noch nicht gelang.

Um dieses "Etwas" in der Natur kennenzulernen, erkunden wir die Welt einmal ganz spielerisch.
Wir bauen uns geistig ein Spiel zusammen, wie es denen gleicht, die zum Zeitvertreib für Komputer oder ihm ähnlichen Spielgeräten erfunden werden.

Auf einem Teich schwimmen Schiffchen. Die Fische unter ihnen mögen diese nicht. Sie können sie aber unter dem Schiffsboden mit ihren Köpfen durch rund drehen von Kurbelarmen, die Bohrer drehen, versenken. Die Anzahl der Umdrehungen, die zum Versenken führen, sind für alle Schiffchen gleich. Die Fische müssen also bei jedem Boot in Kreisen schwimmend immer gleich viele Umdrehungen an der Kurbel machen, damit sie sie los werden.
Die Schiffchen können sich aber wehren. Wenn sie nämlich fahren, statt still zu stehen, müssen die Fische neben dem rundherum Drücken an den Kurbelarmen gleichzeitig auch noch mit den Schiffchen mit schwimmen. Sie sind ja keine Krebse, die sich am Schiffsboden festhalten und mit den Vorderarmen die Bohrer mit konstanter Geschwindigkeit drehen könnten.

Fahren also die Schiffchen, so entsteht für die Fische das Handikap, daß, obwohl sie immer mit ihrer Höchstgeschwindigkeit im Wasser schwimmen, sich der Bohrer immer langsamer dreht, je schneller die Schiffchen fahren. Sie müssen ja auf der Seite, wo sie gegen den Strom, also mit den Schiffchen, schwimmen, diese überholen. Und das dauert länger, als sie auf der Gegenseite beim Zurückfallen an Zeit wieder aufholen. Würden die Schiffchen mit der Geschwindigkeit fahren, mit der die Fische nur schwimmen können, käme der Bohrer zum Stillstand.
Ein Beobachter stellt damit fest, daß die Schiffchen, die am schnellsten fahren, am längsten leben und die, die still stehen, zuerst sinken.

Das physikalische *Funktions-**Grund**-Prinzip* des Längerlebens der Schiffchen durch ihre Bewegungen besteht darin, daß sich ***sowohl*** die Schiffchen ***als auch*** die Fische ***gegenüber einem Dritten, dem Wasser*** *bewegen*, also beide

unabhängig voneinander gegenüber einem gemeinsamen Bezugspunkt!

Wo gibt es in der Natur gleichartiges, nämlich, daß eine Lebensdauer von etwas "Zählbarem" gegenüber einem gemeinsamen Bezugspunkt abhängt?

Betrachten wir einmal unsere Lebenszeit. Sie kann nämlich auch mit etwas abgezählt werden wie die Umdrehungen der Bohrer an den Schiffchen. Wie das? Unsere Körperzellen erneuern sich z. B. zyklisch etwa alle sieben Jahre. Bei der Erneuerung einer jeden einzelnen Zelle wird von an den Chromosomen anhängenden "Zählperlen" eine entfernt. Wenn die alle sind, ist unser Dasein auf der Erde beendet.
Man kann unsere Lebenszeit aber nicht nur so beschreiben. Für unser Durchschnittsalter muß das Herz z. B. soundsoviele Pumpvorgänge vollführen. Wenn die absolviert sind, ist ebenfalls Ende.
Geht man noch tiefer in die Organismen, bis in die Atome hinein, aus denen wir bestehen, so findet sich auch dort etwas, was sich dreht wie die Bohrer an den Schiffchen. Es sind die Elektronen, die sich um ihre Atomkerne drehen. Auch an ihnen kann abgezählt werden, wann wir ausgelebt haben.

Könnten wir dann auch etwas finden, um wie die Schiffchen länger leben zu können?
Ja.
Dazu müssen wir suchen, ob es auch für uns und das Zählbare in uns einen gemeinsamen Bezugspunkt gibt, *dem gegenüber* wir uns und das Zählbare in uns *unabhängig voneinander* bewegen.
Bei den Schiffchen und Fischen ist das Gemeinsame, dem gegenüber beide sich bewegen, das Wasser.

Was gäbe es für uns?

Es muß etwas geben, da schon Einstein sagte, daß, wenn wir in einem schnellen Raumschiff führen, wir dadurch langsamer altern würden. Das heißt natürlich, daß wir auch bei niedereren Geschwindigkeiten auch schon dementsprechend langsamer altern. Wie kann das funktionieren?

Wenn es um etwas G*emeinsames* in der Natur geht, so ist der Äther die allererste Adresse, denn der ist überall.
Der Äther verhält sich aber nicht wie das Wasser im Teich mit den Schiffchen, sondern er ist überall, auch in uns drin. Wenn wir uns bewegen, gehen wir durch ihn hindurch bzw. er "strömt" als Fahrtwind durch uns hindurch. Er füllt den Raum des Kosmos bis in den Raum zwischen Atomkern und den ihn umkreisenden Elektronen aus. Auf den Punkt gebracht:

Der Äther füllt den gesamten geometrischen Raum aus, egal ob er leer ist oder mit Materie befüllt.

Bewegt sich Materie, aus der auch wir sind, so wird sie vom stillstehenden Äther als Fahrtwind durch"drungen". Gleiches gilt, wenn die Materie stillsteht und sich der Äther bewegt, er geht einfach durch die Materie, also auch durch uns, hindurch, so, als ob sie/wir gar nicht da wären. Joseph Larmor vermutete auch schon, daß Materie nur eine andere Form des Äthers ist.

Damit könnte der Äther das sein, das bei den Schiffchen und Fischen das Wasser ist. Nämlich das, dem gegenüber wir uns mit unseren Atomkernen bewegen und die Elektronen um diese herum müssen folgen wie die Fische den Schiffchen. Die Elektronen sind zwar an ihre Atomkerne gekoppelt wie z. B. ein Hund durch eine Leine, der sich bei Umkreisungen um sein Frau-/Herrchen auch selbst bewegen muß, in diesem Fall gegenüber der Straße als gemeinsamem Bezugspunkt.

Die "Füllung" des Weltraumes mit Äther bis ins Kleinste hinein hat Paul Dirac (Nachinhaber des Lehrstuhls von Larmor in Cambridge) auch schon als "negative Materie", im Unterschied zur Anti-Materie, voraus gesagt. Populär-wissenschaftlich wird die Raumfüllung nach ihm als Dirac-See benannt (natürlich aber nicht von der Lehre, die hatte zur Zeit Dirac's Postulation schon keinen Äther mehr). Für Dirac war der Äther aber eine Selbstverständlichkeit.

Alle Bewegungen von allen Dingen in diesem Kosmos finden in und gegenüber dem Äther statt. Das heißt: Auch wir als Ganzes wie die Elektronen unserer Atome bewegen sich getrennt gegenüber dem Äther. Die Elektronen bewegen sich zwar nicht als Kügelchen, sondern als elektromagnetische Welle um die Atomkerne, was aber nicht entscheidend ist, es dreht sich was um die Atomkerne und nach soundsovielen Umdrehungen sind wir tot.

Dieses Drehen der Elektronen entspricht dem Drehen der Kurbeln an den Bohrern der Schiffchen. Auch die Elektronen müssen sich getrennt von unseren Atomkernen gegenüber dem Äther als *gemeinsamem* Bezugsobjekt bewegen. Das tun sie mit immer der gleichen Geschwindigkeit, nämlich ihrer Höchstgeschwindigkeit. Diese ist, da sie ja als elektromagnetische Welle um die Atomkerne schwingen, Lichtgeschwindigkeit. Bewegen wir uns nun mit unseren Atomen gegenüber dem Äther, so wie die Schiffchen gegenüber dem Wasser, so bewegen sich auch hier die Atomkerne und die Elektronen separat gegenüber dem Äther. Also werden auch dabei die Umdrehungszahlen der

Elektronen niedriger und wir leben länger. Würden wir uns mit Lichtgeschwindigkeit bewegen, so könnten die Elektronen ihre Atomkerne nicht mehr überholen und wir würden gar nicht mehr altern. Allerdings würden wir dabei auch nicht mehr leben, sondern eingefroren verharren.
Würden wir uns ein Leben lang in einem Gebäude ohne Fenster aufhalten, so würden wir aber nichts von all dem bemerken, obwohl dieses "Gebäude" auch ein schnelles Raumschiff sein könnte. Würden wir aber aus einem solch schnellen Raumschiff nach draußen schauen, so würde uns auffallen, daß die anderen, die sich nicht so schnell wie wir bewegen, schneller altern.

Dieses unser langsameres Altern bedeutet also etwas nicht: Wir werden nicht *biologisch* älter als die anderen, die sich nicht so schnell bewegen wie wir, sondern wir werden, für uns selbst gesehen, nur genau so alt wie zuvor, nur unsere Zeit läuft langsamer ab. Würden wir ein Leben lang zählen, z. B. jede *unserer* Sekunden eine Zahl, so würden wir immer nur bis zur gleichen höchsten Zahl kommen, egal, ob wir in einem schnellen Raumschiff drei mal so alt würden oder wenn wir auf der Erde geblieben wären. Unser Empfindungsleben würde sich nicht verlängern. Wir könnten weder weiter laufen als die anderen noch mehr schreiben noch mehr Ideen gebären. Allerdings würden wir bei Beobachtung aus einem schnellen Raumschiff auf die Erde das Leben der Menschen dort in z. B. dreifachem Zeitraffer vergehen sehen, würden also drei Generationen statt unserer nur einen beobachten. Wir könnten damit schon ein bißchen in die Zukunft der Erde schauen. Aber erst, wenn diese auf der Erde schon da ist!

Der langsamere biologische Ablauf unseres Lebens zeigt nun das auf, was allgemein in der Natur geschieht: Die Zeit in bewegter Materie läuft langsamer.

In bewegter Materie tritt eine Verlangsamung ihrer inneren Abläufe ein, eine Zeitdilatation.

Diese Zeitdilatation gilt nicht nur für unseren Körper, sondern auch für alle Maschinen, die wir bauen. Und auch bei denen nicht nur in ihrem Inneren, sondern auch im Äußeren. Ein jedes Atom als Ganzes muß sich z. B. auch in einem Schwungrad nicht nur radial um die Achse drehen, sondern auch mit der ganzen Maschine, z. B. als Motor in einem Flugzeug, auch noch mit geradeaus. Auffallen würde das aber erst, wenn das Flugzeug mit sehr sehr hoher Geschwindigkeit fliegen könnte, sagen wir mal mit ein Zehntel der Lichtgeschwindigkeit, also etwa einhunderttausend km/h. Im Flugzeug mit allem drin und dran vergeht dann die Zeit ein wenig langsamer. Im nächsten Kapitel, "Das große Undurchschaubare", erbringt eine Messung der Zeitdilatation in Flugzeugen Revolutionäres für die Physik.

Was haben wir nun erkannt?

Die Zeit wackelt!

Was ist dann überhaupt noch konstant?
In einem "Wackel"universum mögen wir nämlich eigentlich nicht leben, das macht unser Gehirn nicht mit, es ist anders gestrickt, es braucht etwas Konstantes, Stabiles!

Suchen wir also etwas Konstantes.
Schauen wir mal nicht auf eine Anzahl von Umdrehungen, sondern auf nur eine. Durch sie entsteht ein immer gleicher Fortschritt einer Bewegung. Unsere Zeit messen wir ja auch an einem immer gleichen Fortschritt, nämlich dem eines Umlaufs der Erdoberfläche mit Blick auf die Sonne. Wie lange also eine Sekunde dauert, hängt *ursächlich* davon ab, wie lange eine immer gleich weite Bewegung dauert.
Da wir ja schon in unsere Atome eingestiegen sind, findet sich dort als Konstantes als immer gleich weite Bewegung die Länge einer Umlaufbahn eines Elektrons um seinen Atomkern.
Das Zurücklegen der konstanten Entfernungen aus Umkreisungen sind die konstanten Größen, an die sich unsere Denke anheften kann. Zeit besteht somit aus der Dauer, die wir für eine Umdrehung mit der Erdoberfläche oder ein Elektron für eine Umdrehung um seinen Atomkern brauchen.

Also:

Nicht die Zeit bestimmt die Abläufe
wie Umdrehungen der Elektronen um die Atomkerne,
sondern:
Diese Umdrehungen sind die Zeit!

Eine Umdrehung eines Elektrons ist z. B. eine Zeiteinheit. Zu dieser Zeiteinheit gehören *exakt gleiche mechanische Fortschritte* der Naturabläufe wie z. B. ein Stückchen des zusammen Ziehens eines unserer Muskeln oder ein Stückchen des voran Laufens der Signale in unseren Nerven oder ein Stückchen des weiter Drehens eines Rades in einer Maschine.

"Zeit" ist in der Natur kein "Ding",
das für sich allein existiert.
Es gibt niemanden, auch nicht Gott,
der an einer Kurbel dreht, die die Zeit macht.

Und das gilt auch bis ins Große, damit auch für die Mechanik unserer Technik.

Für die Newton'sche Physik ist ein Elektron
das Antriebsritzel für alle Geschehnisse.

Wie läßt sich Zeit noch beschreiben?

Zeit ist nur die Beobachtung, *daß* sich etwas bewegt. Bewegt sich nichts, gibt es keine Zeit. Und wie schnell die Zeit läuft, ist am besten mit einer Umdrehung eines Elektrons zu beschreiben, denn es ist das Kleinste und damit Originalste. Dauert die Umkreisung des Elektrons durch Bewegung des Atoms länger, läuft auch eine Kuckucksuhr langsamer, denn auch sie besteht nur aus vielen Atomen mit deren Elektronen.

Würden sich die Elektronen nicht um ihre Atomkerne drehen, gäbe es auch keine chemischen Reaktionen mehr, es wäre deshalb auch kein Leben entstanden. Zeit ist in der Physik, d. h. in der Natur, eine "faßbares" Ding. Zeit ist kein Gefühl, wie man es z. B. am Bahnhof hat, wenn man auf einen Zug wartet, sondern der Ablauf konkreter *mechanischer* Vorgänge.

Zeit ist nicht ein Schwert, das überirdisch über unseren Köpfen und der Natur hängt und uns droht, sondern nur das Reale, das als Bewegung zu erkennen ist. Bewegt sich nichts mehr, gibt es auch keine Zeit mehr.

Für die Philosophie ist Zeit etwas ganz anderes. Deswegen kann Zeit auch nicht über die Physik hinaus allgemein definiert werden. Für die Physik ist Zeit Änderung. Ändert sich nichts Mechanisches, und ***alles*** in der Natur ist mechanisch, gibt es auch keine Zeit. Wobei die Änderungen aber die ***kleinstmöglichen*** innerhalb Atomen oder sogar innerhalb ihrer Bausteine sind.

Daraus ergibt sich nun eine längst benötigte Erkenntnis, nämlich, daß Zeit nur in Materie als Bewegung von etwas ablaufen kann:

Zeit ist an Materie gebunden.
Ohne Materie gibt es keine Zeit.

Als Vorgriff auf das nächste Kapitel ist damit schon einmal festzustellen, daß es eine "Raumzeit" gar nicht geben kann. In der Physik ist Zeit eine mechanische Angelegenheit und Mechanik bedarf der Materie.

Betrachtet man das Bewegungsspiel von Elektron und Atomkern mit ihren Bewegungen bis zur Grenze der Geschwindigkeit, der Lichtgeschwindigkeit, so zeigt sich:

Zeitdilatation im Atom entsteht dadurch, daß, wenn es sich bewegt, die Elektronen einen Teil von ihrer Lichtgeschwindigkeit für das Mitgehen mit dem Atom verbrauchen.

Wenn sich das Atom mit Lichtgeschwindigkeit bewegt, braucht das Elektron seine ganze Geschwindigkeit, um überhaupt noch beim Atomkern bleiben zu können. Umkreisen kann es den Atomkern dann nicht mehr, die Zeit im Atom steht still.

Zeitdilatation wird in der Schule mit Hilfe einer erdachten Lichtuhr erklärt. In dieser pendelt ein Lichtpunkt mit Lichtgeschwindigkeit zwischen zwei Spiegeln auf und ab. Bei den Reflexionen oben und unten ist ein Tick und Tack vorstellbar. Wird diese Uhr seitlich bewegt, so müsse der Lichtpunkt der Uhr folgen, also schräg von unten nach oben fließen und auch wieder schräg zurück. Da dabei die Wege länger werden, ginge die Uhr dadurch langsamer.
Diese nur *Gedankenexperiment*-Uhr (man kann sie nicht wirklich bauen) trifft leider nicht die Wahrheit. Es bleibt nämlich unbeachtet, daß der Lichtpunkt, der sich zwischen den Spiegeln pendelnd bewegt, gar nicht mit dieser Uhr mit geht. Beide, Lichtpunkt und Uhrgehäuse mit den Spiegeln, bewegen sich ja *unabhängig voneinander* gegenüber dem Äther. Daß sich der Zeit erzeugende Teil der Uhr, der Lichtpunkt als Unruhe, ***getrennt*** von den Spiegeln eigenständig gegenüber dem Äther bewegt, ist ja die Vorbedingung dafür, daß Zeitdilatation überhaupt entstehen kann.

Der Lichtpunkt in einer Lichtuhr verhält sich genau so wie einer, der z. B. nach einer Seite aus einem fahrenden Zug als kurzer Lichtblitz abgeschickt wird. Er geht nicht weiter mit dem Zug mit, sondern bleibt auf der Linie quer zum Zug, ***die an seinem Abschußort*** begann. Nur ein geworfener Ball würde nach dem Abstoßen weiter mit dem Zug mitgehen, da seine Masse mit dem Zug zuvor beschleunigt wurde. Licht hat aber keine Masse und bewegt sich auch nur gegenüber dem Äther und nicht gegenüber der Erdoberfläche.
Um die Schul-Lichtuhr wirklich zum "Gehen" zu bringen, wäre es erforderlich, den Lichtpunkt in genau der zu ihrer Geschwindigkeit entsprechenden Schräge

hinein zu schießen.

Also, diese Schullichtuhr könnte in der Realität gar nicht funktionieren. Sie ist aber auch nur dazu erfunden worden, damit eine didaktisch anschauliches Bild geschaffen ist, um zu einem gewünschten mathematischen Ergebnis, dem sogenannten relativistischen Faktor, zu kommen, der noch getrennt behandelt wird.
Trotz dieser physikalischen Falschheit kommt man mit dieser Uhr trigonometrisch zum richtigen mathematischen Ergebnis, dem Faktor zur Berechnung der Zeitdilatation. Wie das? Das beweist doch wohl die Richtigkeit dieser angeblich falschen Uhr, oder?

Leider nein.

Daß falsche Annahmen trotzdem zu richtigen Ergebnissen kommen können, ist weder ein Wunder noch ein Trick noch sonst etwas ganz Bestimmtes, sondern einzig nur Zufall. Das Wunder ergibt sich nur daraus, daß diese Lichtuhr auch noch in ganz bestimmter Weise angeschaut werden muß. Das macht dann zufälligerweise den Fehler des Nichtmitgehens des Lichtpunktes wieder wett. Die Mathematik merkt das nicht, sie hat kein physikalisches Verständnis. Sie hat außerdem die Fähigkeit, auf mehreren Wegen "nach Rom", also zu einem gleichen quantitativen Ergebnis, zu kommen. Das bedeutet, daß Physiker in viele Fallen bei der Erkundung der Natur tappen können, wenn sie "mathematisch" denken. Ein Astro-Physiker beantwortete dem Autor die Frage nach seiner Ausbildung, ob er eher Mathematiker oder Physiker ist, mit: "Ich bin Physiker, bei der Mathematik muß man aufpassen!"
Also: Quantitativ richtige Ergebnisse liefern noch keine Beweise dafür, ob physikalische Thesen stimmen. Für die Gravitation gibt es z. B. sogar fünf unterschiedliche Annahmen (Theorien), die alle zum quantitativ gleichen und sogar richtigen Ergebnis kommen, was aber nur eines beweist, nämlich, daß Mathematik in der Physik nichts beweisen kann.

Warum ist das so? In der Mathematik gibt es immer *mehrere* Wege, um zu *einem gleichen* Ergebnis zu kommen. Das ist ja gerade das, was sie von der Physik unterschiedet und es ist genau das, was sie für die Physik ungeeignet macht. Denn: Die Natur hat für ihre Erscheinungen immer nur *einen einzigen funktionell kausalen* Weg.

Physik ist wegbestimmt,
Mathematik nur ergebnisbestimmt.

Das Falsche der Schullichtuhr zeigt sich auch daran, daß diese Uhr in nur einer ganz bestimmten Bewegungsrichtung funktioniert. Würde sie nämlich vertikal bewegt, würde gar keine Zeitdilatation eintreten. Womit wieder einmal das Allgemeingültigkeitsprinzip verletzt wird, was Mathematikern aber egal ist, obwohl Zeitdilatation in Wirklichkeit von der Ausrichtung einer Uhr unabhängig ist.

Der "Zufall" des nur mathematisch richtigen Ergebnisses trotz falscher Uhr hat selbstverständlich eine korrekte mathematische Begründung. Physik sucht aber keine "*Auch*"-Wege, nur um zu Formeln zu kommen wie die Technik, sondern Physik sucht den einzig *wahren* Weg, der auch *richtiges* Weiterdenken ermöglicht. Diese, wenn auch richtige, Formel ist nur eine mathematische Blüte, die keinerlei physikalische Aussagen machen kann. Mit dieser falsch konstruierten Uhr ist ein Weiterdenken auch nicht gelungen, sie konnte uns nämlich seit über hundert Jahren nicht eröffnen, ***was*** Zeitdilatation ist! Nämlich das, was uns die Schiffchen und Fische zeigten.
Animationen der falschen und der physikalisch richtigen Licht-Uhr sind zu sehen in www.kosmosphysik.de.

Das heutige Verständnis der Zeitdilatation in Lehre und Wissenschaft kann nur als katastrophal bezeichnet werden. Selbst größte "Geister" der Physik wissen nicht, wo vorn und hinten bei der Zeitdilatation ist. Vorn und hinten steht dafür, daß es bisher für die Zeitdilatation keinen Bezugspunkt gibt, sie wäre nur relativ: Bewegt sich mir gegenüber ein anderer, so laufe dessen Zeit langsamer. Warum? Nur, weil ich da bin? Und wenn ich ihm nachlaufe? Ändert sich dann sein Zeitablauf wieder? Ist Zeitdilatation nur eine "Ansichtssache"? Wird Einstein's reisender Zwilling nur deshalb langsamer älter, weil sein Bruder auf der Erde existiert? Jedenfalls wird Zeitdilatation heute so dargestellt, als ob es für sie eines Beobachters bedürfe. Physikalisch sinnvoll kann aber nur sein:

Entweder,
ein Objekt hat eine konkrete Zeitdilatation und weiß das selbst,
oder es gibt gar keine.

Fakt in Lehre und Wissenschaft ist, daß die Zeitdilatation nur "verwendet" wird, weil es sie gibt. Sie wird nur *nach Bedarf* in mathematische Formulierungen eingefügt, damit die Ergebnisse stimmig werden. Daß die Zeitdilatation wo gebraucht wird, wird daraus geschlossen, daß ein mathematisches

Ergebnis erst mit ihr stimmig wird. Und das wird dann auch noch als Beweis der Richtigkeit des Rückschlusses gewertet. Eine wissenschaftliche Art der Selbstbefriedigung.

Wo ist Zeitdilatation in der Natur zu beobachten? Natürlich nur in etwas Kleinem, denn im Großen, wo wir auch noch selbst beteiligt sind, schaffen wir es mangels Überblick nicht.

An Myonen wurde die Zeitdilatation zuerst meßtechnisch nachgewiesen. Sie sind kleinste Teilchen, die radioaktiv sind und sich nach kürzester Zeit in normale Elektronen zurück wandeln. Sie entstehen in großer Höhe durch die Sonnenstrahlung in der Atmosphäre. Ihre Lebensdauer ist so kurz, daß sie die Erdoberfläche eigentlich nicht erreichen könnten, selbst wenn sie mit Lichtgeschwindigkeit flögen, was sie auch fast tun. Radioaktive Zerfälle finden jedoch nicht nach einer festen Zeit statt, sondern statistisch. Zum Teil also früher oder später. Die Myonen, die länger leben, erreichen die Erdoberfläche. Nun hat sich aber herausgestellt, daß viel zu viele hier unten ankommen. Und das erklärt sich nur dadurch, daß sie länger leben. Und dafür gibt es nur eine Ursache, die Zeitdilatation. Diese läßt sich aber nicht mehr mit dem mechanischen Vorgang wie in einem Atom oder einer Lichtuhr darstellen. Wie in Myonen als Einzelteilchen eine Zeit abläuft, so daß sich ihr radioaktiver Zerfall bei Bewegung gegenüber dem Äther verlangsamt, bleibt künftiger Forschung vorbehalten.

Eine andere Beobachtung sind die Uhren in den Navigationssatelliten. Sie erleiden auch eine Zeitdilatation, da sie sich mit den Satelliten schnell bewegen. Deswegen wurden sie auf der Erde mittels Berechnung etwas schneller eingestellt, damit sie oben dann mit den Uhren hier unten gleich laufen. Bei der Ausführung zeigte sich dann, daß man nichts wirklich von der Zeitdilatation versteht. Von den Konstrukteuren der GPS-Satelliten wurde ein Schalter eingebaut, um von der Erde aus umschalten zu können, wenn sich die Zeitdilatation nicht eingestellt hätte. Er wurde nicht benötigt und zeigt damit deutlich, was heutiges Wissen wirklich ist, fast nur Angeberei, siehe Robert Laughlin, Ste. 26.

Aber auch bei Licht gibt es Erscheinungen, die aus der Zeitdilatation entstehen. Licht entsteht dadurch, daß Elektronen von höheren Bahnen um den Atomkern auf niedrigere fallen. Bei diesem Fallen geben sie die Energie in Form von Licht wieder ab, mit der sie zuvor hoch gehoben wurden. Das hoch heben kann

z. B. auch durch Licht geschehen sein, wie es bei fluoreszierenden Stoffen der Fall ist, die nachts nachleuchten. Elektronen fallen bei Bewegungen der Atomkerne dadurch langsamer, weil sie deren Bewegungen auch mit machen müssen, was eben die Zeitdilatation ist. Das Licht, das von langsamer fallenden Elek-tronen ausgeht, auch, wenn es aus einer mitgenommenen Taschenlampe in einem Raumschiff käme, wird röter, seine Frequenz erniedrigt sich. Und das hat mit dem Dopplereffekt, der auch noch eingehend beschrieben wird, nichts zu tun!

Diese Beispiele führen aber immer noch nicht zu direkt Fühlbarem, was durch Zeitdilatation entsteht. Der Mensch glaubt aber nur das wirklich, was auch weh tut. Im Weiteren wird sich dann noch zeigen, daß, wenn man versehentlich gegen einen Stein statt eines Balles tritt und es weh tut, die Zeitdilatation ursächlich beteiligt ist.

Was passiert bei Lichtgeschwindigkeit?
Dann kann kein Elektron seinen Atomkern mehr überholen, also nicht mehr umkreisen. Die Umkreisung stoppt aber auch dann, wenn das Elektron seitlich um die Bahn des Atomkerns kreisen würde, wobei es seinen Atomkern gar nicht mehr überholen müßte. Jede radiale Bewegung quer zur Bewegung des Atomkerns würde das Elektron neben seinem Atomkern sofort zurück fallen lassen, was die elektromagnetische Bindung der beiden aber nicht gestattet. Bei Lichtgeschwindigkeit "lebt" also selbst Materie nicht mehr, alles ist eingefroren, es vergeht keine Zeit mehr, denn Zeit ist der mechanische Fortschritt des Umkreisens des Atomkerns. Kein elektrischer Strom könnte mehr fließen, keine chemische Reaktion würde mehr ablaufen, eine schon gezündete Bombe würde nie explodieren und kein radioaktiver Zerfall würde mehr stattfinden. In einem Raumschiff könnten nicht einmal mehr die Triebwerke gestartet werden, um es abzubremsen. Erst, wenn es wo gegen prallt, würden seine Atome wieder "lebendig" werden.

Zeitdilatation, also Zeitverlangsamung, ist ein "Oberes" in der Natur, das zum "Ganzen" von Goethes Erkenntnis (Ste. 1) gehört. Ohne sie kann in der Natur *nichts* richtig verstanden werden. Sie ist nur so unscheinbar, daß sie nicht wahr genommen wird. Bei einem Zehntel der Lichtgeschwindigkeit, das sind 30 000 m/s, also 108 000 km/h, beträgt die Zeitdilatation erst 0,5 Prozent.

Da die Zeit nun wackelt, also keine konstante Größe mehr ist, wie kann man dann Geschwindigkeiten genau bestimmen?

Zeitdilatation hängt von Geschwindigkeit ab, somit ist sie und die Geschwindigkeit ein Paar, genau so, wie z. B. Temperatur und Wärmeinhalt eines Stoffes ein Paar ist. Kennt man das eine, kennt man auch das andere. Also kann man mit Zeitdilatation auch Geschwindigkeiten messen.

Bisher gibt es das kuriose Problem, nicht zu wissen, wer von zwei Objekten, die sich gegenseitig bewegen, wirklich bewegt. Einstein schuf ja die These, daß alles nur relativ sei. Das heißt in übertriebener Darstellung: Bewegt sich der Zwilling in Einsteins Beispiel auf seiner Reise oder bewegt sich der Bruder mit der Erde durchs All. Aus diesem Problem entstand die Theorie, daß nur der sich bewegt, der sich zuvor beschleunigte. Das ist auch logisch, da Geschwindigkeiten ja generell nur durch Beschleunigungen gegenüber dem Äther entstehen können. Das erklärt aber noch nicht, wann ein Körper eine Geschwindigkeit von null hat. Wann ein Körper eine maximale Geschwindigkeit hat, wird ihm von der Lichtgeschwindigkeit bzw. der Zeitdilatation gesagt. Aber:

Wenn es eine maximale Geschwindigkeit gibt,
muß es auch eine minimale,
also eine von null, geben.

An dieser Unvollständigkeit krankt die Physik seit Einstein. Zeitdilatation führt nun zur Lösung dieses Problems.
Würden die Zeitgänge aller Objekte an allen Orten im Kosmos gemessen werden, so würde man einen schnellsten feststellen. Das wäre dann der bei einer Zeitdilatation von null. Ein Körper, der diese hat, hat eine Geschwindigkeit von null, ist also zum Bezugspunkt von Geschwindigkeiten in Ruhe bzw. repräsentiert ihn damit. Dieser Bezugspunkt ist der Äther. Denn nur Geschwindigkeiten gegenüber ihm führen zu Zeitdilatationen.

Ein zum Äther ruhender Körper hat keine Zeitdilatation.

Aktuell (2015) geistert im Internet herum, daß beim Messen oder beobachten von Zeitdilatationen angeblich nur Zeitverlangsamungen zu finden wären. Das ist Unfug. Selbstverständlich ergibt die Beobachtung eines Objektes mit geringerer Zeitdilatation aus einem Objekt mit höherer, z. B. aus einem schnellen Raumschiff heraus, eine zu sehende Zeitgangverschnellerung des sich langsamer bewegenden Objekts. Aus den GPS-Satelliten gesehen gehen die Uhren auf der Erde schneller als die in ihnen, weswegen wir umgekehrt diese Uhren von hier aus gesehen auch langsamer laufen sehen (wenn sie nicht zuvor schneller eingestellt worden wären). Solche Parolen wie angeblich nur

Verlangsamungen von Zeitgängen stammen nicht einmal aus dem mathematischen Garten, sondern sind Ausdruck grundsätzlichen Unwissens, sind Ergebnisse eines geistig blinden Herumstolperns, das daraus entsteht, daß alles nur relativ sei. Daß Zeitgangverschnellerungen aber schon exakt gemessen und dann gleich wieder weg gelogen werden, ist im folgenden Kapitel zu lesen.

Da es nun zweierlei Zeitgänge gibt, absolute ohne Zeitdilatation und welche mit Zeitdilatation, müssen letztere ja einen Namen zur Unterscheidung bekommen. Diese werden mit ***relativistisch*** bezeichnet. Es gibt also eine absolute Zeit und eine relativistische Zeit. Wobei mit "Zeit" aber immer Zeit"*gang*" gemeint ist.

Relativistisch ist ähnlich zu verstehen wie relativ:
Relativ ist die Beobachtung aus einer Bewegung heraus,
relativistisch ist die Beobachtung aus einer Zeitdilatation heraus oder in eine hinein.

Relativ wie relativistisch sind Eigenschaftsworte, die Sichtweisen bezeichnen. Nämlich die, die sich aus der Beobachtung aus einer Bewegung bzw. aus einem oder in einen anderen Zeitgang ergibt.
Relativ ist z. B. die Beobachtung, daß sich aus der Bewegung des Autos heraus gesehen ein Baum "vorbei bewegt". "Relativ" ist dabei nicht der Baum, sondern die Sicht auf ihn.
Relativistisch ist z. B., daß die Sicht in ein schnelles Raumschiff hinein aufzeigt, daß die Uhren dort langsamer gehen. Relativistisch ist dabei nicht die Uhr im Raumschiff bzw. das Raumschiff selbst, sondern nur die Sichtweise, nämlich aus einem anderen Zeitgang in es hinein. Also:

Relativistisch ist nicht ein Ding, sondern nur die Sicht auf es, egal, ob aus zeitdilatationsbehaftetem Beobachtungsort heraus oder in einen zeitdilatationsbehafteten Ort hinein oder beides zugleich.

Relativistische Sichten sind das Normale, denn alles, was sich bewegt, besitzt auch Zeitdilatationen. Diese sind nur so klein, daß man sie unbeachtet lassen kann, obwohl, wie sich gleich noch zeigen wird, die relativistischen Sichten aus bewegten Objekten die für die Newton'sche Physik dieser bewegten Objekte gültigen sind.
Wenn Robert Laughlin, wie auf Seite 25 zitiert, "*relativistischer Äther*" sagt, so zeigt das die allgemeine durch die Mathematik verdorbene Sprache über die Erklärung der Welt auf, denn:

Kein Ding, auch nicht der Äther, kann relativistisch sein.
Der Äther ist der dingliche Nullpunkt der Welt.
Relativistisch werden nur Sichten aus Bewegungen gegenüber dem Äther heraus oder in solche Bewegungen hinein.

Für relativ gibt es das Gegenteil, absolut. Für relativistisch gibt es kein sprachliches Gegenteil. Eine nicht relativistische Sicht ist die, die aus einem Standort ohne Zeitdilatation, also ohne Bewegung gegenüber dem Äther, stattfindet. Diese Sicht vom Nullpunkt ergibt sowohl die absoluten Bewegungen wie die absoluten Zeitdilatationen beobachteter Geschehnisse in der Natur. Auf der Erde gibt es einen bewegungsfreien, damit auch zeitdilatationslosen, Beobachtungspunkt aber nicht. Im Kapitel "Warum fallen wir?" wird das noch begründet.

Wie sieht es aus, wenn man "Relativistisches" sieht?
Das sehen wir im TV fast täglich, Schnelle Vorgänge werden dort manchmal verlangsamt, indem sie langsamer abgespielt werden. Es ist die bekannte Zeitlupe. Alles Schnelle sehen wir dadurch langsamer. Im TV sind es meist Abläufe im Sport, ansonsten in Dokumentationen.
Es sind im TV auch schon Filmsequenzen von Crash-Versuchen neuer Autos gezeigt worden, in denen eine schnell laufende Uhr, deren Zeiger vermutlich in einer Sekunde zehn mal um das ganze Zifferblatt herum läuft, mit gezeigt wurde. Dieser Zeiger läuft dann in der Zeitlupe so langsam, daß zu jeder hundertstel bis tausendstel Sekunde der Zerstörungsfortschritt des Autos mit dem Auge gemütlich beobachtet werden kann.

Nun sind diese genannten Verlangsamungen des Zeitablaufs ja künstlich hergestellt. In der Natur gibt es die aber in echt. Einstein's im All schnell reisender Zwilling altert tatsächlich langsamer als sein zurück gebliebener Bruder, sein Zeitablauf ist ein langsamerer. Und zwar durch die Zeitdilatation, die er durch seine hohe Geschwindigkeit *gegenüber dem Äther* erhält. So, wie es die Fische mit den Schiffchen offenbaren.
Würden wir von der Erde aus in ein schnelles Raumschiff hinein sehen können, würden wir die Abläufe darin, z. B. die Raumfahrer, wie in Zeitlupe herum schleichen sehen. Und das wäre wahr, die Zeit vergeht dort durch die hohe Geschwindigkeit tatsächlicher langsamer. Die Raumschiffinsassen würden das so aber nicht wahrnehmen. Sie würden sich fühlen wie wir hier auch. Nur dann, wenn sie nach hier schauen könnten, würden sie sich wundern, wieso wir hier in einem Wahnsinnsaffentempo herumwuseln.

Will man verstehen, wie es den Raumfahrern physisch wie psychisch ergeht, muß man *seine* Uhr in den Zeit-Takt bringen, der *dort* abläuft. Das Ergebnis wäre dann, daß sich die Raumfahrer dort "ganz normal" bewegen! Sie laufen in ihren längeren zehn Sekunden nur genau so weit wie wir hier in unseren zehn Sekunden, also maximal 100 m. Und es tut ihnen dabei genau so weh, wenn sie versehentlich vor die Wand laufen, obwohl es von hier so aussähe, als ob sie sich nur ganz langsam (wie in Zeitlupe) auf die Wand zu bewegen.

Zeitdilatation ergibt sich nur aus Bewegungen. Wie aber mißt man diese Bewegungsgeschwindigkeiten? Die Zeit "wackelt" ja!

An dieser Stelle ergibt sich eine Weggabelung. Man kann Geschwindigkeiten mit einer ruhenden Uhr messen oder auch mit einer mit dem bewegten Körper mit bewegenden Uhr, also dessen eigener, die der Zeitdilatation unterliegt.

Geschwindigkeiten gegenüber dem Äther mit ihm gegenüber ruhender Uhr gemessene sind absolute Geschwindigkeiten.

Geschwindigkeiten mit mitgehender Uhr gemessen sind relativistische Geschwindigkeiten.

Ein jeder Körper besitzt damit zwei Geschwindigkeiten, außer, er ist gegenüber dem Äther in Ruhe, dann hat er nach beiden Messungen eine Geschwindigkeit von null.

Geschwindigkeit ist Weg durch Zeit. Zeit ist aber nun nicht Zeit. Also muß festgelegt werden mit *welcher* Uhr denn eine Geschwindigkeit bestimmt werden muß. Und das ist für die Newton'sche Physik nicht die, die mit der gegenüber dem Äther ruhenden Uhr gemessene, also die absolute, sondern die der mit bewegten Uhr des Objektes gemessene.

Für die Newton'sche Physik gilt die Uhr, die in dem bewegten Objekt tickt.

Und diese mißt durch ihren langsameren Gang durch ihre Zeitdilatation, d. h. mit ihrer ***Eigenzeit,*** höhere Geschwindigkeiten.

Die ***Eigengeschwindigkeit*** bestimmt sich, ohne daß der Begriff relativistisch verwendet werden muß. In der derzeitigen Wissenschaft und Lehre ist anstelle der Eigenzeit der Ausdruck "Ortszeit" gebräuchlich. Das ist nicht nur irreführend, sondern auch falsch: Zeit ist nicht an einen Ort gebunden, sondern an ein materielles Objekt.

***Die maximal mögliche Newton'sche Geschwindigkeit ist unendlich*!**

Der Geschwindigkeitsmaßstab der Newton'schen Physik geht damit von null bis unendlich. Unendlich beträgt die Newton'sche Geschwindigkeit, wenn sich ein Objekt gegenüber dem Äther mit Lichtgeschwindigkeit als maximal möglicher *absoluter* Geschwindigkeit bewegt. Dabei vergeht *für das Objekt* keine Zeit mehr.

Und genau das ist nichts anderes als normal. Denn, wieso sollte es eine Begrenzung für Geschwindigkeiten geben? Das wäre doch völlig unlogisch. Und wenn, müßte es eine konkrete Ursache dafür geben, die man auch finden können müßte. Die angebliche Begrenzung auf Lichtgeschwindigkeit ist nicht durch eine Ursache gedeckt, sondern eine nur Beobachtung, die noch einer Theorie bedarf.
Relativistische Geschwindigkeiten, also die Eigengeschwindigkeiten, sind nicht etwa die Ausnahme, die es in der Natur nur *auch* gibt, ansonsten aber unbeachtet bleiben könnte, sondern im Gegenteil: Es sind die Geschwindigkeiten, die uns weh tun, wenn wir mit dem Auto vor einen Baum fahren.

Daß die Newton'sche Physik auf der relativistischen Zeit aufbaut, beweist sich dadurch, daß, wenn ein Körper mit etwas anderem zusammen prallt, seine Zerstörungsenergie so hoch ist, wie sie aus seiner *Eigen*geschwindigkeit entsteht. Das zeigt sich am deutlichsten in den sogenannten Beschleunigern. Kleinste Teilchen wie z. B. Protonen werden auf fast Lichtgeschwindigkeit beschleunigt und dann auf Ziele gelenkt, auf die sie dann prallen und zerstören. Die Zerstörungen sind das Ziel dieser Versuche: Man will wissen, was im Zerstörten alles drin steckt.
Die Wucht, die bei der Zerstörung auf das Ziel wirkt, ist nach Newton Masse mal Geschwindigkeit. Damit wäre die Zerstörungsenergie begrenzt durch die Lichtgeschwindigkeit und die Grenze möglicher Zerstörungsenergien längst erreicht. Das ist aber eindeutig nicht der Fall, denn sie ist nicht nur theoretisch, sondern in täglicher Praxis um ein Mehrfaches größer und reicht letztlich bis unendlich.

Wie wird die Zerstörungsenergie bzw. die Wucht, fachlich *Impuls*, in der Praxis ermittelt? Man errechnet sie mit der "normalen" Geschwindigkeit, also der mit der Uhr des Beobachters gemessenen, und erhöht das Ergebnis dann mit dem sogenannten relativistischen Faktor, der aus der Zeitdilatation entsteht. Dieser Faktor sagt aus, um wieviel Prozent die Zeit langsamer läuft.

Würde die Geschwindigkeit des Teilchens aber mit seiner Eigenzeit bestimmt werden, so bedürfte es dieser zuvor dargelegten relativistischen Korrektur gar nicht mehr und man hätte eine konkrete und anschauliche Vorstellung dafür, mit welch höherer "Wirkungsgeschwindigkeit" das Teilchen tatsächlich auf sein Ziel prallt.

Beschleunigungsanlagen bestätigen also, daß die relativistische Geschwindigkeit die Geschwindigkeit der Newton'schen Physik ist. Mit ihr ergeben sich ***Eigenimpuls*** und ***Eigenenergie***. Die Energie ist auch die, die man zuvor in das Teilchen mechanisch oder wie in Beschleunigern elektromagnetisch hinein gesteckt haben muß.

Aber, die absolute Geschwindigkeit des Teilchens übersteigt dabei nie die Lichtgeschwindigkeit. Diese ist die absolute Geschwindigkeit, mit der ruhenden Uhr gemessen. Um die zu erreichen, müßte man eine unendlich hohe Energie in ein Teilchen stecken. Die Energien, die man heute in ein so winziges Teilchen wie einem Proton (Atomkern von Wasserstoff) hinein steckt ist schon so gewaltig, daß sich das Proton knapp unter der Lichtgeschwindigkeit bewegt. Bei unendlicher Energiezufuhr würde es also nur noch das allerletzte unscheinbare Bißchen schneller werden. Deswegen sprechen Physiker bei beschleunigten Teilchen auch gar nicht mehr von deren Geschwindigkeiten, sondern nur noch von deren Energieinhalten.

Diese Tatsachen weißt nun eine erstaunliche Wahrheit nach:

Die Newton'sche Physik ist relativistisch!

Das ist ein physikalischer Knaller! Denn eigentlich ist die Suche nach was Festem, Absolutem, das Ziel allen Forschens, und nun das. Wenn man aber wahre Physik machen will, dann muß man auch anerkennen, was die Natur wirklich tut.

Fliegt ein Körper mit 43% der Lichtgeschwindigkeit, so knallt er mit einer Wucht oder Energie, die zu einer Geschwindigkeit in der Höhe von 86% der Lichtgeschwindigkeit, also der doppelten Geschwindigkeit als von außen mit ruhender Uhr gemessen, auf ein Hindernis auf. Seine Eigengeschwindigkeit ist also bei diesem Zahlenbeispiel doppelt so hoch wie seine absolute.

Daß nun ausgerechnet unsere Natur solche verzwickte Beziehungen enthält, ist schon eine Last. Könnte nicht alles so einfach sein, wie es auch aussieht? Leider kann man sich da aber nur beim lieben Gott beschweren.

Aus dem *Unverständnis* dieser verwickelten, aber dennoch durchschaubaren Zusammenhänge der Zeitdilatation, die physikalisch noch nie so richtig klar durchdacht wurden, entstanden in der Vergangenheit drei Postulate. Es gäbe
erstens eine *Zeitverlangsamung* und
zweitens eine *Längenkontraktion* und
drittens eine *Massenzunahme*.

Die Zeitdilatation ist geklärt und wahrhaft bestehend.
Die zwei anderen aber sind "Falschgeld"-Blüten, im mathematischen Garten gewachsen. Sie erwuchsen aus der nur Methodik, den Impuls bewegter Objekte nicht mit deren Eigengeschwindigkeiten, sondern deren absoluten Geschwindigkeiten und anschließender Korrektur mit dem relativistischen Faktor zu berechnen.
Es ist zwar egal, wie man etwas rechnet, wenn nur das Ergebnis interessiert. Physik ist aber nicht, ein nur quantitativ richtiges Endergebnis zu produzieren, sondern aufzuzeigen, wie die Natur zu diesem Ergebnis kommt.

In die Formel für den Impuls, den ein Objekt hat, wurde mit Masse mal Geschwindigkeit, das ist Masse mal Weg durch Zeit, die absolute, also unsere gewohnte, Zeit eingesetzt und in entsprechender Weise der relativistische Faktor so hinzu gefügt, damit das Ergebnis stimmig wird.
Dann wirkte die damalige Auffassung von Galilei ein, daß die Natur "in den Lettern der Mathematik" geschrieben sei, weil sich das "Uhrwerk" der Welt so schön berechnen ließ. Das offerierte, daß der relativistische Faktor *nach mathematischen Regeln* nicht nur der Zeit zugeordnet werden kann, sondern in entsprechender Weise alternativ der Masse oder dem Weg. Denn, in der Mathematik lassen sich Faktoren tauschen und die Formel für den Impuls besteht nur aus Faktoren.
Man glaubt also in Schule und Wissenschaft, daß sich für bewegte Objekte Entfernungen verkürzen und deren Massen vermehren täten.

In "Physik für Ingenieure", 1988, steht z. B.: D*ie Längenkontraktion und die Zeitdilatation wurden durch Experimente mit Elementarteilchen bestätigt. In etwa 30 km Höhe entstehen Mü-Mesonen, die eine Zerfallsdauer von etwa 2 Mikrosekunden aufweisen. Sie haben eine Geschwindigkeit in der Größenordnung der Lichtgeschwindigkeit. Ohne relativistische Effekte können sie nur den Weg von 600 Metern zurücklegen. Dennoch werden sie auf der Erdoberfläche nachgewiesen. Dies kann sowohl durch die Längenkontraktion als auch durch die Zeitdilatation erklärt* (wieder einmal anstelle beschrieben oder berechnet!) *werden. Auf Grund der Längenkontraktion erscheint dem Müon der Weg aus der Höhe von 30 km auf nur 600 m verkürzt. Verwendet man die Zeitdilatation, so erscheint die Zerfallszeit von der Erde aus auf 0,1 s gedehnt, so daß die Müonen den Weg von 30 km zurücklegen können.*

Wie man sieht, geht es nur um das Ergebnis als solches. Das allein gebärt aber noch lange kein Wissen über die Natur. Die Natur verbietet aber eine Längenkontraktion und eine Massenvermehrung. Warum?

Erstens ganz pauschal nach dem Kausalitätsprinzip, wonach sich die Natur verhält: Für eine Wirkung kann auch nur eine einzige Ursache bestehen. Eine solche Regel hat die Mathematik nicht, im Gegenteil: Bei ihr gibt es für ein Ergebnis unzählige Entstehungswege (Berechnungswege), um es zu erreichen.

Zweitens dadurch, wenn nachgeschaut wird, wo der relativistische Faktor überhaupt herkommt.
Er stammt aus der Zeitdilatation. Nämlich, daß die Zeit bildenden Elemente wie Perpentikel und Schwungmassenunruhen in mechanischen Uhren und umkreisenden Elektronen in Atomuhren ihre die Zeit bestimmenden Bewegungen bei Bewegungen der ganzen Einheit, also den Uhren oder Atomen, nicht mehr so schnell vollführen können als wenn sich diese Objekte in Ruhe zum Äther befinden.

Die Zeitdilatation ist ein real-dinglicher Vorgang!

Damit ist der relativistische Faktor auch an diesen gebunden und darf von der Zeit gar nicht mehr weg genommen und zur Länge oder Masse hin *verschoben* werden. Nicht die Mathematik bestimmt in der Physik, sondern die Natur!

Massenvermehrung und Längenkontraktion sind Phantome, Blüten aus dem mathematischen Garten, die heraus kommen, wenn Mathematiker Physik machen.

Relativistisches gibt es nur für eine einzige Größe in der Natur: für Zeit und damit mittelbar für Geschwindigkeit.

Wenn man nun bedenkt, daß aus der milchmädchenhaft einfachen Schulformel für den Impuls schon zwei Drittel der daraus möglichen physikalischen Interpretationen falsch sind, können alle physikalischen Interpretationen aus den heutigen virtuosen Mathematiken für die Entstehung der Welt aus dem

Urknall heraus mit Raumzeit, Paralleluniversen, Wurmlöcher, Strings und was sonst noch, unbesehen in den Papierkorb geworfen werden.

Wenn nicht physikalisch <u>gedacht</u> wird,
kommt auch keine Physik heraus.

Deshalb ist eine strikte Trennung von Physik und Mathematik erforderlich: Nach wie vor ist Physik eine Wissenschaft, die durch Denken bestimmt ist und nicht durch rechnen. Und auch die Sprache muß sich physikalisch gestalten. Das heißt hier, daß bewegte Körper nur mit ihren ***Eigenzeiten*** anzusprechen sind. Ein Körper hat also keine Geschwindigkeit, die mit unserer Uhr gemessen ist, sondern eine mit *seiner* Uhr. Und nur diese ist die *wirksame* Geschwindigkeit eines Körpers, auf die es in der Natur ankommt.

Trotzdem gibt es natürlich aber doch noch die absolute Geschwindigkeit, die mit der *Null-Zeit* gemessene, also mit einer Uhr ohne Zeitdilatation. Diese absolute Geschwindigkeit ist aber nur dafür brauchbar, den geometrischen Ort eines Körpers im All zu verfolgen. Sie ist aber die, die Newton nur kannte. Wie sollte er damals auch darauf kommen, daß es eine Zeitdilatation gäbe? Eine nach Newton für alles im All geltende Zeit gibt es nun aber doch, nämlich die, die ein Körper ohne Zeitdilatation hat.

Eigenzeiten haben nun aber nicht nur größere Gebilde wie Autos, Flugzeuge oder Raumschiffe, in denen noch vorstellbare Uhren sein könnten, sondern auch kleinste Teilchen der Natur. Auch sie unterliegen einem Zeitablauf und reagieren deshalb auch auf Bewegungen, so daß auch *ihre* Zeit langsamer läuft. Ein Photon (wenn es das überhaupt als Materielles gibt, es ist immer noch nicht sehr viel mehr als nur eine Modellanschauung) hat dagegen keine Eigenzeit, es ändert sich nie. Daß in Protonen eine Zeit liefe, ist eine Annahme, die zu Experimenten führte, um Zerfälle von Protonen zu beobachten. Das Ergebnis ist bisher negativ. Bis auf das Myon ist also noch kein Einzelteilchen gefunden worden, in dem nachweisbar eine Zeit läuft.

Da in der Schulphysik der relativistische Faktor eine zentrale Bedeutung hat, nun zu seinem Verständnis und auch zu seinen Werten eine anschaulichere Darstellung als die nur bestehende abstrakte Formel, die sich aus der Lichtuhr ergab. Der relativistische Faktor hat ja die Aufgabe, durch Zeitdilatation verlangsamt ablaufende Vorgänge entweder in die Null-Zeit zurück zu führen oder sich in diese Zeitgänge hinein versetzen zu können, was mit Lorentz-Transformation bezeichnet wird.

Im folgenden physikalischen Schema-Bild kann man die Werte des relativistischen Faktors auch optisch **sehen**. Es ist ein Beispiel, wie Physik weder verbal noch mathematisch, sondern einleuchtend visuell dargestellt werden kann und nach Möglichkeit auch sollte. Man möchte ja immer auch ein Bild von dem haben, was man verstehen können soll. Und Bilder prägen sich nun einmal besser ein als abstrakt Gedankliches.

Das Diagramm zeigt die Aufteilung der maximalen Geschwindigkeit, der Lichtgeschwindigkeit, in die Vektoren Vorwärtsgeschwindigkeit eines Atomes und Umkreisungsgeschwindigkeit eines Elektrons in ihm. Das ist gleichbedeutend mit der Vorwärtsbewegung eines Flugzeugs und der kreisenden Bewegung der Propeller. Der Sinus des Winkels alpha r (r für relativistisch) entsteht aus der Vorwärtsgeschwindigkeit zur Lichtgeschwindigkeit.

Der Winkel ist real die Steigung der Schraubenlinienbahn eines Elektrons bzw.

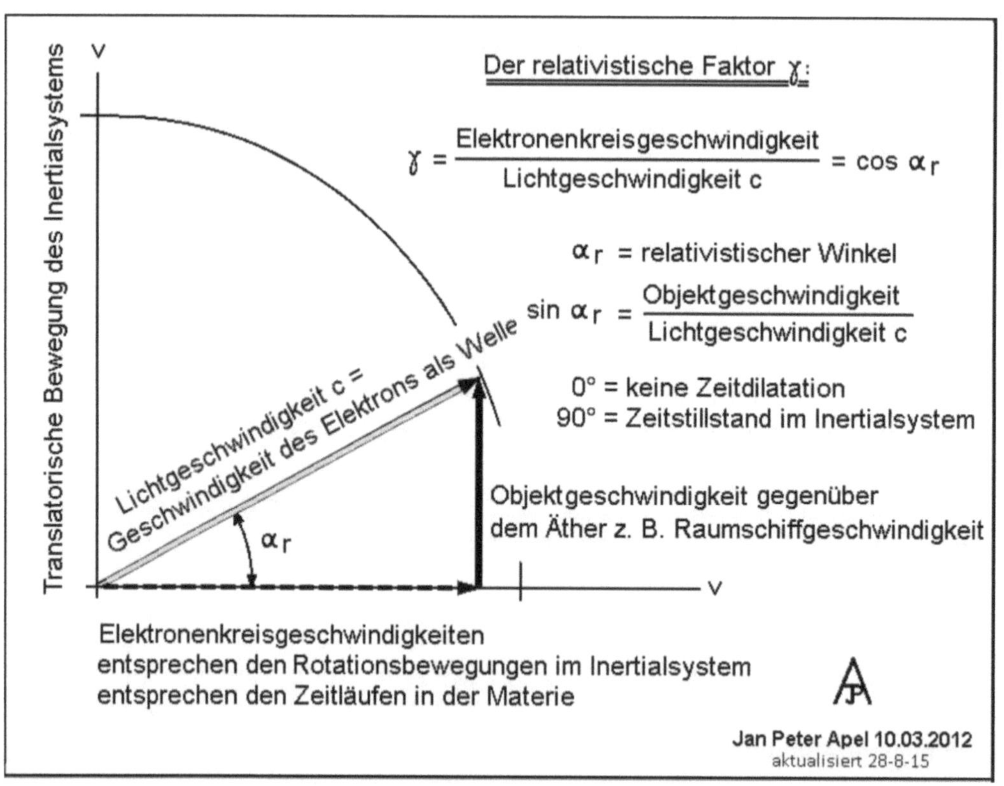

einer Propellerblattspitze, das seinen Atomkern bzw. seine Motorantriebswelle seitlich zur Bewegung des Atoms bzw. des Flugzeugs umkreist.

Der senkrechte dicke schwarze Vektor-Pfeil ist die Bewegung des Atoms bzw. des Flugzeugs, Diese sind die ***absoluten*** Geschwindigkeiten ***gegenüber dem Äther.***
Der gestrichelte Geschwindigkeitsvektor auf der Abszisse ist der, mit dem das Elektron bzw. die Propellerblattspitze während der Vorwärtsbewegung eines Atomkerns bzw. Flugzeugmotors nur noch umkreisen kann.

Nun die visuellen Erkenntnisse über das Maß der Zeitdilatation, auf das Schiffchen/Fische-Beispiel bezogen.

Der Doppellinienpfeil zeigt die maximal mögliche Geschwindigkeit für Schiffchen und Fische an.
Würde sich das Schiffchen mit der Geschwindigkeit des dicken schwarzen Pfeils voran bewegen, so bliebe für einen Fisch nur noch die gestrichelte Strecke in der Horizontalen auf der Abszisse für die Geschwindigkeit übrig, mit der es die Kurbel des Bohrers drehen kann. Dieses Schiffchen lebt entsprechend dem Cosinus-Wert aus dem Winkel zwischen der Höchstgeschwindigkeit und der verbleibenden Umfangsgeschwindigkeit an der Kurbel länger. Der Zeitgang des Schiffchens verlangsamt sich.

Die sich aus diesem Diagramm ergebende Formel für den relativistischen Faktor sieht anders aus als die Lehrformel. Trotzdem sind beide Formeln mathematisch identisch, der Unterschied ist nur die Schreibweise: In der Lehrformel ist der Cosinus durch den Pythagoras ersetzt. Das ist mathematisch "egal", aber eben nicht physikalisch. Denn nur mit dem Cosinus wird der Zusammenhang zwischen Vorwärtsbewegung und dem ursächlich dadurch entstehenden langsameren Zeitfortschritt optisch zur Verinnerlichbarkeit sichtbar.

Aus diesem physikalischen Diagramm sind die Werte für den relativistischen Faktor nicht nur visuell abschätzbar, sondern sogar trigonometrisch ausmeßbar. Physik ist, die *Funktionismen* der Natur *klar zu legen* und nicht mit verschnörkelten mathematischen Künsten einzuwickeln.

Benötigt wird der relativistische Faktor nur dann, wenn von einem in ein sich anders bewegtes Inertialsystem (Auto, Flugzeug, Zug, Raumschiff) geschaut wird. Innerhalb dieser Inertialsysteme, angefangen vom einzelnen Myon über Fahrzeuge auf der Erde bis Raumstationen und Raumschiffe wird der relativistische Faktor nicht benötigt. Da gelten nur die Eigenzeiten, die bei Beobachtung von außen aber mit dem relativistischen Faktor errechnet werden müssen.

Natürlich kann nun ein jeder, der seine Umwelt nur in der Bedeutung für sich wahrnehmen will, auf alle diese unsichtbaren Wahrheiten verzichten. Deren Auswirkungen auf die Alltagsgeschehnisse sind auch so klein, daß sie selbst ein Taschenrechner nicht mehr auswerten könnte, es sind zu viele Nullen hinter dem Komma da. Es kann aber auch kein Fehler sein, die volle Wahrheit zu kennen. Für den aber, der sich für Physik interessiert, ist das hier Geschilderte die wirkliche Welt.

Damit ist das so geheimnisvolle und scheinbar übernatürliche *Relativistische* entzaubert mit dem Ergebnis:

***Die Natur ist nicht übernatürlich*!**

Es stellt sich nur heraus, daß ausgerechnet die Newton'sche Physik in jedem sich unterschiedlich bewegenden Objekt mit dessen ihm eigenen Zeitgang abläuft. Und das in einem Bett aus Äther, ohne den Bewegungen gar nicht definierbar und damit für bewegte Objekte auch nicht wirksam wären.

Nun gibt es aber noch etwas richtig zu stellen, das Geschwindigkeiten betrifft und das aus Einstein's falscher Sicht auf die Welt entstand.

Aus der falschen speziellen Relativitätstheorie geht hervor, daß Geschwindigkeiten *relativistisch* addiert werden müßten. Was ist *relativistisch* addieren? Auch ein Produkt aus dem Sumpf des Unverstandenen des Relativistischen. Man kann nicht etwas so oder so addieren. Addition ist ein mathematischer Vorgang, der die Summe zweier Zahlen bildet. Und addieren lassen sich auch nur Zahlen-*Werte*. Die Bedeutungen der Werte kann die Mathematik nicht begreifen. Deswegen muß bei Additionen extern hinzugefügt werden, ob es absolute *oder* relative *oder* relativistische Zahlen sind. Denn addiert werden dürfen auch keine relativistischen mit absoluten, es wären Äpfel und Birnen.

Die relativistische Addition ist auch nur dazu *erfunden* worden, um zu dem Ergebnis zu kommen, das Einstein aus dem Michelson-Morley-Experiment entnommen hat, nämlich, daß Licht in seiner Geschwindigkeit *relativ* konstant sei. Und das wird z. B. auf zwei sich mit Lichtgeschwindigkeit aufeinander zu bewegende Körper übertragen. Danach dürfe sich von jedem aus gesehen der andere nicht mit einer Differenzgeschwindigkeit vom Doppelten der Lichtgeschwindigkeit annähern, sondern auch nur mit einfacher Lichtgeschwindigkeit.

Das physikalisch Regelfalsche dieser Lehr-Addition ist, daß diese Addition relativistisch sei, obwohl *absolute* Geschwindigkeiten addiert werden. Lichtgeschwindigkeit und mit ihrem Maßstab bestimmte kleinere Geschwindigkeiten sind *absolute* Geschwindigkeiten, die durch eine relativistische Addition durch Hinzufügen des relativistischen Faktors keine relativistischen werden.

Von Einstein gewollt soll das Ergebnis so aussehen: "Lichtgeschwindigkeit plus Lichtgeschwindigkeit ist auch nur Lichtgeschwindigkeit". Der weit verbreitete Slogan zu dieser "Addition" wird von Wissenschaft und damit auch Lehre als große Weisheit verkauft: Im All ist 1 plus 1 gleich 1. Und natürlich ist das nicht nur widersinnig, sondern konkret falsch, auch in der Natur gibt es keine Wunder.

Der erste Fehler ist, wie zuvor gesagt, daß die Lichtgeschwindigkeit keine relativistische ist, sondern eine *absolute*, da mit der Null-Zeit gemessen..
Der zweite Fehler ist: Jedes Objekt kann sich ***für sich allein*** gegenüber dem Äther mit Lichtgeschwindigkeit bewegen.
Damit nähern sich zwei Objekte, die mit jeweils Lichtgeschwindigkeit aufeinander zu rasen, auch mit doppelter Lichtgeschwindigkeit einander an, wie denn sonst.
Das verstößt auch nicht gegen die Maxime, daß sich nichts schneller als mit Lichtgeschwindigkeit bewegen kann. Das tun die beiden Objekte auch gar nicht. Eine bisher unbedachte Wahrheit ist nämlich:

Differenzgeschwindigkeiten sind keine realen Geschwindigkeiten, sondern nur mathematische Werte!

Und für solche gibt es keine physikalischen Grenzen.

Würden zwei benachbarte Sterne in gleicher Entfernung von uns gleichzeitig als Supernova explodieren, so wäre mit allen Teleskopen trigonometrisch meßbar, wie sich die zwischen ihnen mit Lichtgeschwindigkeit ausgehenden Schockwellen mit doppelter Lichtgeschwindigkeit gegeneinander annähern.

Aber, auch beim Problem der Addition von Geschwindigkeiten ist, wie bei der Zeitdilatation zuvor, an dem bisher nur Mathematischen irgend etwas dran mit dem 1 plus 1 gleich 1. Nur was, kann nur eine physikalische Blüte sagen, denn die mathematische ist stumm, ihr fehlt die physikalische Wurzel im

Mutterboden Äther.

Die absoluten Geschwindigkeiten, wie zuvor behandelt, addieren sich für Differenzgeschwindigkeiten normal (natürlich vektoriell). Wie ist das aber mit den *Eigen*geschwindigkeiten? Diese sind ja die für die Newton'sche Physik wirksamen.
Hier ergibt sich tatsächlich die für Differenzgeschwindigkeiten überraschende Mathematik von scheinbar 1 plus 1 gleich 1.

Die Eigengeschwindigkeiten der sich mit Lichtgeschwindigkeit aufeinander zu bewegenden Objekte betragen *unendlich.* Damit ergibt sich eine Summe als Differenzgeschwindigkeit von zwei mal unendlich. Das gibt es aber nicht, denn unendlich ist unendlich, so daß ein zwei mal unendlich auch nicht mehr ist.
Nun ist unendlich aber abstrakt und nicht wirklich begreifbar. Berechnet man aber die Differenz-Eigengeschwindigkeiten für kleinere Einzelgeschwindigkeiten als Lichtgeschwindigkeit, so ergeben sich konkrete Zahlen für die Differenzgeschwindigkeiten. Diesen sieht man dann an, daß sie bei Annäherung an die Lichtgeschwindigkeit ins Uferlose, ins Unendliche, laufen.

Es ergeben sich damit neue Regeln für die Bestimmungen von *Differenz*geschwindigkeiten:

***Absolute* Geschwindigkeiten**
addieren sich normal.

Für die Eigen-Geschwindigkeiten, also die relativistischen, gilt aber:

***Relativistische* Geschwindigkeiten,**
können nicht addiert werden
bis auf die Ausnahme,
daß sie für beide Objekte gleich groß sind.

Kämen sich zwei Raumschiffe mit unterschiedlichen Eigengeschwindigkeiten entgegen, so ermittelt jedes Raumschiff eine andere Differenzgeschwindigkeit zum anderen Raumschiff. Die Uhren in den sich unterschiedlich gegenüber dem Äther bewegenden Raumschiffen gehen ja unterschiedlich schnell. Geschwindigkeiten, die aus unterschiedlich laufenden Uhren resultieren, dürfen nicht addiert werden, auch das wären Äpfel und Birnen. Es gibt für bewegte Objekte zwar eine gemeinsame absolute, nicht aber eine gemeinsame relativistische Differenzgeschwindigkeit. Wobei immer zu beachten ist, daß relativistische Geschwindigkeiten nicht die sind, die Objekte gegenüber dem

Äther haben, es sind "nur" die funktionellen, die eigenen, aber die wirksamen Geschwindigkeiten.

Leider gibt es aber noch andere, zusätzliche Bewegungen in der Natur. Es sind Bewegungen, die der Äther selbst vollführt. So, wie das Leben in einem See durch die Fische sichtbar wird, die sich gegenüber dem Wasser bewegen, so sind die Newton'schen Bewegungen die, die gegenüber dem Äther stattfinden und das "Leben" im Kosmos darstellen. Die Bewegungen des Wassers, z. B. als Fluß, entsprechen den Bewegungen des Äthers. Diese sind keine, die zum "Leben" gehören, weder zu dem der Fische noch zu dem des Kosmos mit dem Werden und Vergehen von Sternen und uns. Was es mit den Bewegungen des Äthers auf sich hat, folgt im Kapitel "Warum fallen wir".

Damit ist wohl genügend zu Geschwindigkeiten gesagt. Vielleicht noch zur Lichtgeschwindigkeit selbst. Die Genauigkeit ihres Wertes wird ja immer weiter gesteigert. Haben die, die ihn messen, auch daran gedacht, daß sie eine Uhr nehmen, die keine Zeitdilatation besitzt?
Sie haben wohl nicht.

Warum kann die Lichtgeschwindigkeit nicht überschritten werden? Das sagt die Newton'sche Physik ganz deutlich: weil dabei die Eigenzeit, das heißt der *Zeitgang,* auf null sinkt, es bewegt sich nichts mehr außerhalb der einen Richtung, die ein Objekt hat, wenn es die Lichtgeschwindigkeit erreicht hat. Wie sollte sich z. B. ein Raumschiff dann weiter beschleunigen können, denn auch der Antriebsmotor in ihm ist ja durch die Zeitdilatation "tot"?

Die schlußendliche Haupterkenntnis über die Zeitdilatation ist:

***Zeitdilatation ist eine eigenständige
und absolute Größe der Natur,
die von null bis 100 % reicht.***

Das große Undurchschaubare

Im Garten der Mathematik gibt es ein großes Gewächs mit unzähligen auf ihm leuchtenden Blüten. Aber Blüten ohne Duft, die nicht sprechen können. Dieses Gewächs hat sich sogar den Namen Theorie angeeignet, obwohl es nach der Definition für physikalische Theorien gar keine ist. Es glaubt trotzdem als "Theorie" sagen zu können, wie die Welt im Großen funktioniert.

Im Kleinen, also in Atomen, gibt es für jedermann eine begreifbare Vorstellung darüber, was da abläuft. Die wird auch von der Wissenschaft erlaubt, obwohl die Details darin viel komplizierter sind, Elektronen kreisen in Wirklichkeit nämlich nicht als Kügelchen um die Atomkerne, sondern als sogenannte "stehende" elektromagnetische Welle. Das tut dem Verständnis der Sache aber keinen Abbruch, nämlich dem, daß da was um was kreist, obwohl es noch nie jemand gesehen hat.

Im Großen dagegen ist alles zu sehen, vom kleinsten Virus bis zu größten Sternen bis fast in die Unendlichkeit. Aber dafür gibt es eine Theorie, die ***allgemeine Relativitätstheorie***, die sagt, daß das überhaupt nicht so sei, wie es aussieht!
Und niemand hat die Courage, das anzuzweifeln.
Warum?
Weil es von "Gott" gesagt wurde.
Welcher "Gott"?
Der Physik-"Gott" Albert Einstein, in einer englischen TV-Dokumentation aktuell als größter Physiker aller Zeiten betitelt.

Aber: Was hat dieser Physik-Gott eigentlich gesagt, *wie* das Große der Welt funktioniere?
Er hat überhaupt nichts gesagt, sondern mit nur ein paar Ausgangsbedingungen einfach *losgerechne*t, um aus den Rechnungen dann verbal Sprech- und Vorstellbares heraus zu interpretieren, was ja von Honerkamp gerade als nicht verwertbar bezeichnet wird und schon beim relativistischen Impuls mit zwei Dritteln aller möglichen Interpretationen zu unsinnigen Ergebnissen wie Längenkontraktion und Massenvermehrung führte.

Eine Theorie *muß* aber etwas sagen, genauer, etwas erklären. Das ist ihre Definition, nämlich zu sagen, welcher Vorgang in der Natur nach welchem Ursache-Wirk-Prinzip funktioniert. Erst das ist dann auch die Voraussetzung dafür, daß Berechnungen auch an der Wahrheit hängen und nicht nur an gewissen äußerlich beobachtbaren Erscheinungen. Einstein drehte diese Abfolge einfach um und alle machen seit dem mit, ohne sich dessen wirklich bewußt zu sein.

Eine Flugtheorie ist eine Theorie für den Funktionismus des Fliegens.
Eine Gravitationstheorie ist eine Theorie für den Funktionismus das Fallens.
Eine Relativitätstheorie ist eine Theorie für ...?
Relativität?
Was soll das sein? Und was hätte das mit der dinglichen Natur zu tun? *Die* muß doch von der Physik erkundet werden, wenn sie eine *Natur*-Wissenschaft sein will.

Was um alles in der Welt will die allgemeine Relativitätstheorie von der Natur eigentlich erklären?

Nichts, im Gegenteil: sie will der Natur eine Vorlage geben, wie sie sich doch bitte verhalten soll.
Einstein selbst und fast alle danach versuchten und versuchen bis heute krampfhaft, aus der Mathematik der allgemeinen Relativitätstheorie etwas Vernünftiges heraus zu finden, was Einstein aber schon von Anfang an mißlang und sich nach nunmehr einhundert Jahren immer noch nicht besserte. Trotzdem wird die allgemeine Relativitätstheorie immer noch als die größte Erkenntnis über die Natur angesehen, obwohl sie niemand verstehen kann. Es ist aber die ureigenste Aufgabe einer Theorie, etwas *verständlich* zu machen.

Der physikalische Inhalt der allgemeinen Relativitätstheorie ist so mager, daß Einstein keinen Nobelpreis dafür erhalten konnte, denn "*Für Was*?" Das "Was" muß ja etwas Dingliches aus der Natur sein. Der Nobelpreis ist von Alfred Nobel für Naturwissenschaften und nicht für Mathematik bestimmt worden, was Mathematiker allerdings maßlos ärgert. Wenn sie denn auch einen haben wollen, müssen sie sich schon selbst einen erschaffen. Alfred Nobel dürfte sicherlich gewußt haben, was er tat.
Einstein erhielt dann, weil die Öffentlichkeit nicht verstand, daß ein so hoch gelobter Physiker keinen Nobelpreis erhalten solle, vergünstigter-, aber natürlich nicht unsinnigerweise, den Nobelpreis für den Lichtphotoneneffekt, in dem er erstmals dem Licht ein auch örtlich konzentriertes Dasein gab, heute mit Photon bezeichnet.

Eine *physikalische* Theorie kann nur aus dem physikalischen Garten stammen, nur die kann sprechen. Sie sagt, wie etwas nach welchem Prinzip von welcher

Ursache zu welcher Wirkung funktioniert.

Die Definition für Theorien lautet in voller Form:

Eine Theorie ist die Erklärung eines Naturablaufes von Ursache nach Wirkung mit den daran beteiligten Dingen der Natur auf Grund eines Funktionsprinzips.

Warum versteht niemand die allgemeine Relativitätstheorie? Zunächst dadurch, weil sie gar keine Theorie ist. Deshalb verstehen sie auch die nicht, die nur glauben, daß sie sie verstehen. Sie verstehen nämlich nur ihre mathematischen Formulierungen, also nur ihre Mathematik.
Nur ein in der allgemeinen Relativitätstheorie vorhanden sein müssender sachlicher Teil wäre aber etwas, das Physik sein kann. *Nur er* könnte sagen, *was* die allgemeine Relativitätstheorie ist. Sie ist nämlich nicht das Glorifizierte der größten Erkenntnis aller Zeiten oder eine umfassendere oder genauere Welttheorie als die Newton'sche, sondern nur eine von mehreren möglichen Welt***anschauungen*** der Natur. Ihre Unterscheidung zu wahren Theorien ist die Betrachtung der Welt aus einer unorthodoxen relativen Perspektive, wie gleich folgt.

Die allgemeine Relativitätstheorie kann *inhaltlich* nur verstanden werden, wenn ihre Entstehung nachvollzogen wird.
Wie entstand sie?
Sie entstand aus mehrerem.
Zunächst dem, was noch "normal" ist, also noch dreidimensional. Das kann von jedermann mit Grundausbildung und Interesse dafür verstanden werden.

Diese einzige noch physikalische Wurzel ist die Erleuchtung Einsteins, daß ein fallender Körper *kräftefrei* ist. Sind wir der fallende Körper, so spüren wir im Fallen auch keine Kräfte mehr, die auf uns einwirken. Wir sind damit auch schwerelos, wie man sagt. Also weder drückt der Boden von unten auf uns noch drückt oder zieht eine Beschleunigungskraft von oben auf/an uns, womit ja allgemein das Fallen erklärt wird. Einstein deutete das "Kräftefreie" so, als ob wir frei im Weltall schwebten. Wir können das sogar nachvollziehen, indem wir beim Sprung vom Sprungturm ins Schwimmbad die Augen schließen: Wir *schweben* dabei kurzzeitig "im All". Die Besatzung in der Raumstation "schwebt" permanent in diesem Zustand.

Kräftefrei bedeutet, daß ein Körper dem Newton'schen Trägheitsgesetz folgt, sich also unbeschleunigt geradeaus und geschwindigkeitskonstant bewegt.

Ein bewegter kräftefreier Körper beschreibt auf Himmelskörpern, wie auch hier auf der Erde, aber eine ballistisch krumme Kurve. Das ist das Problem, das Einstein vor sich hatte.
Wie löste er es?
Er drehte zum zweiten Mal etwas um: Er versuchte nicht zu erklären, warum die Newton'sche Trägheitsgerade im Schwerefeld krumm wird, sondern nahm diese krumme Bahn, die eine Wurfparabel oder wissenschaftlich eine Geodäte ist, und setzte sich geistig auf sie. Aus dieser Sicht brauchte er dann nicht mehr die krumme Bahn des kräftefreien Körpers zu erklären, sondern "nur" noch die Umgebung, wie man sie von ihr aus sieht.

Er benutzte also das, was es zu erklären gilt, als *Basis* der Betrachtung der umgebenden Dinge der Natur. Damit war das Problem, das es zu lösen galt, weg! Aber nur so, wie man in Warschau das häßliche stalinistische Zuckerbäckerhochhaus los wird, indem man sich auf dessen Spitze setzt. Dort ist dieses Haus aber genau so wenig weg wie die unerklärlich krumme ballistische Bahn eines geworfenen Steins, wenn man auf diesem säße.
In beiden Fällen ist also gar nichts weg, man sieht es nur nicht mehr. Es ist einfach die arrogante Methodik des: "Man kann es doch auch so sehen!"

"***Man kann es doch auch so sehen***!"
ist der größte Fehler,
der in der Physik überhaupt gemacht werden kann.

In der Physik ist heraus zu finden, wie in der Natur etwas gesehen werden ***muß***!

Die Benutzung der Sicht des Körpers, dessen Bahn erklärt werden müßte, als Perspektive (Koordinatensystem) zu benutzen, wurde Einstein sogar als größtem Geniestreich angeheftet. Und alle alle staunten und ließen sich betören. Vernunft? Was ist das? Die stört doch nur.

Einstein folgerte weiter, daß ein Körper durch seine Kräftefreiheit einen Fixpunkt darstelle. Und die Welt muß ja aus einem Fixpunkt gesehen werden, damit man sie richtig sieht. Von diesem Fixpunkt aus gesehen beschrieb er die Welt, aber nur in mathematischen "Bildern", die jedoch wirklich nur wenige verstehen können.
Die Frage ist jedoch, warum sollte man die Natur in mathematischen Bildern

verstehen sollen, wo sie doch wirkliche Bilder liefert?

Das Problem des Verstehenkönnens besteht aber auch sachlich, da Einstein aus einem bewegten Standort schaute. So etwas ist nicht "normal", denn man schaut damit relativ. Anstelle eines kräftefreien Steines bewegt sich dann die Umgebung oder "der Schwanz wackelt mit dem Hund". Genau so, wie man auch vom Karussellsitz relativ schaut, dadurch dessen Bewegung nicht mehr sieht, sondern eine sich scheinbar drehende Umgebung.
Einstein verglich dieses Relative damit, daß er sich in einen Zug setzt und wartet, *bis Stuttgart vorbei kommt* und er dort aussteigt. Also nicht der Zug (kräftefreie Körper), sondern die Umgebung (der Raum) bewege sich. Da die Gleise bis Stuttgart aber auch Kurven machen, muß sich die Landschaft dabei auch noch krumm biegen.

Diese Einstein'sche Sicht ist *relativ,* und das führte zur Bezeichnung Relativitätstheorie. Was aber bedeutet "relativ" wirklich in der Physik, was ist seine Definition?

Relativ ist aus der Bewegung gesehen.

Relativ aus dem eine Kurve fahrenden Auto gesehen biegt sich die Landschaft um die Kurvenfahrlinie, relativ von einem sich auf der bogenförmigen Wurfparabel befindlichen kräftefreien Körper gesehen biegt sich die ganze Umgebung.

Aus relativen Sichten Gesehenes, das sind Sichten aus der Bewegung, egal ob aus einem eine Kurve fahrenden Auto oder kreisendem Karussellsitz oder von Baron von Münchhausens ballistisch fliegender Kanonenkugel aus, sind immer ***falsch.*** Diese Sichten zeigen Bewegungen, die gar nicht existieren, sie sind nur die "Rückbilder" der Bewegung des Beobachters.
Bei der Suche nach Exoplaneten, also Planeten anderer Sterne, fand sich einer, der die gleichen Bewegungen machte wie die Erde. Nach einiger Zeit ging dann doch jemand ein Licht auf, daß es so einen Zufall doch gar nicht geben könne und dachte nach. Das Ergebnis: Man hatte vergessen, die Bewegung des Teleskops, also die der Erde, heraus zu nehmen, dadurch sah man die Bewegungen der Erde an dem Exoplaneten.

Relativ bedeutet in der Physik definitiv falsch!

Einstein "sah" Krümmungen des Raums, obwohl es die krumme Bahn "seiner" Geodäte ist! Und alle machten mit.

Aber auch hier gilt das Allgemeingültigkeitsprinzip *ohne Ausnahmen*! Also auch für die Einstein'sche relative Sicht von einem sich ballistisch bewegenden Körper auf seiner Geodäten. Das heißt, eine "*Relativ*itätstheorie" ist per se, also grundsätzlich, falsch!

Wie begründete Einstein diese seine besondere Sicht? Denn daß relative Sichten falsche Sichten sind, wußte er natürlich auch.
Seine Begründung ist einfach und klar: Ein kräftefreier Körper bewegt sich geradeaus mit konstanter Geschwindigkeit. Das ist Newton's Trägheitssatz, der selbstverständlich auch gelten muß. Hier benutzte er mal die Allgemeingültigkeitsregel.
Aus ihr folgerte Einstein, daß die Bahn eines kräftefreien Körpers gerade ist, obwohl sie von der Erdoberfläche aus gesehen krumm verläuft. Einstein's Ausgangskriterium für die Schaffung der allgemeinen Relativitätstheorie lautet also: *Eine ballistische Kurve ist eine Gerade.*
Diese gerade gemachte Bahn eines kräftefreien Körpers ist Einsteins Meßlatte für die Beschreibung der Welt: Alles muß sich nach ihr richten.

Einstein gefiel die Bezeichnung "Relativitäts"-Theorie auch nicht. Er sah die Bedeutung seiner Theorie eher im Gegenteil: es sei "die" Absolutitätstheorie, denn der kräftefreie Körper wurde von ihm als der *Fix- oder Bezugspunkt* der Welt angesehen. Damit fing er an, "los zu rechnen". Das heißt, er berechnete, wie die Umgebung von einem kräftefreien Körper aus gesehen aussieht.

Daß sich der Raum des gesamten Kosmos um jeden sich ballistisch bewegenden Körper krümmen muß, damit dessen Bahn gerade wird, führte zu keinerlei Bedenken. Auch daß sich der Raum um verschiedene Bahnen verschiedener Körper gleichzeitig verschieden verbiegen muß, was schon gar nicht mehr vorstellbar ist, führte nicht zu Mißtrauen gegen diese angebliche Theorie.
Eigentlich ist es nicht zu glauben: Alle glaubten Einstein ein Verbiegen des Kosmos, also des Himmels, ohne daß man es ihm ansehen kann, und folgten ihm wie die Kinder dem Rattenfänger von Hameln. Vernunft? Mathematikern ein Fremdwort ohne Sinn: Zahlen bestimmen und sonst nichts.

Für diese "Raumkrümmung" entwickelte Einstein eine Mathematik, die sie beschreibt. Er konnte sie aber nicht allein anfertigen, da er Mathematik in seinem Studium vernachlässigte, weil er da noch glaubte, daß Physik nicht auf sie angewiesen sei. Und ausgerechnet er sorgte später unbewußt dafür, daß

Mathematik die Physik fast gänzlich auffraß. Seine damalige Frau machte sie ihm, wofür er ihr später auch das Geld aus seinem Nobelpreis überlies, heimlich und über Umwege. Diese Mathematik und was man sich in ihr denken muß, ist so kompliziert, daß sie anfangs niemand verstand. Von daher stammt die Aussage, daß das nur ganz wenige höchst intelligente Menschen verstehen könnten, weltweit an einer Hand abzählbar. Die Kompliziertheit dieser Mathematik ist bis heute auch der Schutzmantel, der die allgemeine Relativitätstheorie davor bewahrt hat, als größte Pseudophysik, als kurioses Scheinbild der Natur, aufzufliegen.

Nun ist die Mathematik aber gar nicht in der Lage, zu bestätigen oder zu widerlegen, ob in der Natur etwas wahr oder unwahr ist, sich der Raum also wirklich krümmt oder nicht. Mathematik kann einen gekrümmten Raum zwar *berechnen*, aber niemals wissen, ob er auch tatsächlich so existiert. Für jede beliebige andere Theorie für das gleiche Problem der krummen Fallbahnen könnte die Mathematik *weitere ebenfalls korrekte* Formulierungen liefern, was sie neben der Allgemeinen Relativitätstheorie ja auch mit vier weiteren Gravitationstheorien tut. Die Chance, daß die Natur wahrhaftig in solch komplizierter Art und Wiese nach Einstein funktioniert, ist minimalst und nicht größer als die für einen Lottohauptgewinn.

Es ist die Ur-Aufgabe der Physik, zu erkunden, ob der geometrische Raum wirklich so ist, wie Einstein annahm. Und das kann nur mit Vernunft und der Logik der Natur (in die man sich einfügen muß) mit Beobachtungen und Messungen erfolgen. Für Einstein's Raumkrümmung gibt es aber keinerlei Meßwerte, die sie bestätigen. Darüber hinaus *müssen* für alle Naturerscheinungen Ursachen und Wirkungen, verbunden mit Funktionsprinzipien, bestehen. Da die Relativitätstheorie aber nur die ***Beschreibung*** einer Sicht ist, also eine nur mathematische "Fotografie" der Welt von einem sich auf einer Geodäte bewegenden Körper aus, ist gar kein physikalischer, also kein funktioneller, Inhalt drin.

Alle Beobachtungen stehen der Einstein'schen Raumkrümmung entgegen. Eine Logik mit Vernunft ebenfalls: Wenn der Raum gekrümmt ist, warum sieht er dann nicht auch so aus? Wobei Fragen auftauchen wie: Krümmt er sich nur dann, wenn wir einen Stein werfen? Und was ist "geradeaus"? Gegenüber welchen Koordinaten? Und an was orientieren sich die Raumkoordinaten, wenn sie sich krümmen?

Diese Fragen hätte Einstein mit beantworten müssen, konnte er aber nicht. Er hat einfach los gerechnet mit der Aufgabe "Wie sieht ein Raum aus, damit sich ein Körper geradeaus und geschwindigkeitskonstant bewegt, obwohl der sich durch die Gravitationswirkung aus allen Perspektiven (außer der eigenen!) auf krummen Bahnen (Geodäten) bewegt?". Solche Rechnungen sind aber keine Physik, sondern akademische Rechenaufgaben nach dem Motto, "Was wäre, wenn?" Diese Aufgabe hat Einstein bzw. seine erste Frau gelöst.

Aus dieser Mathematik sind selbstverständlich auch eine Menge *quantitativer* Zusammenhänge im Kosmos hervorgegangen. Die Rechnungen sind zwar unwahr, aber nicht falsch. Denn auch Bilder, die aus falschen Perspektiven entstehen, sind real. Von einem sich auf einer Fallkurve bewegenden Körper sieht die Welt tatsächlich so aus, wie sie Einstein beschrieb. Diese Sicht ist aber relativ, also falsch.

Die Einstein'sche Mathematik" erbringt aber nicht nur wie zuvor gesagt richtige Rechnungen zustande, sondern auch eine Menge unsinniger. Diese werden natürlich verschwiegen. Unsinnige Rechenergebnisse sind aber der klare Beweis dafür, daß eine physikalische Theorie *definitiv* falsch ist.

Mathematische Formulierungen aus richtigen physikalischen Theorien führen niemals zu unsinnigen Rechnungen.

Was sagt die Vernunft zu der allgemeinen Relativitätstheorie?

***Unmöglich*!**

Beispiel: Ein Erdsatellit fliegt nach Einstein's Relativitätstheorie *geradeaus*, obwohl er die Erde auf einer Kreisbahn oder Ellipse umrundet. Der Leser hat sich nicht verlesen: *geradeaus*! Also müßten sich dafür die Erde und das ganze Sonnensystem und die Milchstraße und alle anderen Galaxien um den Satelliten bewegen (was für eine abstruse Vorstellung), damit das Bild aus der Raumstation, wenn sie sich geradeaus bewegen würde, dem entspricht, das die Raumfahrer sehen. Die Raumfahrer sehen aber schon, wie die Erde sie "umkreist", aber eben nur so, wie wir die Sonne die Erde "umkreisen" sehen. Obwohl sich die Bewegungen der Umgebung des Raumschiffes klar dadurch erklären lassen, daß sie aus der Bewegung des Raumschiffes als nur relative Sicht entstehen und sich die Umgebung der Raumstation nur scheinbar, da relativ, also falsch, verschiebt, beharren Einstein-Gläubige auf einer Krümmung des Raumes.

Eine weitere Möglichkeit, daß die allgemeine Relativitätstheorie doch sinnvoll sein könnte, wäre, daß sie als ein nur mathematischer Umweg zur richtigen Erklärung dafür kommt, warum sich ein geworfener Stein nach Newton'scher Physik auf einer Geraden bewegt und trotzdem gegenüber der Erdoberfläche eine krumme Bahn beschreibt. Sie kommt aber nicht dazu.

Der Weg zur Erklärung dessen, wie sich die "krumme" Newton'sche Gerade eines kräftefreien Körpers findet, geht nur darüber, daß zuvor erkannt wird, was Gravitation überhaupt ist. Damit etwas Geduld, bis die Gravitation im Kapitel "Warum fallen wir?" an der Reihe ist.

Nach diesem noch nur dreidimensionalen Inhalt der allgemeinen Relativitätstheorie zu dem Teil, der die Welt auch noch übernatürlich, also überdimensional, machte. Er stammt aus dem Michelson-Morley-Experiment mit dem, was Einstein da heraus interpretierte.

Licht hat danach eine *absolute* Geschwindigkeit, also mit einem konstanten Wert. Wogegen der gemessen ist bzw. wissenschaftlich, worauf der sich bezieht? Fragezeichen. Der sich eingebürgerte Glaube ist, daß das Licht selbst der Bezug sei, so daß man es so handhabt, als ob das Licht bestimmt, was Geschwindigkeiten sind. Es wird sich hier noch zeigen, daß das sogar stimmt, aber, dem Licht wird noch eine weitere Eigenschaft zugeordnet.
Licht sei auch noch *relativ* konstant, also gegenüber sich beliebig bewegenden Körpern. Licht würde also immer mit genau seiner absolut konstanten Geschwindigkeit auf Körper auftreffen, *egal, ob die sich dabei dem Licht entgegen- oder weg bewegen*. Also:

Licht sei gleichzeitig absolut <u>und</u> relativ konstant.

Man muß sich wundern, wie dann ein Dopplereffekt bei Licht entstehen kann, denn der ist eine Meßgrundlage für Geschwindigkeitsmessungen, z. B. im Straßenverkehr. Der Dopplereffekt beruht nämlich darauf, daß Wellen *<u>gerade</u>* ***<u>nicht</u>*** mit der Geschwindigkeit auf Objekte auftreffen, die sie gegenüber ihrem Ausbreitungsmedium haben. Nach dem Glauben einer absolut und relativ konstanten Lichtgeschwindigkeit könnten also alle Geschwindigkeitsmessungen mittels Radar angezweifelt werden.
Weiter pralle im Grenzfall Licht auf ein Objekt, das sich ihm mit auch Lichtgeschwindigkeit entgegen bewegt, nicht mit einer Differenzgeschwindigkeit vom doppelten der Lichtgeschwindigkeit auf, sondern mit auch nur einfacher.

Diese ***gleichzeitige*** Konstanz von absoluter ***und*** relativer Lichtgeschwindigkeit führte dazu, daß die Geometrie des Kosmos überdimensional wird. In drei Dimensionen kann so etwas nämlich nicht gehen. Aber, die Mathematik kann solche überdimensionalen Geometrien darstellen. Verstehen kann das aber niemand, und zwar wirklich niemand, auch nicht Einstein. Überdimensionales kann die Logik des Menschen nicht begreifen. Da kann man sich geistig verwinden, wie man will, es geht nicht. Wobei der Mensch dabei aber nicht einmal der Verlierer sein muß, denn es kann ja auch sein, daß es solche Überdimensionalitäten in der Natur auch gar nicht gibt.

Die allgemeine Relativitätstheorie
ist eine mathematische Beschreibung der Welt,
wenn sie aus einer ballistischen Fallkurve gesehen wird
unter der Annahme,
daß das Licht t absolut und relativ
in seiner Geschwindigkeit konstant sei.

Aber, ist das denn in der Natur auch so?

Für die Eigenschaft des Lichts, wie aus dem Michelson-Morley-Experiment heraus interpretiert wurde, daß es in *allen* Richtungen, obwohl in Richtung der Gravitationswirkung gar nicht gemessen wurde, gleich schnell ist (wobei der vorhandene kleine Meßwert ignoriert wurde), hat inzwischen ein anderes Experiment eine neue Aussage. Dieses Experiment wurde aus reiner Neugier gemacht. Hätte man vorher gewußt, was dabei heraus kommt, hätte man es wohl gar nicht gemacht, nicht machen dürfen, zum Schutz der Relativitätstheorien. Bezeichnend ist, daß auch dieses Experiment zu einem nicht minder überraschenden Ergebnis kam wie das von Michelson-Morley und es zeigt für das Wesen der Lichtgeschwindigkeit gravierend anderes auf.

Hafele und Kaeting maßen 1971 die Zeitdilatationen in Flugzeugen, die die Erde in Ost- und Westrichtung umrundeten. Ähnlich wie beim Michelson-Morley-Experiment wurde also eine Messung in und gegen eine Bewegungsrichtung gemacht. Beim Michelson-Morley-Experiment-Experiment war das in und gegen die Richtung der Bahn der Erde um die Sonne, beim Hafele-Kaeting-Experiment in und gegen die Richtung der Bewegung der Erdoberfläche auf Grund der Drehung der Erde.

Mit beiden Experimenten wurden Geschwindigkeiten gemessen. Beim Michelson-Morley-Experiment die Geschwindigkeit des Lichts gegenüber dem Äther,

wobei unterstellt wurde, daß der Äther als Fahrtwind eine Bewegung gegenüber der Erdoberfläche habe.
Beim Hafele-Kaeting-Experiment wurde die Geschwindigkeit eines Flugzeuges gegenüber dem Äther *indirekt* gemessen, nämlich mittels der Zeitdilatation einer Uhr. Aus dieser ergibt sich über den relativistischen Faktor die Geschwindigkeit des Flugzeuges gegenüber dem Äther.

Die Ergebnisse der Messungen waren genau so unerwartet wie die beim Michelson-Morley-Experiment. Die Uhren im Flugzeug nach Osten gingen zwar, wie erwartet, wirklich langsamer, die im Flugzeug nach Westen aber schneller und das auch noch um ein Mehrfaches. Die spezielle Relativitätstheorie sagt für diesen Fall aber nur Zeitgangverlangsamungen voraus und die in jeder Richtung gleich groß!

Ein Desaster.

Deswegen wird dieses Experiment bis heute auch "unter der Decke" gehalten, es steht frontal gegen einen Grundpfeiler der modernen Physik, nämlich gegen die spezielle Relativitätstheorie, womit die allgemeine Relativitätstheorie aber gleich mit betroffen ist, und zwar jeweils "in die Herzen" dieser Theorien.

Damit ist wieder einmal eine Situation entstanden, in der eine Theorie nicht als falsch bewertet werden darf, obwohl sie nachweislich falsche Voraussagen macht. Üblicherweise wird dann die "Wirklichkeit" daran angepaßt. Da das in diesem Fall aber mal nicht möglich ist, wird das Ergebnis einfach frech nach "richtig" hin umgelogen.

Joanne Baker schreibt in "50 Schlüsselideen der Physik", 2007, Ste. 183: "*Als ihre Zeitanzeigen* (die der Uhren in den Flugzeugen nach Ost und West) *mit der einer ortsfesten Uhr in den USA verglichen wurden, gingen die bewegten Uhren tatsächlich einen Bruchteil einer Sekunde nach.*"

Eine glatte Lüge!

Ob die die Autorin zu verantworten hat, ist aber nicht zwingend gegeben. Physikalische Veröffentlichungen laufen durch Instanzen. Wobei diese zuweilen extremste Zensureinflüsse ausüben. Alles, was nicht der Lehre, also dem Mainstream, entspricht, wird nicht durchgelassen. Das entscheiden oft schon Fachredakteure allein, ohne daß sie für grenzwertige Theorien überhaupt eine ausreichende Qualifikation haben. Geben sie den Veröffentlichungstext dann doch noch an Fachorgane wie Professoren, so ist das Ergebnis auch nicht

besser, auch die entscheiden nur subjektiv. Honerkamp schreibt z. B.: *"Wie ist ein Physiker zu widerlegen? Durch einen anderen*!" Das zeigt doch deutlich auf, was heute von Physik als Wissenschaft zu halten ist: Individuen entscheiden und nicht Regeln, eine Disqualifikation für jede Wissenschaft.
Honerkamps Aussage über die Unzulänglichkeit physikalischer Aussagen stammt daher, daß so etwas wie zweierlei Meinungen in der Mathematik nicht möglich ist. Dort kommt man von gleichen Ausgangsbedingungen zu immer gleichen Ergebnissen, egal, wer rechnet. Honerkamps Glaube aber, daß damit Mathematik die bessere Physik sei, ist ein Aberglaube. Die verbale Physik ist sehr wohl genau so exakt wie die Mathematik, man muß sich nur an ihre Regeln halten, was man bislang aber nicht tut.

Es ist sehr wahrscheinlich, daß die Autorin diese "Lüge" absichtlich eingebracht hat, weil sie die Existenz dieses Experiments weiter verbreiten wollte. Da sie die Wahrheit aber nicht sagen durfte, frisierte sie sie halt um, mit der gewollten Absicht, daß wissende und vor allem denkende Menschen es merken, "Zensoren" aber nicht. Wenn Joanne Baker das Problem der unpassenden Ergebnisse mit vertuschen wollte, hätte sie es ganz leicht gar nicht zu erwähnen brauchen.

Ein bekannter Fernseh-Astronomie-Professor in Deutschland "erklärte" das Ergebnis des Experimentes im TV anders: "*Das Flugzeug nach Osten hätte eine höhere Geschwindigkeit gegenüber der Erde als das nach Westen*". Damit soll man nun aber wirklich hinters Licht geführt werden: Die spezielle Relativitätstheorie kennt nämlich überhaupt nur zwei Objekte, bei diesem Experiment die Vergleichsuhr und die Uhr im jeweiligen Flugzeug. Ein Drittes, wie die Erde oder der Himmel, gibt es bei ihr gar nicht. Sie sagt ja gerade, daß alle Geschehnisse relativ sind, also *ein* Ding gegenüber *einem* anderen, und zwar <u>*nur*</u> einem anderen. Mehr ist bei ihr nicht zulässig und auch in keiner ihrer Formeln einsetzbar! Einen zusätzlichen *gemeinsamen* Fix- oder Bezugspunkt für zwei Objekte wie die Erde oder den Himmel kennt die spezielle Relativitätstheorie nicht. Wenn also besagter Professor die Erddrehung mit ins Spiel bringt, verläßt er diese Theorie.
Seine Aussage ist aber auch ungeachtet dessen unsachlich: Was meint er mit "*gegenüber der Erde*"? Gegenüber der Erd*oberfläche* haben die Flugzeuge die gleiche Geschwindigkeit, das ist ja gerade der "Witz" des Experiments! Und Radialgeschwindigkeiten, wie hier die Umfangsgeschwindigkeit der Erdoberfläche, sind gegenüber einem Drehpunkt wie die Erdachse gar nicht definierbar, sondern nur mittels eines zusätzlichen äußeren Bezugspunktes wie

z. B. die Sonne oder Sterne. Und selbstverständlich weiß das so ein Professor auch, weshalb seine Aussage ja auch eine bewußte Verdummung für Unwissende darstellt. Es ist der Standartversuch, falsche mathematische Beschreibungen der Welt verbal auf richtig hin zu reden. Die Sprache wird dankbar dazu benutzt, die Mathematik in der Physik zu erhalten.

Und nun die frechste Lüge der heutigen Physik (2015).
In www.sciencemag.org wird das Meßergebnis des Hafele-Kaeting-Experiments so bewertet:
Vier Caesium-Uhren flogen im Oktober 1971 in kommerziellen Jets um die ganze Welt, einmal nach Osten und einmal nach Westen. Die sich eingestellten richtungsabhängigen Zeitunterschiede waren in guter Übereinstimmung mit Vorhersagen der konventionellen Relativitätstheorie. Bezogen auf die Atomzeitskala des US Naval Observatory verloren die fliegenden Uhren 59 ± 10 Nanosekunden während der Reise nach Osten und sammelten 273 ± 7 Nanosekunden auf der Reise nach Westen. Die Fehlerraten entsprechen den Standardabweichungen. Diese Ergebnisse liefern eine eindeutige empirische Auflösung des berühmten Uhr-"Paradoxon" mit makroskopischen Uhren.

(Originaltext: *Four cesium beam clocks flown around the world on commercial jet flights during October 1971, once eastward and once westward, recorded directionally dependent time differences which are in good agreement with predictions of conventional relativity theory. Relative to the atomic time scale of the U.S. Naval Observatory, the flying clocks lost 59 ± 10 nanoseconds during the eastward trip and gained 273 ± 7 nanoseconds during the westward trip, where the errors are the corresponding standard deviations. These results provide an unambiguous empirical resolution of the famous clock "paradox" with macroscopic clocks.*)

Das ist das I-Tüpfelchen aller Lügen! Die Absicht: das gefährliche Thema Hafele-Kaeting-Experiment endlich vom Tisch zu fegen!

Da das Hafele-Kaeting-Experiment aber einen Prellbock für die Fahrt der Physik in die falsche Richtung ist, wollen wir uns mit dieser Abwehr seines Ergebnisses etwas länger beschäftigen. Nicht, um nur darauf herum zu hacken, sondern weil es auch gebührend in die Denke eingearbeitet werden muß. Denn:

Das Hafele-Kaeting-Expermeint
<u>bestimmt</u> die zukünftige Physik!

Pflücken wir dieses Statement von sciencemag.org also auseinander. Die "*Übereinstimmung mit Vorhersagen der konventionellen Relativitätstheorie*" gibt gar nicht, im Gegenteil, es gibt sie gerade nicht. Das ist die Lüge. Deswegen wurde die Voraussage der speziellen Relativitätstheorie auch gar nicht aufgeführt, was in wissenschaftlicher Vorgehensweise aber Pflicht ist: Die Voraussage einer Theorie ist so groß und der Meßwert ist so groß. Was die spezielle Relativitätstheorie voraus sagt, wird von sciencemag gezielt verschwiegen. Sciencemag könnte zwar sagen, daß das ja so einfach ist, daß es ein jeder selber errechnen kann. Errechnet man es aber, so kommt das Ergebnis des Experimentes eben nicht heraus. Wenn es nämlich übereinstimmen würde, gäbe es das Problem mit diesem Experiment gar nicht und es würde längst als weitere glorreiche Stütze der speziellen Relativitätstheorie am physikalischen Himmel strahlen.

"Die sich eingestellten <u>richtungsabhängigen</u> Zeitunterschiede" sind ebenfalls gelogen. Zeitdilatationen in Objekten sind unabhängig davon, in welchen Richtungen sich die Objekte bewegen. Ansonsten müßten sie ja bei den Formeln der speziellen Relativitätstheorie beachtet werden. Dafür gibt es richtigerweise aber keine Anweisungen. Als Vergleich gibt es diese für den Dopplereffekt, wo es darauf ankommt, ob sich eine Schallquelle auf einen Empfänger zu oder weg bewegt.

Weiter gibt es eine "*konventionelle*" Relativitätstheorie gar nicht. Der Begriff soll nur Verwirrung stiften. Welche *nicht* konventionelle gäbe es denn noch? Die spezielle Relativitätstheorie <u>*ist*</u> eine konventionelle Theorie.

"Diese Ergebnisse liefern eine eindeutige empirische Auflösung des berühmten Uhr-"Paradoxon" mit makroskopischen Uhren." Zunächst braucht das Uhrenparadoxon nicht neu bewiesen zu werden, das soll nur die Wortfülle erhöhen. Dann, was ist eine *makroskopische* Uhr? Die Uhren beim Hafele-Kaeting-Experiment sind auch gar keine makroskopischen, sondern mikroskopische, populär mit Atomuhren bezeichnet. Ist die Sache mit der Zeitdilatation bei *makroskopischen* Uhren anders? Ist sie nicht: Uhr ist Uhr, ob Atomuhr oder Kuckucksuhr. Das Hinzufügen makroskopischer Uhren soll weiter verwirren und damit eine Überprüfung durch andere verhindern. Zeitdilatation gilt generell für alles, sie ist eine Grundgröße des Kosmos. Es ist erstaunlich, wie Mathematik-Physiker in der Lage sind, nicht nachvollziehbares sprachliches Gewäsch zu produzieren, um etwas Falsches nicht nur zu verschleiern, sondern sogar noch als Richtiges zu präsentieren.

Dann beachte man die Terminologie dieser Verlautbarung. Das Uhren-"Paradoxon" wäre *empirisch* gelöst. Empirisch heißt *erfahrungsgemäß*. Was ist eine Erfahrung? In der Physik ein Experiment. Und dieses Experiment hat eben genau nichts bestätigt, sondern das Problem geschaffen, das weg geredet werden soll. Warum? Weil die Ergebnisse für die spezielle Relativitätstheorie der Untergang sind, was unbedingt verhindert werden soll.

Die gemessenen Zeitdilatationswerte kann die spezielle Relativitätstheorie *genau nicht* voraussagen, nicht einmal im Nachhinein. Das kann jeder Mittelschüler nachrechnen. Die spezielle Relativitätstheorie besteht ja nur aus ein paar einfachen Formeln mit Anweisungen, wann und wie diese zu benutzen sind. Bei diesem Experiment sind von der ruhenden Vergleichsuhr zu den Flugzeugen hin zu rechnen, welche Zeitdilatationen sie gegenüber der Vergleichsuhr aus ihren Bewegungen *gegenüber eben dieser Vergleichsuhr* erhalten. Die spezielle Relativitätstheorie kennt nur den Bezug von der Vergleichsuhr zu der Uhr im Flugzeug. In welcher Richtung die Flugzeuge fliegen, ob senkrecht in den Himmel oder nach Ost oder West oder Süd oder Nord, ist der speziellen Relativitätstheorie egal, sie kennt nur die *relativen* Bewegungen *gegenüber der Vergleichsuhr*.
Übrigens wären die Zeitdilatationen in den Uhren in den Flugzeugen bei Flügen nach Norden oder Süden, also über die Pole hinweg, tatsächlich gleich groß und sogar mit dem Wert, den die spezielle Relativitätstheorie voraussagt. Da spielt nämlich die Erddrehung keine Rolle.

Nun aber die Krone des Unsinns mittels weiterer falscher Unsachlichkeiten: Die fliegenden Uhren *"verloren"* und "*sammelten*"!?
Die Sprache wird bis ins Lyrische ausgenutzt, um eine Wahrheit zu verdecken. Was sollen diese Ausdrücke in der Physik bedeuten? Damit lassen sich vielleicht Probleme beschreiben, aber keine Lösungen. In der Physik müssen *definierte* Begriffe verwendet werden. *Verloren* und *sammeln* gibt es da nicht. *Verloren* wird für das Nachgehen der Uhr im Flugzeug nach Osten benutzt und *sammelten* für das Vorgehen der Uhr im Flugzeug nach Westen. Beides sind Verschleierungsworte, die verhindern sollen, daß das Uhren*vor*gehen im Flugzeug nach Westen mit <u>minus</u> angegeben werden muß. Denn ein Minus kennt die spezielle Relativitätstheorie nicht. Das ist das Hauptproblem, das das Experiment offenbarte und damit die spezielle Relativitätstheorie widerlegt.

Physik hat die Aufgabe, Naturerscheinung verbal zu erklären: Ein Vorgang (hier eine Zeitdilatations<u>änderung</u> mit *plus* nach Osten und <u>*minus*</u> nach

Westen!) funktioniert nach diesem oder jenem Prinzip aus dieser oder jener Ursache zu dieser oder jener Wirkung, was in Summe eine Theorie darstellt. Kann man das nicht, weiß man es nicht. Alles andere ist Geschwafel in der Art, wie es Josef Honerkamp in verbaler Physik sieht: ... *und was in dem, was die Experten über die Theorie verlautbaren, schon Interpretation ist* (Ste. 20), womit er stellvertretend für alle "Theoretische Physik"-Physiker meint, daß Physik verbal gar nicht zu machen sei. Aber fürs hinters Licht führendes Schönreden falscher, aber geliebter, Theorien wird die Sprache dankbar eingesetzt.

Ohne eine Gegenüberstellung der Voraussagewerte aus der speziellen Relativitätstheorie und den Meßwerten, deren Ungenauigkeiten in Anbetracht der Unterschiede vom Mehrfachen gar keine Rolle spielen, selbst wenn diese noch zehnfach höher wären, mit nur Begriffen wie *Atomzeitskala, konventionelle Relativitätstheorie, empirisch, Paradoxon, Fehlerraten, Standartabweichungen* (die es nur bei Meßreihen und nicht bei Einzelmessungen gibt) und *makroskopisch* zu jonglieren, wird von sciencemag.org nicht nur der Sachunkundige, sondern sogar der Sachkundige eingewickelt, weil es eine allgemeine Unklarheit über alles Relativistische gibt, worüber später noch gesprochen wird. Diese Stellungnahme zum Hafele-Kaeting-Experiment entspricht Sprechweisen von Politikern: Man nehme eine Tüte voll Fremdworte und Fachausdrücke und gestalte damit ein paar interessant klingende Sätze. Das hält damit Einzug in eine Wissenschaft, die eine exakte sein muß.

Dieser Artikel von sciencemag.org ist die größte Lüge der modernen Physik!

Eines ist an den schaurigen Bewertungen dieses Experimentes aber positiv: Sie geben der Sprache wieder die Oberhoheit in der Physik! Daran haben die "Lüger" aber sicherlich nicht gedacht.

Also, wenn man Physik mathematisch macht, und das macht man heute mit Überzeugung, dann muß man das Hafele-Kaeting-Experiment auch mathematisch bewerten, indem man die gemessenen Werte den Voraussagewerten gegenüberstellt, was aber unausweichlich zur Vernichtung der Relativitätstheorien führt, oder man macht Physik richtig und benutzt die Sprache und erklärt mit definierten Bergriffen stringent von Ursache nach Wirkung die Entstehung der Experimentergerbnisse, was, wie sich gleich zeigt, schon ohne Mathematik den Minuswert und das Mehrfache des Wertes beim Flug nach Westen voraussagt.

Man sollte nun aber nicht meinen, daß die Verfasser der Stellungnahme von sciencemag.org nicht wußten, daß sie lügen. Die Gestaltung dieses Textes ist genau deshalb so, weil sie wissen, was es mit ihm zu vertuschen gilt. Sie benutzen dazu auch ein allgemeines Unverständnis darüber, was Zeitdilatation überhaupt ist und bedeutet. Sie haben es damit leicht, eine jahrtausende alte Tradition fort zu führen, einmal postulierte Anschauungen bis zum Ende der Welt zu verteidigen, so, wie es Religionen und sonstige andere geistige Weltanschauungen vormachen.

Physik ist heute zu einer Wissenschafts-Politik geworden,
die nichts gegen ihre Regierung,
die Relativitätstheorien,
zuläßt.

In der Physik sind Probleme grundsätzlich verbal zu lösen. So, wie es Mößbauer von Feynman schon erfahren mußte. Stimmen die verbalen Lösungen, so enthalten sie immer auch die Ansätze für mathematische Formulierungen, die im Nachgang die Quantitäten bestimmen.

Was bedeutet das Hafele-Kaeting-Experiment für die Relativitätstheorien? Die einzig mögliche, sachlich begründete, nachvollziehbare und unumgängliche Konsequenz ist, daß sie falsch sind. Ende, Aus.
Genau das aber kann nicht sein, da es nicht sein darf. Deswegen ja auch die noch ehrliche Lüge von Baker und die Verdummung durch den TV-Professor und die "wissenschaftlich" angestrichene absichtliche Lüge in sciencemag.org.

In Physiker-Kreisen wird sich aber niemand, der irgendwelche Abhängigkeiten zum Wissenschaftsestablishment besitzt, wagen, das Experiment überhaupt zu erwähnen und schon ganz und gar nicht, Konsequenzen daraus auch nur im Ansatz anzudenken. Er wäre mindestens seinen Job los.

Davon lassen wir uns aber nicht beeindrucken und fragen ohne Skrupel: Wie können sich die Ergebnisse des Hafele-Kaeting- Experiments erklären? Und dazu sind wir mit der Erkenntnis, daß es den Äther doch gibt, gut gerüstet.

Die Erwartung des Experimentes war, daß die nach Osten wie Westen bewegten Uhren gleich viel langsamer laufen sollten, so, wie es die spezielle Relativitätstheorie explizit voraussagt. Das trat aber definitiv nicht ein.

Die offenen Probleme sind:
1. Warum geht nach der Erdumrundung die Uhr beim Flug nach Westen vor

2. Warum auch noch um ein Vielfaches, als die Uhr beim Flug nach Osten nach geht?
Und 3. Warum spielt die Erddrehung dabei eine Rolle? Das ist ja so offensichtlich, daß es ein jeder merkt.

Nun sagte schon einmal ein Physiker: *Entspricht das Ergebnis eines Experimentes den Erwartungen, hat man eine Messung gemacht, wenn nicht, eine Entdeckung.*

Suchen wir also die Entdeckung. Und dazu ist nur logisches *kriminalistisches* Denken angesagt, ohne Mathematik.

Welche brauchbaren Erkenntnisse gibt es zu diesem Problem?

1) Wenn die durch die Geschwindigkeiten der Flugzeuge verursachten Zeitdilatationen in Ost- und Westrichtung unterschiedlich sind, so sind es die Geschwindigkeiten, aus denen diese entstehen, auch. Geschwindigkeit und Zeitdilatation sind "siamesische Zwillinge", keines kann ohne das andere.
2) Geschwindigkeiten können niemals unter null gehen, also negativ werden. Ansonsten würde man den Zeitverbrauch für das Ablaufen einer Strecke durch Rückwärtsgehen wieder zurück bekommen und damit wieder jünger werden. Also können auch Zeitdilatationen niemals negativ werden.

Was ergibt sich aus diesen Bedingungen?
1) Wenn die Geschwindigkeiten der Flugzeuge in Ost- und Westrichtung unterschiedlich sein müssen, weil die Zeitdilatationen in ihnen unterschiedlich sind, so kann die Sicht von der Erdoberfläche nicht die richtige sein. Und so etwas hatten wir ja schon einmal, als wir meinten, die Sonne und Sterne würden sich um uns drehen.
2) Wenn die Zeitdilatation im Flugzeug nach Westen ins minus *gegenüber der Vergleichsuhr* auf der Erde geht, kann das nur bedeuten, daß auch die Vergleichsuhr eine Zeitdilatation hat, gegenüber der die Zeitdilatation der Uhr im Flugzeug nach Westen nur *geringer* wird.

Beide Schlußfolgerungen erwarten nun, daß es einen Punkt gibt, gegenüber dem sich die für diese Geschehnisse maßgebenden Geschwindigkeiten verstehen.

Übernehmen wir dazu doch einfach mal den Punkt, gegenüber dem sich die Bewegungen des ganzen Planetensystems verstehen, den Sternenhimmel. Was

sehen wir von da? Wir sehen, daß das Flugzeug, das vom Startplatz nach Osten fliegt, noch schneller die Erdachse umkreist als die Erdoberfläche mit der Vergleichsuhr und das Flugzeug, das nach Westen fliegt, langsamer als die Vergleichsuhr die Erdachse umkreist.
Und genau das wird von den Meßwerten eindeutig bestätigt:

Der Bezugspunkt für Geschwindigkeiten
und damit auch für Zeitdilatationen
ist nicht eine an beliebiger Stelle auf der Erde befindliche Vergleichsuhr,
wie es die spezielle Relativitätstheorie sagt,
sondern der Sternenhimmel.

Ja, da haben wir sie nun, die Entdeckung, nämlich, gegenüber welchem Bezugspunkt sich Geschwindigkeiten und damit auch Zeitdilatationen bestimmen.
Und nun?
Weitermachen!

Das tun wir zunächst mit der Feststellung, daß sowohl die Geschwindigkeiten als auch die daraus resultierenden Zeitdilatationen nicht relativ sind, wie es die Relativitätstheorien sagen, sondern ***absolut***, nämlich gegenüber dem fixen Sternenhimmel. Denn genau das beweisen die gemessenen Zeitdilatationen in den Flugzeugen. Das ist das zwar unbeabsichtigte, aber nun nicht mehr weg zu lügende Haupt-Ergebnis des Experiments. Das hindert das mathematisch-physikalische Establishment aber nicht daran, es trotzdem zu tun.

Nun kennen wir zwar die Wahrheit, es sind aber noch Fragen zu beantworten: Wenn sich der Gang der Uhren in den Flugzeugen durch deren Geschwindigkeiten *in Bezug auf den Fixsternhimmel* verlangsamen, woher wissen sie denn, daß es den Fixsternhimmel gibt?

Das gleiche Problem haben die Relativitätstheorien aber auch. Sie glauben, daß eine Vergleichsuhr der Bezugspunkt für Geschwindigkeiten und damit auch Zeitdilatationen sei. Woher wissen die Uhren in den Flugzeugen, daß sie *gegenüber einer Vergleichsuhr* eine Zeitdilatation annehmen müssen? Würde ein sich auf dem Mond befindlicher anderer Beobachter mit einer zweiten Vergleichsuhr zu den Flugzeugen hinschauen, müßten sie ihm gegenüber auch noch eine andere Zeitdilatation haben. Und das auch noch gleichzeitig, was ja überhaupt nicht mehr möglich sein kann.

Was ist das für ein Unsinn: Wie kann sich etwas danach verhalten, ob irgend wer eine Vergleichsuhr nimmt und die Differenzen dazu ermittelt. Wenn etwas von da so aussieht und von dort anders, dann muß man endlich mal klären, was wirklich ist. Und das ist schon längst überfällig.

Für eine wirkliche physikalische Lösung des Problems des Bezugs für Geschwindigkeiten und damit auch Zeitdilatationen vermuten wir mal, daß, wenn ein Objekt eine Zeitdilatation hat, sich diese *in ihm* (z. B. in den Uhren in den Flugzeugen) bildet und nicht davon abhängt, ob und von wo ein Beobachter hinschaut bzw. ob es einen Beobachter mit einer Vergleichsuhr überhaupt gibt.

Woher wissen nun also die Uhren in den Flugzeugen, daß sie sich nach den Geschwindigkeiten richten müssen, wie sie vom Sternenhimmel aus beobachtet werden? Sie können ja, selbst wenn sie Augen hätten, nicht aus ihrer Kiste hinaus schauen.

Um weiter zu kommen, stellen wir mal eine neue These für die Physik auf, es wird sich dann gleich zeigen, ob sie sinnvoll ist oder nicht:

Wenn in der Natur etwas an einem Ort geschieht,
so ist alles daran notwendig Beteiligte auch an diesem Ort,
und zwar körperlich!

Und das ist eine Blüte aus dem physikalischen Garten, denn sie kann was erzählen.
Was?
Fernwirkungen *ohne* nachweisbare ***dingliche*** Vermittlungselemente gibt es nicht. Wie könnte ohne einen dinglichen Boten eine Vergleichsuhr oder der Sternenhimmel den Uhren in den Flugzeugen mitteilen, wie sie gehen sollen? Geister, die das tun, schließen wir in der Physik kategorisch aus, sonst könnte Physik auch niemals eine Wissenschaft werden.

In den Uhren des Hafele Kaeting-Experiments muß also etwas drin sein, das die scheinbare "Fernwirkung" vom Sternenhimmel aus auf den Lauf der Uhren bewirkt. Und dieses Unbekannte macht die Erddrehung nicht mit, sonst könnte aus der Umfangsbewegung der Erdoberfläche kein Einfluß entstehen. Elektrische oder magnetische Felder scheiden aus, gegen diese sind die Uhren auch unempfindlich bzw. abgeschirmt. Röntgenstrahlen sind auch nicht vorhanden.

Da wir nichts sehen, muß das Unbekannte unsichtbar sein. Da wir auch nichts fühlen, muß es auch noch masselos sein. Kann es so etwas überhaupt geben? Nach Einstein nicht, denn genau ein solches Verbindungsmedium, das von fernsten Sternen bis in unsere Schlafzimmer und auch in die Uhren in den Flugzeugen hinein reicht und schon einmal prognostiziert war, hat er aus der Physik entfernt, den *Äther*.

Aber, *mit diesem Äther* läßt sich all das erklären, was es als Rätsel in der Natur noch gibt und damit selbstverständlich auch das Hafele-Kaeting-Experiment-Rätsel. Und der Äther ist ja auch der Verursacher dafür, daß es Zeitdilatationen überhaupt gibt, so daß dieses Rätsel entstand.

Die Uhren in den Flugzeugen, wie auch die Motoren der Flugzeuge und alle Menschen darin erleiden unmerkbar eine Zeitdilatation. Aber nicht erst, wenn sich das Flugzeug gegenüber der Erdoberfläche in Bewegung versetzt, sondern schon in Ruhe am Startort. Dieser bewegt sich nämlich schon mit der Umfangsgeschwindigkeit der Erdoberfläche *gegenüber dem sich nicht* mit der Erde mit drehenden Äther. So, wie es ein Beobachter von einem anderen Stern sähe. (Eine minimalste, für das Hafele-Kaeting-Problem aber vernachlässigbare Mitdrehungsrate des Äthers mit der Erde wurde mit dem Lense-Tirring-Experiment nachgewiesen. Wobei zum Äther aber "Raum" gesagt wurde, nach der Terminologie der Relativitätstheorien.)

Damit eröffnet sich nun, daß sich Geschwindigkeiten nicht auf den Sternenhimmel beziehen, sondern auf den Äther. Er ist der "Stoff", der unsicht- und unfühlbar ist und an allen Orten des Kosmos einen *absoluten* Bezugspunkt für Geschwindigkeiten stellt.

Das Flugzeug, das nach Osten fliegt, fliegt also mit der Geschwindigkeit des Startortes *plus* seiner eigenen *gegenüber dem Äther*! Dadurch erhöht sich die Zeitdilatation in ihm und für alles, was sich in ihm befindet: seine Motoren und die Uhren, die Denke der Menschen in ihm, alles im Flugzeug "tickt" nun langsamer als am Startort.
Das Flugzeug, das nach Westen, also entgegen der Erddrehung, fliegt, wird gegenüber dem Äther (Sternenhimmel) langsamer, so daß die Zeitdilatation in ihm geringer wird.
Diese Änderungen der Zeitdilatationen der Uhren sind auch das Ergebnis des Experiments.

Damit hat nun unbeabsichtigterweise das Hafele-Kaeting-Experiment die

Existenz des Äthers konkret nachgewiesen.
Und nun kommt noch das hinzu, was beim Michelson-Morley-Experiment unterschlagen wurde:

Genau die Geschwindigkeit seines Meßortes aus der Umdrehung der Erde um sich selbst hat das Michelson-Morley-Experiment gemessen!

Ein Fahrtwind von Äther war ja die Meßidee, für den das Meßgerät von Michelson und Morley konstruiert wurde, und genau dieser besteht aus der Erddrehung. Falsch war nur die Annahme, daß der gesuchte Fahrtwind aus der Bahngeschwindigkeit der Erde um die Sonne von 30 000 m/s entstünde.

Beide Experimente kommen nun zu einem gleichen Ergebnis: Hurra und Heureka: Die Welt ist durchschaut oder: Na also, paßt doch!

Es gibt doppelt nachgewiesen den Äther

Damit sind die Relativitätstheorien endgültig Out! Denn nur die ***Nicht***existenz des Äthers ist ihre Basis. Also ist das Ende der falschen Regierung für die Physik des Großen besiegelt.

Und ausgerechnet das Experiment, das Einstein dazu brachte, den Äther als nicht existent einzustufen, hat ihn doch gemessen. Die Erde dreht sich um sich selbst im zumindest in horizontaler Richtung still stehenden Äther. Was der Äther in der Vertikalen macht, zeigt sich im nächsten Kapitel.

Genau so, wie Schall gegen den Wind langsamer voran kommt, fließt Licht auf der Erde in Richtung der Erddrehung, also nach Osten, gegen den Äther-fahrtwind langsamer voran. Nach rückwärts fließt es demgemäß schneller, natürlich bezogen auf die sich drehende Erdoberfläche. Genau diese Unterschiede haben das Michelson-Morley-Experiment direkt und das Hafele-Kaeting-Experimente indirekt gemessen. Licht fließt gegenüber dem Äther wie Schall gegenüber der Luft. Und:

Der Äther ist der lang gesuchte absolute Bezugspunkt für alle Geschwindigkeiten von Objekten, die sich in ihm bewegen, wobei die Lichtgeschwindigkeit den Maßstab stellt.

Also, nicht Einstein's kräftefreier Körper ist der Fixpunkt der Welt, sondern der den ganzen Raum des Universums ausfüllende Äther. Ein Körper repräsentiert den Fixpunkt dann, wenn er sich ohne Bewegung im Äther befindet. Das ist dann der Fall, wenn er mit Fluchtgeschwindigkeit auf die Erde fällt. Einstein war auf dem richtigen Weg, beachtete aber nicht, daß ein Fixpunkt nicht nur kräfte-, d. h. beschleunigungsfrei, sein muß, sondern auch noch bewegungsfrei, und das gegenüber dem Äther.

Licht ist eine sich fortpflanzende Schwingung des Äthers selbst, genau so wie Schall eine sich gleichermaßen ausbreitende Schwingungsbewegung von Luft ist. Damit bestätigt sich aufs Neue:

***Die Natur macht keine Ausnahmen*!**

Und auch Laughlin bringt dazu noch etwas aus der Mikrophysik bei: "*Die Quanteneigenschaften des Schalls stimmen mit denen des Lichts überein. Diese Tatsache ist wichtig, da sie alles andere als offensichtlich ist, wenn man davon ausgeht, daß Schall eine kollektive Bewegung elastischer Materie ist, Licht dagegen angeblich nicht.*" Also auch im Bereich des Kleinsten der Physik verschwindet die Ausnahme für Licht, daß es *keine* Schwingung eines Mediums sei.

Daß sich die Existenz des Äthers nun doch bestätigt, kommt aber nicht wie ein Blitz aus heiterem Himmel. Seit den unerwarteten Ergebnissen des Michelson-Morley-Experimentes sind die Zweifel an seiner Nichtexistenz nie verstummt. Aus der Lehre wurde der Äther aber verbannt, so daß nachfolgende Schul-Generationen nicht einmal mehr den Begriff kennen. Andererseits sind z. B. beim Suchen nach aktuellen Physikbüchern einige Buchtitel zum Thema Äther zu finden, wie z. B. "Es gibt ihn doch" oder "Entschuldigen Sie, Herr Einstein ...".
Mit diesem neuen Wissen müßte sich nun ergeben, daß sich die Uhrzeitänderungen in den Flugzeugen gegenüber der Vergleichsuhr in *gleicher* Höhe mit plus nach Osten und minus nach Westen einstellen. Da tun sie aber auch nicht, womit die nächste Frage an der Reihe ist, gelöst zu werden.

Um das richtig durchschauen zu können, ist aber erst ein tiefer Sumpf trocken zu legen, der für alles besteht, was mit Zeitdilatation zu tun hat. Nur dieser Sumpf ermöglicht ja, daß die Lügen-Stellungnahme von science.org beeindrucken kann.

So, wie die Sicht aus bewegtem Standort, z. B.: Aus den Flugzeugen im

Hafele-Kaeing-Experiment, mit relativ bezeichnet wird, wird die gleiche Sicht, wenn sie mit einer Zeitdilatationen versehen ist, unabhängig von relativ *zusätzlich* mit *relativistisch* bezeichnet. Dieses Relativistische entsteht nach der Lehre aber nur aus *relativen Sichten* und nicht als eigenständiges Geschehen. Dem-entsprechend sind die Verständnisse über Relativistisches auch an Sichten gebunden, und diese sind sehr oft individuelle. Die Uhren in den Flugzeugen des Hafele-Kaeting-Experimentes erhalten ihre Zeitdilatationen nicht dadurch, daß von einer Vergleichsuhr zu ihnen geschaut wird, sondern sie erhalten sie absolut durch ihre Bewegungen gegenüber dem Äther, also unabhängig davon, ob es eine Vergleichsuhr gibt oder nicht.
Der Begriff "relativistisch" wird durch diese Unkenntnis für alle möglichen wie unmöglichen Darstellungen verwendet. So gäbe es z. B. sogar "relativistische Sterne" oder, wie Laughlin unbedachterweise schrieb, einen "relativistischen" Äther. Völliger Unsinn. Ein stoffliches Ding ist nie relativistisch, nur die Zeit in ihm kann langsamer laufen, wenn es sich gegenüber dem Äther bewegt und dadurch eine Zeitdilatation erhält. Besitzen wir als Beobachter selbst eine Zeitdilatation, so sehen wir sowieso *alles* relativistisch wegen der *in uns* langsamer laufenden Uhr. "Relativistisch" sagt aus, daß die Zeit in einem Ding langsamer läuft. Relativistisch ist kein "Ding", sondern der Zustand eines Dinges.

Damit weiter mit der Suche nach den Unterschieden in den Werten der Uhrennach- und -vorgänge.
Die angegebenen Meßwerte des Hafele-Kaeting-Experimentes sind keine Zeitdilatationen, also *Verlangsamungen* des Laufs der Uhren in den Flugzeugen, sondern nur die Ergebnisse daraus, nämlich um wieviel *am Ende* der Erdumrundungen die Uhren in den Flugzeugen nach- oder vorgehen. Diese Sachlage wird verständlicher, wenn sie mit der *Fluggeschwindigkeit* und der *Flugdauer* verglichen wird. Auch dieses Mißverständnis gehört zum Sumpf über den Umgang mit Relativem bzw. Relativistischem. Damit noch einmal eine Präzisierung:

Zeitdilatation ist die Verlangsamung des <u>Zeitablaufes</u>,
nicht jedoch ein <u>Zeitverbrauch</u>.

Die Meßwerte aus dem Hafele-Kaeting-Experiment sind Änderungen der Zeit*verbräuche*, der Reisezeiten. Die Zeit*dilatationen* der Uhren in den Flugzeugen sind nur die Ursache dafür. Die *Änderungen* der Werte der Zeitdilatationen sind im Flugzeug nach Ost und West gleich groß (sofern man proportionale Änderungen unterstellt, was bei den kleinen Geschwindigkeiten der Flugzeuge

im Vergleich zur Lichtgeschwindigkeit zulässig ist), aber natürlich mit entgegengesetztem Vorzeichen.
Es wurde der Fehler gemacht, die Änderungen der *Reisezeiten* als proportional zu den sie verursachenden Zeitdilatationen aufzufassen, weil die Reisezeiten der Flugzeuge ja gleich lang wären. Das sind sie aber nur *gegenüber der sich bewegenden Erdoberfläche* und nicht gegenüber dem, was die Zeitdilatationen bestimmt, nämlich gegenüber dem Äther bzw. als Ersatz gegenüber dem Sternenhimmel.

Schauen wir noch mal vom Sternenhimmel auf die Erde. Die Flugzeuge mögen mit halber Erdumfangsgeschwindigkeit (ca. 720 km/h) *gegenüber der Erdoberfläche* fliegen, um die Abläufe per Kopfrechnung verfolgen zu können.

Beim Flug nach Osten bewegt sich das Flugzeug *vom Sternenhimmel aus gesehen* mit anderthalbfacher Erdumfangsgeschwindigkeit um den Erdmittelpunkt herum.
Es benötigt hierbei, wieder *vom Sternenhimmel aus gesehen*, nur zwei Drittel eines Tages, um die Erdachse einmal zu umrunden.

Beim Flug nach Westen mit gleicher Geschwindigkeit gegenüber der Erdoberfläche fliegt das Flugzeug gegen die Erdumdrehung, *vom Sternenhimmel aus gesehen* also mit nur halber Erdumfangsgeschwindigkeit um den Erdmittelpunkt.
Es benötigt nun, ebenfalls *vom Sternenhimmel aus gesehen*, zwei Tage für die Umrundung des Erdmittelpunktes. Das ist ein Verhältnis von eins zu drei. Und das ist das Verhältnis der Uhrennach- und Vorgänge, das von Johannes von Buttlar 1973 in seinem Buch "Reisen in die Ewigkeit" angegeben wurde.

Dieses "Ergebnis" steht aber in krassem Widerspruch zu dem, was wir auf der Erde beobachten. Da dauern die Reisen um die Erde nach Osten und Westen ja genau gleich lang. Womit jetzt ein jeder natürlich gegen die vorgenannten Lösung sagen wird "Das kann doch wohl nicht wahr sein!" Aus genau diesem Grunde haben es "die Physiker" aber auch nicht gemerkt.

Beim Hafele-Kaeting-Experiment wurden die Reisezeitänderungen nicht mit der Uhr auf einem Stern vom Sternenhimmel aus gemessen, sondern mit einer die Erdumdrehung *mit machenden* Uhr. Wir vergessen immer wieder, daß wir auf einem Kreisel sitzen!

Fliegen die Flugzeuge schneller als zuvor angenommen, wird der Unterschied der Uhren*stände* zwischen Ost- und Westflug noch größer.

Zum besseren Verständnis noch einen Vergleich, der nicht einmal einen Hinkefuß hat.
Wir sitzen in einem Sportstadium. Die gesamte Sportfläche ist rund und wie eine Bühne gebaut, die sich drehen kann. Und das tut sie, mit den Laufbahnen und Sportlern und Schiedsrichtern.
Es findet ein Vierhundertmeterlauf statt, also einmal rund auf der Laufbahn. An der Start/Ziel-Linie sind die Sportrichter mit ihren Stoppuhren, die die Umlaufzeiten messen.

Der Start erfolgt in dem Moment, an der sich die Startlinie des sich drehenden Sportfeldes gerade vor uns vorbei bewegt. Mit unserer Uhr messen wir nun, wann der Sportler ***gegenüber uns*** seine Runde abgelaufen hat.
Der Sportler läuft zuerst in Richtung der Drehung der Sportfläche. Von uns aus gesehen kommt er also schneller voran als gegenüber den sich auf der sich drehenden Stadionfläche mitdrehenden Sportrichtern. Wir messen also eine dementsprechend kürzere Zeit als die Sportrichter am Start/Zielstrich.
Läuft der Sportler in der anderen Richtung, also gegen die Drehung der Sportfläche, so braucht er gegenüber uns eine längere Zeit als die, die die Sportrichter messen.

Die Sportrichter am Start/Ziel-Strich messen natürlich die gleichen Umrundungszeiten für die Sportler, egal in welcher Richtung sie laufen. Genau so brauchen die Flugzeuge vom Startort aus gesehen die gleiche Zeit für eine Erdumrundung.
Die Umrundungszeiten der Sportler gegenüber uns, die wir mit der Bühne feststehen, sind ungleich lang, so wie die der Flugzeuge gegenüber der "Tribüne" Sternenhimmel auch. Diese Zeiten sind aber die, die für die Uhrenvor- und -nachgänge gelten.

In www.kosmosphysik.de ist das Hafel-Kaeting-Experiment vom Autor in einer Animation dargestellt, die optisch das Geschehen einsichtbar aufzeigt.

Und noch mehr wird in diesem Vergleich ersichtlich. Die Luft im Stadium sei in Ruhe, also kein Wind vorhanden. Durch die Drehung der Stadionfläche besteht aber ein permanenter Fahrtwind, den auch die sitzenden Sportrichter spüren. Der Läufer hat somit beim Lauf in Drehrichtung der Sportfläche eine noch höhere Geschwindigkeit gegenüber der Luft und beim Lauf entgegen der

Drehrichtung eine langsamere Geschwindigkeit gegenüber der Luft als am mit bewegten Start/Zielpunkt herrscht. Die Luft in diesem Stadion entspricht beim Hafele-Kaeting-Experiment dem Äther, dem gegenüber sich die Flugzeuge bei ihrer Umrundung der Erde auch unterschiedlich schnell bewegen, was die unterschiedlichen Zeitdilatationen erzeugt.

Kann es einen besseren Beweis dafür geben, daß nicht die relative Sicht vom sich drehenden Erboden mit der Vergleichsuhr (mitdrehende Schiedsrichteruhr) die ist, die den Vorgang des Hafel-Kaeting-Experimentes richtig erkennt, sondern die Sicht vom Fixsternhimmel (Zuschauer im Stadion?).

Die Erdoberfläche kann durch ihre Bewegung ***niemals*** Bezugspunkt für die Physik des Großen sein. Sie ist das, was beim Karussell die Gondeln sind.
Warum konnte man das nicht voraussehen? Weil uns auf unserem Erd-Karussell die Drehung nicht auffällt. Für uns dreht sich der Himmel und nicht wir. Das vergessen wir immer und immer wieder. Und immer und immer wieder nehmen wir *uns* als Bezugspunkt: "Wo wir sind, ist vorn!" Denkste! Es ist systematisch, daß Theorien in der Physik immer dann Gefahr laufen, falsch erdacht zu werden, wenn wir im Geschehen drin stehen, also keine Übersicht haben.

Was muß man aus den vorstehenden Zusammenhängen lernen? Bevor angegangen wird, ein Rätsel der Natur zu entschlüsseln, ist grundsätzlich erst einmal der Bezugspunkt, das natürliche Koordinatensystem, für die daran beteiligten Dinge zu finden. Wohlgemerkt: *Zu finden* und nicht etwa einfach nach Gutdünken zu bestimmen.

In der Natur ist nicht erlaubt,
etwas so oder so sehen zu dürfen,
sondern es ist heraus zu finden,
wie etwas gesehen werden muß!

Auch das ist eine Regel für die Physik, die eingehalten werden **muß**.

Damit ist das Rätsel der so ungleichen Meßwerte gelöst und es zeigt sich außerdem, daß die Physik auch schon allein quantitative Aussagen machen kann, ohne daß Mathematik oberhalb des Einmaleins benötigt wird.

Da nun das Michelson-Morley-Experiment, das die Unterschiede der Lichtgeschwindigkeit nach Ost und West direkt ermittelt und mit dem Hafele-Kaeting-Experiment über die Zeitdilatation eine Bestätigung gefunden hat, nämlich, daß es den Äther gibt und daß er den allgemeinen Bezugspunkt für Bewegungen stellt, verschwinden die Relativitätstheorien ***ersatzlos***! Obwohl sie bisher das "Ganze" der Welt sein sollten, sind sie nichts weiter als eine riesige phantasievolle Mathematikblase, die eine relative, also falsche, Sicht auf die Welt beschreibt, aber nichts richtig erklären kann. Sie nahm zwar gnädigst auch die Newton'sche Physik mit auf, aber nur als unscheinbaren "Sonderfall", als Anhängsel ihrer vielen Möglichkeiten, eine Welt zu beschreiben, die sich aus falschen Anfangsbedingungen akademisch ergibt.

Es ist bisher in physikalischen Publikationen generell verboten, falsch oder richtig sagen zu dürfen. Das wäre bisher auch wirkungslos gewesen, da nichts zu beweisen war. Warum? Weil es keine Regeln gab, die über richtig und falsch entscheiden können. Nun, da das "große Falsche" weg ist und mit ihm auch erste Ausnahmen, wodurch physikalische Regeln wieder Gültigkeiten erhalten, sind regelgestützte Aussagen möglich, die keiner Bestätigungen mehr durch "Gutachter" oder gar der Mathematik bedürfen. Physik wird damit endlich eine eigenständige Wissenschaft, die "*aus sich selbst heraus*" die Unterscheidung in falsch und richtig vornehmen kann.

Die Unterscheidung in falsch und richtig
ist die Wesensaufgabe einer Wissenschaft.
Also muß die Physik falsch und richtig sagen!

Die Natur ist weder trigonometrisch noch zeitlich verzerrt noch gar überdimensional, sondern einfach trigonometrisch mit nur drei Dimensionen. Sie ist also genau so, wie sie auch aussieht, von später noch beschriebenen Biegungen von Lichtstrahlen mal abgesehen, die aber nur optisch leicht verzerrte Abbilder liefern wie z. B. der Blick durch eine wellige Wasseroberfläche auf den Grund eines Gewässers.

Und der Äther ist das Bett von allem, was in ihm geschieht. Was der Äther selbst aber ist, ist ein ganz neues Kapitel in der Physik. Es gibt zwar schon gewisse Kenntnisse, die sich aber sehr sonderbar und z. Tl. sogar konträr unterscheiden wie z. B., er sei vergleichbar mit Glas, andererseits aber unfühlbar und masselos mit zudem einem Energieinhalt von ungeheurer Größe, mehr als dem dichtest gepackter Materie wie z. B. in Neutronensternen. Da geht zwar noch wenig zusammen, aber es ist auch ja noch gar nicht gezielt danach geforscht worden, da er bislang angeblich nicht existierte und man auch nicht glauben sollte, daß er sich so einfach beschreiben können lassen müsse wie alles bisher Bekannte. Es gibt schon auch mal was Neues, Anderes.

Daß es den Äther gibt, zeigt auch ein Experiment, für das dieser Name schon hochtrabend klingt. Man braucht nur zwei Uhren auf dem Festland zu vergleichen, eine am Südpol in einer der dortigen Forschungsstationen und eine in Äquatornähe. Jeden Tag läßt sich *direkt* per Telefon der Nachgang der Uhr am Äquator feststellen, der aus der Zeitdilatation durch die ungleichen Umfangsgeschwindigkeiten der Erdoberfläche an den Orten der Uhren entstehen, ohne, daß man Uhren in Flugzeuge packen muß und den immensen Rechenaufwand für den Einfluß aus der Flughöhe und den Zwischenlandungen.

Fazit

Es wird nun wohl niemand dem hoch komplizierten relativen Bild der Natur nachtrauern, das gar nichts Anfaßbares enthielt und nur aus Abstraktem bestand.
Die Physik ist endlich von ihrem falschen Regenten, der Relativität, befreit, der nur mathematisch spricht und mit der Natur gar nicht mitfühlen kann.
Der wesentlichste Bestandteil der Natur, nämlich der "Mutterboden" im Garten der Natur, der Äther, ist wieder "nachentdeckt" worden, so daß endlich und auch hoffentlich alle Teile der großen Natur beisammen sind. Der Äther führt im Weiteren des Buches die Regie, die bisher von den Relativitätstheorien wahrgenommen wurde. Und, wie sich noch zeigen wird, wirkt der Äther sogar in unserem täglichen Leben so spürbar ein, daß es zuweilen auch körperlich weh tut.

Das Generalproblem der bestehenden Physik, daß sich das Große nicht mit dem Kleinen zusammenführen läßt, ist nun gar nicht mehr existent! Es entstand nur dadurch, daß Einstein den Äther aus der Natur entfernte. Die Natur besteht nur aus vielem Kleinen, das das Große in vielen Formen bildet. Eine separate Theorie für das Große kann es demzufolge überhaupt nicht geben können! Und es gab sie ja eigentlich auch nicht, denn die allgemeine Relativitätstheorie ist keine physikalische Theorie, sondern nur eine mathematische Abhandlung aus den Fehlannahmen der Bewegungen eines nur kräftefreien Körpers als bewegungsmäßigem Fixpunkt der Welt und einer gleichzeitigen absoluten und relativen Konstanz der Lichtgeschwindigkeit.

Daß die "alte" Physik nicht mehr aktuell ist, gibt sogar das "alte" Establishment zu. Aber nicht direkt, sondern nur versehentlich. Ein Autor versah z. B. sein

Buch mit dem Titel "Physik ohne Realität", was wahrlich Zukunftsperspektiven verspricht, im Inhalt dann aber den reinen Wildwuchs aus dem mathematischen Garten präsentiert.

Damit verlassen wir nun endgültig die "alte" Physik ohne den Äther und begeben uns in die neue mit dem Äther. Der Äther ist die substanzielle wie geistige Grundlage für alles, was es im Kosmos gibt und er ist der absolute Fixpunkt für alle Geschehnisse.

Warum fallen wir?

Wer glaubt, daß nun ein neues Thema beginnt, irrt sich. Gravitation ist nur scheinbar etwas anderes als das bisher behandelte. Deswegen geht es auch mit dem Äther und der Zeitdilatation weiter. Zeitdilatation ist eine grundsätzliche Erscheinung im Getriebe der Natur, so daß sie bei vielen Vorgängen mit beteiligt ist. Gravitation entsteht natürlich nicht durch die Zeitdilatation, aber diese ist ein Schlüssel, um das Geheimnis Gravitation lüften zu können. Und auch die Regel, daß Theorien allgemeingültig sein müssen, steht wieder mit im Zentrum. Diese Regel wird aber nicht nur eingehalten um des Einhalten willens, sondern gerade ihre Einhaltung führt mit zur Lösung.

Wie sich aus der allgemeinen Relativitätstheorie ableitet, daß Gravitation auch Zeitdilatation verursacht, ist dem Autor unbekannt. Aber genau diese Zeitdilatation ist eine direkte Hilfe zur Erkennung dessen, was Gravitation ist.
Es ist tatsächlich Fakt, daß alle Objekte, auch wir, auf der Erdoberfläche eine Zeitdilatation besitzen, die eine eindeutige Beziehung zur Gravitation hat. Wir werden dadurch sogar etwas älter, aber nur viele Stellen hinter dem Komma. Die Gravitation nimmt mit zunehmender Höhe ab, in entsprechendem Maße auch diese gravitativ bedingte Zeitdilatation. Das ist nach allen Regeln der Meßkunst abgesichert.

Mit den Schiffchen und Fischen ist erklärt, wie Zeitdilatation entsteht: durch das *getrennte* "marschieren" der Atomkerne und ihrer Elektronen gegenüber dem Äther. Daraus ergab sich die exakte physikalische Theorie für die Zeitdilatation. Diese enthält alle drei Dinge, die eine Theorie nach physikalischen

Regeln beinhalten muß:
1. Was wird erklärt? Die Zeitdilatation.
2. Was ist ihre Ursache und Wirkung? Ursache ist, daß sich auch gekoppelte Teilchen, wie Elektronen und ihre Atomkerne, *einzeln* gegenüber dem gemeinsamen "Untergrund", dem Äther, bewegen. Wirkung ist, daß dadurch die Koppelbewegungen langsamer werden. Und diese sind der *Zeitbestimmer* für die Newton'sche Physik.
3. Welches grundsätzliche Funktionsprinzip steuert? *Alle* Bewegungen beziehen sich auf den Äther.

Diese drei Kriterien für die Theorie der Zeitdilatation müssen nun auch bei der Zeitdilatation vorliegen, die aus der Gravitation resultiert. Wenn also die Theorie der Zeitdilatation nicht unverändert auch für die aus der Gravitation entstehende gilt, wäre sie nicht allgemeingültig und damit falsch.
Und eine zweite auch lange bekannte Regel verlangt zusätzlich, daß es für *eine* Wirkung (Zeitdilatation) auch nur *eine einzige* Ursache geben darf, das sogenannte Kausalitätsprinzip. Auch das muß allgemeingültig sein und ist es auch und auch das wird von den Relativitätstheorien nicht eingehalten, weswegen diese auch deshalb falsch sind.

Zeitdilatation entsteht bei Bewegung gegenüber dem Äther. Betrachten wir uns auf der Erdoberfläche, wo wir ja der gravitativen Zeitdilatation unterliegen, so finden wir aber keine Bewegungen, die diese erzeugen könnten. Würden wir auf der Erdoberfläche in der Horizontalen herum düsen, wie die Flugzeuge im Hafele-Kaeting-Experiment, käme die daraus entstehende Zeitdilatation nur noch hinzu.

Was nun?
Bei Bewegungen müssen immer zwei Dinge da sein: eines, das sich bewegt und ein anderes, *dem gegenüber* sich das eine bewegt. Diese zwei Dinge sind für die gravitativ ausgelöste Zeitdilatation auf der Erde als Erstes z. B. wir und als Zweites der Äther als absoluter Bezugspunkt für Bewegungen. Nur, wo ist die erforderliche Bewegung zwischen den beiden?

Denken wir laut nach:
Wenn <u>wir</u> uns nicht bewegen, aber eine Zeitdilatation besitzen, die nur aus Bewegung zwischen uns und dem Äther als gegenseitige Wechselwirkung entstehen kann, was kann dann nur sein?

Genau das Unerwartete:

Dann müßte sich der Äther bewegen?!
Geht das?
Es muß!
Kann man das messen?
Mit der angeblich gravitativen Zeitdilatation ist es schon gemessen.
Gibt es noch eine andere Messung?
Ja.
Was ist das für eine?
Die der Fluchtgeschwindigkeit.
Was ist das?
Das ist die Geschwindigkeit, mit der ein Körper auf der Erde aufprallt, wenn er aus dem Unendlichen aus einer dortigen *Ruhe*stellung *rein gravitativ* ankommt, also *ohne* daß er jemals eine Newton'sche Beschleunigung *gegen seine Trägheit*, d. h. gegenüber dem Äther, erfuhr.
Und warum soll das helfen?
Weil die Zeitdilatation auf der Erde *exakt* die ist, die sich aus einer Geschwindigkeit in Höhe der Fluchtgeschwindigkeit ergibt.
Zufall?
Einen solch exakten Zufall gibt es nicht. Wenn doch, dann würden noch eine ganze Reihe anderer Theorien sterben und zwar alle, die aus Meßwerten geboren wurden. Wobei allerdings die Geburtshelfer, die Meßwerte, aber gar nicht mehr entscheiden, wenn eine Theorie erst einmal postuliert ist. Ob diese dann wirklich richtig sind, entscheiden eben nicht ihre quantitativen Ergebnisse, sondern einzig physikalische Kriterien wie z. B. immer die Allgemeingültigkeit und in diesem Fall auch noch das Kausalitätsprinzip. Die Zufälligkeiten von quantitativen Werten wie die, daß die Zeitdilatation auf der Erde genau die ist, die sich aus der Fluchtgeschwindigkeit ergibt, ist ein Wegweiser, nicht mehr, aber auch nicht weniger.
Dieser Wegweiser und die vermutete Bewegung des Äthers, sichtbar durch das Fallen eines ohne Newton'sche Bewegungen behafteten Körpers, führen zu einer sinnhaften These:

Gravitation ist Fluß von Äther in die Erde hinein.

Verinnerlichbar lautet das so: **Materie frißt Äther!** Die Äthermenge, die wir mit unserem Körpergewicht von durchschnittlich etwa fünfundsiebzig Kilo "fressen", ist zwar so klein, daß wir damit nicht einmal ein Mücke zu uns hin bewegen könnten. Die Erde frißt aber so viel, daß es einen Strom von Äther ergibt, der an ihrer Oberfläche mit Fluchtgeschwindigkeit (ca. 11.000 m/s) in sie hinein fließt. Die Fluchtgeschwindigkeit entsteht dadurch, daß ein Körper mit eben dieser Geschwindigkeit gegen den Äther-Strom "schwimmen" muß, um von der Erde entfliehen zu können.

Der gravitative Vorgang ist in einem Schwimmbecken nachvollziehbar. Würde in seiner Mitte tief genug unter Wasser ein Kugelsieb sein, innerhalb dessen Wasser abgepumpt würde, so würde kugelförmig von ringsum Wasser in das Sieb hinein fließen. Alle Fische, die nicht so schnell schwimmen können, wie das Wasser in das Sieb einströmt, kommen nicht mehr von der Sieboberfläche weg. Wir auf der Erdoberfläche schwimmen zwar nicht wie Fische im Wasser, sondern sind nur wie Krebse, die auf der Oberfläche des "Siebes" mal ein bißchen hoch hüpfen können.

Die "Freßtheorie" löst mit diesem Vergleich endlich auch das Rätsel der unerwarteten Meßergebnisse des Michelson-Morley-Experimentes. Würde das Kugelsieb im Wasser während des Abpumpens durch das Wasser hindurch bewegt werden, so würde das Wasser weiterhin senkrecht in die Oberfläche des Siebes einfließen. Ein *Fahrtwasser* durch die Bewegung des Siebes im Wasser, wie er z. B. an einem U-Boot besteht, gibt es durch das Einfließen von Wasser nahe der Oberfläche des bewegten Siebes nicht.
Das Einfließen von Äther in die Erdoberfläche verhindert also, daß an ihr ein Fahrtwind von Äther entsteht. Deshalb der bei der Michelson-Morley-Messung nicht gefundene Fahrtwind von Äther in Höhe der Umlaufgeschwindigkeit der Erde um die Sonne.
Besser kann das alles gar nicht mehr zusammen passen. Und Zusammenpassungen von Experimenterklärungen und daraus entstehenden Theorien sind ein unwiderlegbarer Beweis für die Richtigkeiten von Theorien. Genau dieses Zusammenpassen ist ja das Ziel allen Forschens, die es nur mit dem falschen Mittel der Mathematik (Vereinigungs"theorien") versucht zu machen.

Damit ist nun aber die Frage fällig, warum Äther in Körper einfließt oder anders, warum Materie Äther frißt. Die Gegner einer solchen Theorie werden sicher schon darauf gewartet haben. Mit ihr ist nun tatsächlich eine Grenze erreicht, die momentan noch nicht überschritten werden kann. Die Mauer des "Was ist Gravitation" ist aber schon einmal überwunden, dafür ist die nächste schon da. Es ist aber nur eine einzige und nicht so, wie sich derzeit zeigt, daß, wenn eine Tür geöffnet wird, also ein Problem gelöst wurde, dahinter schon fünf neue Türen (Probleme) sichtbar werden, so daß sich die Fragen schneller vermehren als die Antworten.

Aber es gibt schon Licht am Horizont. Der Äther kann ja nicht wirkungs- oder substanzlos einfach verschwinden. Unabhängig von der Existenz des Äthers gibt es schon länger nicht nur die Theorie, daß die Erde wächst, sondern auch Messungen durch Satelliten, daß das tatsächlich der Fall ist. Aber sie wächst nicht nur in dem Ausmaß, der sich durch den Regen von Meteoriten ergibt, sondern wesentlich mehr. Das trifft dann natürlich auch auf alle anderen Himmelskörper zu. Aus diesem Wachstum der Erde dürften auch die Plattenverschiebungen der Kontinente verursacht werden.
Vom Jupiter ist schon lange bekannt, daß er mehr Wärme abgibt, als er von der Sonne erhält. Wo kommt die her?
Für die Sonne ist rätselhaft, wie sie ihre anfänglich viel schnellere Rotation verloren hat? Das könnte auch durch eine Massenvermehrung aus dem Ätherfluß in sie hinein verursacht sein.

Es gibt also schon den Boden im physikalischen Garten, aus dem die Lösungsblume für das Äther fressen wachsen kann.

Aus diesem so einfachen Funktionismus der Gravitation ergibt sich nun aber doch etwas, das größtmögliche Verwunderung und auch Unverständnis hervorruft. Aber etwas, das nicht dem Unlösbaren der Relativitätstheorien entspricht, sondern etwas, das sich nachvollziehbar erklären läßt, allerdings ein bißchen Vorstellungsvermögen erfordert.

Der erwähnte Körper, der aus dem Unendlichen rein gravitativ zu uns käme, wobei das erst am Ende aller Tage sein könnte (der Äther müßte ja bis dahin gänzlich weg gefressen sein), schlägt mit der Fluchtgeschwindigkeit der Erde auf der Erde auf. Dabei hat er definitionsgemäß zuvor keine Beschleunigung nach Newton'scher Physik erhalten, hat also auch keine Geschwindigkeit: er "schwimmt" mit dem Äther einfach nur mit wie ein Staubkorn im Wasser.
Das heißt aber, daß er, obwohl mit ungeheuer großer Geschwindigkeit auf der Erde aufschlagend, auf Grund seiner Fallgeschwindigkeit *keine* Zeitdilatation besitzt! Er besitzt ja keine Bewegung gegenüber dem Äther, erst die ja Zeitdilatation entstehen läßt.
Ohne Zeitdilatation, d. h. ohne *Newton'sche* Geschwindigkeit, die ja gegenüber dem Äther definiert ist, hat er aber auch keinen Impuls und keine Energie!
Er zerstört aber doch jede Menge bei seinem Aufprall? Wie soll das gehen, wenn er keine Energie in sich hätte?
Das bringt nun die Kritiker der Freßtheorie zum Jubeln: "Da haben wir's doch: Alles Quatsch!"

Nein.
Gravitative Geschwindigkeiten sind keine Newton'schen Geschwindigkeiten gegenüber dem Äther, sondern es sind welche *mit* dem Äther. Wenn wir fallen, beschleunigen wir uns zwar, aber nicht gegen unsere Massenträgheit, damit auch nicht gegenüber dem Äther, weshalb wir diese Beschleunigung auch nicht spüren wie im Gegensatz dazu im Auto oder im Fahrstuhl.
Die unmerkliche Beschleunigung ist so auffällig, daß sie längst als ein zu lösendes Rätsel in der Physik hätte aufgenommen werden müssen. Aber nichts dergleichen: Wenn *wir* in Naturgeschehen beteiligt sind, und bei diesem, dem Fallen, fast schwindelig werden, setzt der Verstand aus.

Also, Energie tanken wir nur, wenn wir uns gegen unsere Trägheitskraft beschleunigen wie z. B. beim Start zum Hundertmeterlauf.

Wir tanken aber keine Energie, wenn wir nur fallen! Beim Aufprall tut es zwar weh, weil was kaputt geht wie z. B. einer unserer Knochen, aber die Energie dazu war nicht in uns!
Wo dann?
Sie kann nur in dem Körper sein, gegen den wir anprallen, beim Fallen also der, auf den wir fallen. *Der* tut uns dann weh!
Aber der bewegt sich doch gar nicht!

Wer sagt eigentlich, wer sich bewegt?
Der Äther!
Und?
Der sagt, während *er* sich in die Erde hinein bewegt, daß sich der Erdboden *gegenüber ihm* nach oben bewegt! Und das gilt: Der Äther ist der absolute Nullpunkt. Er bestimmt: Der Erdboden kommt ihm vertikal entgegen.

Der Äther ist der absolute Fixpunkt,
auch, wenn er sich bewegt!

Das muß man sachlich akzeptieren und nicht wieder in die Falle tappen, daß *wir* auf der Erdoberfläche der Bezugspunkt wären. Wir fühlen uns zwar so, sind es aber nicht.
Das Problem des nicht Einsehenwollens ist in diesem Fall, daß sich der Äther als Bezugs- oder Fixpunkt bewegt. Und das stößt ab, das will man nicht: Ein Fixpunkt hat fix zu sein! Wobei wir natürlich gestatten, daß sich der Fixpunkt der Welt zwar bewegen darf, ***aber nicht gegenüber uns***! Immer wieder schieben wir *uns* in den Vordergrund, dabei sind wir ganz kleine Staubkörn-

chen in der Natur, die sich aber schon beim Radfahren anmaßen zu sagen: Die ganze Atmosphäre bewegt sich auf uns zu.

Damit besteht nun ein Riesenparadoxon bei dem, was als Gravitation bezeichnet wird.

Die Erdoberfläche bewegt sich nach oben.

Und das tut sie mit Fluchtgeschwindigkeit. Deshalb hat sie auch die dem entsprechende Zeitdilatation, was erstaunlicherweise die allgemeine Relativitätstheorie sogar voraussagt. Deshalb hätte sie also schon längst zur Erkenntnis führen können, daß der Erdboden eine Bewegung nach oben hat. Ja, wenn, wenn man nach*gedacht* und nicht nur gerechnet hätte. Im Gegensatz zu Honerkamp's Meinung sind also doch richtige Interpretationen aus mathematischen Formulierungen erstellbar, man muß es nur denkerisch können.

Wäre der aus dem unendlichen kommende Körper ein Raumschiff, das gegenüber dem Äther in Ruhe ist, also nur mit ihm schwimmt, würden wir aus diesem sehen, wie der Erdboden auf uns zu rast. Diese bisher als relativ bezeichnete Sicht ist in diesem Fall aber die absolute!

Beschauen wir das auch in einem Schwimmbecken mit Fischen drin. Das ist diesmal so groß, daß die Fische das Ufer nicht mehr sehen. Das Wasser ist für die Fische der Fix"punkt". Nur mit Bewegungen *gegenüber ihm* können sie Freßbares finden. Das ist ihre Welt, ihr Kosmos. Würde das Wasser durch den Grund abgesaugt werden, so würden die Fische mit Recht meinen, der Grund käme auf sie zu. Das würden besonders die empfinden, die sich in Ruhe zum Wasser befinden. Genau so würde es der fallende Körper aus der Unendlichkeit ohne eigene Bewegung gegenüber dem Äther auch sehen, wenn er am Ende plötzlich die Erdoberfläche auf sich zu rasen sieht, denn er hat sich nie in seinem Leben eine Newton'sche Geschwindigkeit durch Beschleunigung angeeignet.

Natürlich dauert es bißchen, bis sich das in Köpfen festsetzen kann. Dazu muß das "Alte" ja auch erst raus, mit dem man doch auch gar keine Probleme hatte. Damit bleibt es nun jedem selbst überlassen, mit der Wahrheit zu denken oder nicht, nur Physiker stehen am Scheideweg: Sollen sie Gralshüter des Alten bleiben oder die Zukunft erstürmen?

Auch das Problem Gravitation zeigte zum wievielten Male auf, daß es unzulässig ist, die Erdoberfläche, die wir ja immer mit uns selbst verknüpfen, als

Bezugspunkt der Welt sehen. Wir sitzen in einem Schlund, in den ein Teil des Kosmos hinein strömt wie das Wasser in der Badewanne zum Auslauf hin. Der Äther kommt mit all dem, was sich in ihm befindet, auf uns runter:

***Die Gallier mit Asterix und Obelix haben fast Recht*:**
Der Himmel fällt uns auf den Kopf.
Daß es genau anders herum ist, konnten sie ja nicht ahnen.

Was tun wir nun mit dem fallenden Fixpunkt? Wir können nur eins tun: Wir müssen geistig mit ihm mitgehen, sonst erkennen wir nie die Wahrheiten der Natur.

Beschreiben wir damit die Wahrheit so:

Funktionell kommt die Erdoberfläche einem fallenden Körper entgegen. Und das Funktionelle im Kosmos ist das, das den Kosmos steuert und mit der Newton'schen Physik umfänglich erfaßt ist.

Trigonometrisch, gegenüber den Koordinaten des Kosmos, bewegt sich aber der fallende Körper zur Erde. Das ist unglücklicherweise aber unsere Sicht, die das Funktionelle leider nicht aufzeigt.

Die Natur hat die unangenehme Eigenschaft, ihre Funktionismen hinter Erscheinungen zu verbergen, die äußerst schwer zu durchschauen sind und wir stehen am ungünstigsten Standort, um die Welt in ihrem Tun richtig beobachten zu können. Das sind die Hauptprobleme, die die Physik zu überwinden hat.

Die Technik hat es dagegen einfacher. Sie kann mit Ausschnitten aus Naturerscheinungen leben. Sie kann an beliebigen Stellen in Naturerscheinungen hinein "stechen" und ein bißchen nach rechts und links weiter rechnen. Diese inkrementelle Vorgehensweise ist in der Physik nicht erfolgreich, stellt trotzdem aber die bis heute angewandte Methode dar, physikalische Forschung zu betreiben.

Aus den wahren Zusammenhängen betreffs Bewegungen ergibt sich jetzt aber etwas sehr Nützliches: Die absoluten Geschwindigkeiten, das sind die gegenüber dem Äther, können einfach, ohne Bezugspunkte suchen zu müssen, aus der Zeitdilatation der bewegten Objekte bestimmt werden. Und aus der Zeitdilatation, die der Erdboden besitzt, ergibt sich die Fluchtgeschwindigkeit, die er *gegenüber dem Äther* tatsächlich hat. Also bewegt sich der Erdboden einem fallenden Körper entgegen, aber nur funktionell und nicht trigonometrisch, so daß man es optisch nicht sieht.

Zeitdilatation ist das <u>absolute</u> Maß für Newton'sche Bewegungen.

Der einzige Nachteil, die Geschwindigkeit von Objekten mit Hilfe ihrer Zeitdilatation zu bestimmen, ist, daß sich damit die Richtung der Bewegungen nicht bestimmen lassen.

Damit nun zu einer Überprüfung der Freßtheorie.
Physikalische Theorien müssen nicht nur allgemeingültig sein, sondern auch noch mehr Fragen beantworten können, als zu ihrer Findung führten, so daß sich die Fragen grundsätzlich verringern, bis einmal keine mehr da sind und wir wirklich alles wissen.

Stellen wir damit Testfragen.
Warum wird die Gravitationswirkung mit zunehmendem Abstand quadratisch zum Abstand geringer?
Diese Frage wurde bisher noch gar nicht gestellt, weil keine der bestehenden Gravitationstheorien sie je beantworten könnte, obwohl die gesamte heutige Astrophysik darauf beruht, *daß* die Gravitation quadratisch zur Entfernung abnimmt. Das wurde aber nur durch Messungen "entdeckt". Also:
Warum ist das so???

Die Antwort:
Weil sich die Geschwindigkeit des Ätherzuflusses durch den sich quadratisch mit der Entfernung vergrößernden Zuflußquerschnitt quadratisch verringert und die Geschwindigkeit des Ätherflusses die Gravitationswirkung ausmacht.
Damit hat die Freßtheorie eine der wichtigsten Fragen betreffs Gravitation beantwortet und ihre erste Probe bestanden. Wobei diese nur erste Bestätigung aber schon einen so hohen Wert hat, da die Frage des "warum nimmt die Gravitation quadratisch zur Entfernung ab" noch nie, seit die Menschheit auf der Erde ist, beantwortet werden konnte. Damit wird die Freßtheorie schon so gut wie sanktioniert.
Eine zweite Frage, die die Freßtheorie beantworten kann, ist: "Warum läßt sich die Gravitation nicht abschirmen wie etwa ein Magnet- oder elektrisches Feld?"
Die Antwort:
Der Äther ist die Füllung des gesamten Kosmos bis in die Materie hinein. Wo

er ist, ist Kosmos oder:

Der Äther ist der Kosmos!

Und dagegen ist eine Abschirmung nicht möglich, da er alles bis in sogar einige kleinste Teilchen hinein ausfüllt. Joseph Larmor prognostizierte ja schon, daß Materie nur eine andere Form von Äther ist. Bewegt sich der Äther durch Materie oder bewegt sich Materie durch ihn hindurch, wie z. B. in die Erde hinein und dabei auch durch uns hindurch, entsteht Zeitdilatation in aller durchströmten Materie, so daß z. B. auch wir dadurch etwas langsamer altern.

Damit ist für die Gravitation abschließend festzustellen:

Eine Gravitations-Kraft gibt es nicht!

Ein Argument der Zweifler ist, daß die Gravitationskraft nur deshalb nicht spürbar wäre, weil sie an jedem einzelnen Atom unseres Körpers angreife. Die Antwort darauf: Bei der Fliehkraft ist das auch so, und die spüren wir sehr wohl. Im Weiteren wird sich aber noch zeigen, daß es auch eine Fliehkraft nicht gibt.

Die allgemeine Relativitätstheorie wird auch als eine Gravitationstheorie gehändelt. Das sieht man aber nur deshalb so, weil sie aus einem gravitativen Vorgang abgeleitet ist, nämlich der gravitativ bedingten Wurfparabel eines kräftefreien Körpers. Die allgemeine Relativitätstheorie ist jedoch nicht in der Lage, irgendwelche Fragen betreffs Gravitation beantworten zu können. Das aber ist die Aufgabe von Theorien.

Einstein wollte die allgemeine Relativitätstheorie zu einer Welttheorie weiter entwickeln, vergebens. Er blieb stecken und machte am Schluß eine wissenschaftlich nur noch bemitleidenswerte Figur. Seine "Theorie" war unfruchtbar, zeigte keine Wege in die Zukunft auf. Auch nach ihm ging es nicht weiter voran, nur weiter verkomplizierend mit Phantastereien bis zur Aufblähung in die elfte Dimension, obwohl in keiner einzigen dieser überdimensionalen Welten stabile Planetenbahnen möglich wären.

Zur Zukunftsträchtigkeit mathematischer Theorien sagte Feynman: *"Newton's mathematische Fassung des Gravitationsgesetzes ist sogar noch relativ einfach. Je weiter wir voran kommen, desto abstruser und schwieriger geht es zu. Warum? Ich habe keine blasse Ahnung. Ich will ihnen nur sagen, denn darin gerade besteht das Belastende der Vorlesung, daß ich ihnen nichts anderes sagen kann. So leid es mir tut, es scheint nun einmal unmöglich zu sein, die*

Schönheiten der Naturgesetze ohne Schummelei auf eine Weise zu erklären, daß auch Nichtmathematiker sie empfinden können!

Wir sollten uns nun also glücklich schätzen, normale und verbal aussprech- und sogar verstehbare Erklärungen gefunden zu haben, die gar keiner Mathematik mehr bedürfen.

Mit dem Äther als Fixpunkt der Welt ist die "Über"mathematik der Relativitätstheorien weg. Dieser Fixpunkt ist nur keiner, wie man ihn sich normal vorstellt, nämlich ein einziger Punkt im Raum, sondern jeder Punkt des Äthers ist der Fixpunkt der Welt. Das heißt, der Fixpunkt der Welt ist überall vorhanden, in uns, in den Uhren in den Flugzeugen des Hafele-Kaeting-Experimentes, im tiefsten Bergwerk wie auf dem Mond und in unendlicher Entfernung. Wir leben im Kosmos wie Fische im Wasser. Das Wasser der Fische ist für sie genau so der Fixpunkt ihrer Bewegungen wie der Äther für uns. Nur, daß im Gegensatz zum Wasser der Äther sogar durch uns hindurch fließen kann und man ihn nicht spürt.

Der Äther als "Fixpunkte-See" verlangt von uns durch seine auch Bewegungsmöglichkeiten aber eine geistige Mit-Beweglichkeit, die schon etwas anspruchsvoll ist. Mit Einfühlungsvermögen und Hartnäckigkeit läßt es sich aber verstehen, während das bei der allgemeinen Relativitätstheorie prinzipiell nicht möglich ist.
Mehr ist von der Natur an Vereinfachung leider nicht zu kriegen, wir müssen schon auch etwas tun, um sie zu verstehen.

Nun braucht eine Theorie, die dreihundert Jahre lang Generationen von Menschen in die Köpfe gebrannt wurde, doch einen aufwendigeren Abgesang. Deshalb noch eine Nachbetrachtung.

Die Anziehungskrafttheorie hat sich hauptsächlich deshalb eingebürgert, weil sich fallende Körper so beschleunigen, *als ob* eine Kraft sie dazu brächte. Alle Rechnungen damit stimmen, was als Bestätigung der Richtigkeit dieser Theorie verstanden wurde.
Aber: Auch diese Theorie fußt auf einer Ausnahme. Wovon? Von Newton's Prinzip, wie Kräfte entstehen, nämlich aus Masse mal Beschleunigung. Diese Beschleunigung spürt man im Auto beim Gasgeben und Bremsen. Beim Fallen spüren wir aber eine solche Beschleunigung gerade nicht! Ausnahmen darf es aber nicht geben und es gibt sie auch nicht.

Was sagen die Experten dazu?
Die Anziehungs-"Kraft" sei halt *eine andere*, eine Nicht-Newton'sche Kraft. Nun, ***er***finden kann man viel, was gedanklich Sinn macht. Man muß es dann aber auch ***finden***, damit es wahr wird. Und da ist trotz z. T intensivster und natürlich auch teurer Suche noch rein gar nichts entdeckt worden, insbesondere nicht das sogenannte Graviton, das als "Substanz" der Gravitationskraft hinzu erfunden wurde aus der Vorstellung, daß Kräfte durch Teilchen vermittelt würden. Diese Vorstellung stammt aus der Kernforschung, wo es Teilchen gibt, sogenannte Gluonen (Klebeteilchen), denen man die Kraftwirkungen zuschreibt, die z. B. die sich elektrostatisch abstoßenden Protonen in den Atomkernen zusammenhalten, damit sie nicht auseinander fliegen. Gravitonen müßten demnach z. B. auch laufend zwischen der Erde und z. B. dem Mond hin und her flitzen, wodurch der zur Erde hergezogen würde. Und das müßte auch noch bis in unendliche Entfernungen funktionieren, denn es gibt keine Entfernungsbegrenzung für die Gravitation. So etwas für möglich zu halten, verlangt schon eine sehr große Glaubensstärke.
Feynman schreibt zu diesem Problem: "*Was macht der Planet eigentlich? Schaut er zur Sonne, um abzuschätzen, wie weit entfernt er ist, und ermittelt auf seiner inneren Rechenmaschine, wie er sich bewegen muß, wenn er sich umgekehrt proportional zum Quadrat der Abstände bewegen will? Das ist mitnichten eine Erklärung des Räderwerks der Gravitation! Zig Leute haben versucht, einen Blick hinter die Kulissen zu werfen und Newton vorgeworfen: "Was hat Ihre Theorie eigentlich zu bedeuten?" Worauf er erwiderte: "Sie sagt Ihnen, wie sich der Planet bewegt. Das sollte Ihnen genügen. Ich habe Ihnen gesagt, wie er sich bewegt, nicht warum*!"

Newton selbst hielt eine Kraft, die durch ein, nach damaligen Verständnis, "Nichts" hindurch fern wirken könnte, für unmöglich. Trotzdem setzte sie sich als Ursache der Gravitation durch, weil sie ein sichtbares Verständnis erbrachte: Jeder Mensch kann sehen, wie sich Körper nach unten beschleunigen, was dazu führt, daß eine Beschleunigungskraft von oben nach unten erwartet wird.

In Wirklichkeit bewegt sich der fallende Körper aber gar nicht, sondern geht nur mit dem unsichtbaren Fixpunkt mit und fällt nur *scheinbar* durch *unsere* Beschleunigung nach oben. Wir sehen das Fallen relativ, also falsch, weil *wir* uns bewegen, gegenüber dem fallenden Äther als Nullpunkt der Welt.
Eigentlich sagt uns ja unser Gefühl, daß wir *nach oben* beschleunigt werden, ***aber das Auge macht nicht mit*!** Wäre die Menschheit blind, würde sie betreffs

des Fallens zur wahreren Erkenntnissen kommen. Irgend eines unserer Gefühle bestimmt immer wieder eine Logik in uns, die uns dazu zwingt, die Natur so zu sehen, wie es dieses eine dominante Gefühl will: Die Natur kann nur so sein, wie wir sie fühlen, das ist unsere bisherige "Weisheit".

Physik ist aber, mit der Natur mit zu fühlen. Und dazu muß man sich selbst ausblenden. Wissenschaft ist keine Gefühlssache, sondern ***neutrale*** Faktenauswertung. Ob die dann menschlichen Logiken entsprechen oder nicht, muß zurück gestellt bleiben.
Vielleicht schaffen wir es aber doch noch, die Wahrheit rechtzeitig vor der Zerstörung der Erde durch uns zu begreifen, damit wir wenigstens mit dem Wissen untergehen können, was wir kaputt gemacht haben.

Auch Einstein konnte nicht auf eine Schwerkraft verzichten, obwohl seine Theorie gar keine Kraft mehr enthält. Eine Theorie muß aber *alles* in sich enthalten, was für ihre Aussagepflicht erforderlich ist. Eine andere Erklärung für Gravitation als eine Schwerkraft enthält Einsteins Theorie aber auch nicht, sie kennt nämlich gar kein gravitatives Fallen, sondern ***nur die Sicht daraus***. Daß diese Sicht aber auch *ein Entgegenkommen des Erdbodens* aussagt, wird verdrängt. Dieses fast einzig Richtige der allgemeinen Relativitätstheorie (*...bis Stuttgart vorbeikommt...*, Ste. 70) wird einfach ignoriert. Einstein versuchte bis zu seinem Tod verzweifelt, die Gravitations*kraft* mit der elektromagnetischen *Kraft* zu vereinen. Es mißlang. Man muß doch langsam mal einsehen, daß es das, was man seit Jahrzehnten nicht findet, wie z. B. auch das Graviton, gar nicht gibt.

Daß es eine Kraft, die uns runter "zieht", auch praktisch nicht gibt, zeigt folgender Versuch. Wir messen einfach mal die bestehende Krafteinwirkung auf uns, wozu wir nicht einmal ein Meßgerät benötigen, das sind wir nämlich selbst.
Wir legen uns dazu mit dem Rücken auf den Boden. Die Beine mit den Unterschenkeln auf einen Hocker, damit wir die Körperhaltung wie im Auto annehmen.
Zum "Messen" auf dem Boden schließen wir die Augen und stellen uns vor, wir säßen im Auto.
Im Auto spüren wir die Beschleunigung, wenn der Fahrer Gas gibt, dadurch, daß wir nach hinten mit dem Rücken gegen die Lehne gepreßt werden. Genau das stellen wir auf dem Boden liegend auch fest, eine Beschleunigung, die unseren Rücken auf den Boden preßt. Würde man einen Blinden auf einen

Autositz setzen und diesen langsam nach hinten kippen, würde er meinen, daß sich das Auto nach vorn beschleunigt. Dieser Effekt wird ja in Flugsimulatoren ausgenutzt, so daß ein Pilot in ihm glaubt, wirklich nach vorn beschleunigt zu werden.
Also: Wir werden *von unten nach oben* beschleunigt und nicht von oben nach unten!
Und da wir beschleunigt werden, gibt es auch tatsächlich eine Kraft, die aber nicht von oben nach unten, sondern von unten nach oben wirkt. Und die ist ein echte Newton'sche, da wir sie spüren. Sie wird auf der Erde von der Unterlage aufgebracht. Ist die Unterlage ein dünnes Brett, kann das auch schon mal brechen und wir fallen dann kräftefrei.

Fallen tun wir also nur dann, wenn die Unterlage *weggenommen* wird. Beim Sprung vom Sprungbrett fallen wir ins Wasser, weil wir *nicht* mehr mit einem g nach oben beschleunigt werden.
Wir fallen aber nicht deshalb, weil wir von oben nach unten beschleunigt werden, sondern weil wir die Unterstützung nicht mehr haben, die uns von unten nach oben beschleunigt, damit wir nicht mit dem Fixpunkt der Welt, dem Äther, weiter mit nach unten mitgenommen werden.

Warum muß uns aber eine Beschleunigung am Fallen hindern?
Fallen heißt, daß wir mit der Bewegung des Äther mitgehen, da er ja unser "Bett" im Kosmos ist, der Nullpunkt. Deswegen sind wir dabei auch kräftefrei, also schwerelos. Da der Äther aber sich beschleunigend in die Erde einfließt, kann man sich auch nur beschleunigend dagegen wehren, um "auf Höhe" zu bleiben. Das besorgt der Erdboden, so daß wir uns darum nicht zu kümmern brauchen, aber mit dem Ergebnis, daß wir es auch gar nicht mehr wahrnehmen, es einfach für "normal" halten.
Wollen wir aber mal ohne Erdboden "oben" bleiben, so müssen wir etwas unternehmen. Uns z. B. mittels Düsen aus einem "Raketenrucksack" nach oben beschleunigen, damit wir den Kontakt zur Erde verlieren, ohne daß wir ihr dabei aber schon entfliehen, sondern nur schweben. Das gleiche Obenbleiben geht, wie aktuell als Urlaubsgeck, mit Wasserdüsen aus dem Wasser zu erheben, die durch Schläuche Druckwasser aus einem mit zu schleppenden Versorgungsboot zugeführt bekommen.

Ein ganz kurzzeitiges "Schweben" über dem Erdboden gelingt aber auch durch einen Wurf, bei dem wir aber nicht das geworfene Objekt sein möchten. Das ist aber kein wirkliches Obenbleiben, sondern nur ein vorübergehendes ohne

Beschleunigung nach oben. Die Bahn eines solchen Wurfes ist die Wurfparabel, die sogenannte Geodäte. Einstein's Geniestreich, diese krumme Fallbahn eines kräftefreien Körpers, die ja eine Newton'sche Trägheitsgerade sein muß, nicht zu erklären, sondern sie als "Fixpunkt" des Kosmos zu benutzen, verhinderte ab da, daß wir hinter das Geheimnis der Gravitation kommen konnten.
Das Erstaunliche dabei ist auch noch, daß, je abstruser eine Theorie ist, um so eher wird sie geglaubt, genau so, wie man ganz früher eher an überirdische Götter glaubte als an Nachprüfbares.

Was ist nun aber wirklich mit der geraden und geschwindigkeitskonstanten Bewegungsbahn eines kräftefreien Körpers, die in Wirklichkeit krumm und nicht geschwindigkeitskonstant ist? Das muß die Freßtheorie ja nun auch erklären können oder sie ist falsch, und zwar grundsätzlich, denn ein bißchen falsch ist genau so unmöglich wie ein bißchen schwanger. Kann sie das, und zwar ohne Umschweife oder Hilfstheorien oder Vergleichen oder sonst was?
Sie kann.
Dazu ist aber zuerst klar zu stellen, was "gerade" ist.
Wieso? Das ist doch klar!
Auf dem Papier ist es klar, ein gerader Strich. Im freien Raum aber? Zunächst mal auch, aber nicht in einem Gravitationsfeld. Einstein verbog den Raum in Gravitationsfeldern ja so, *damit* die Geodäte gerade wird, obwohl jeder beobachten kann, daß ein geworfener Stein eine krumme Kurve fliegt. Die krumme Kurve ist also wahrhaftig.

Nun ist aber auch bekannt, daß diese "krumme" ballistische Bahn trotz ihrer Krummheit die kürzeste Verbindung zweier Punkte in einem gravitativen Feld ist. Daraus ist sogar, in Konkurrenz zur Anziehungskrafttheorie, die sogenannte Minimalwegtheorie nach dem Hamilton'schen Prinzip erfunden worden. Die Physiker der Vergangenheit waren ja auch nicht dumm, sie haben eigentlich schon fast alles gefunden, nur nicht, ob es wahr ist und wo es hin gehört und wie es mit Anderem zusammen paßt.

Wie kann eine krumme Linie die kürzeste Verbindung zweier Punkte sein? Das heraus zu bekommen, erfordert, daß man seinen Geist zu einer stahlharten Logik ohne Rücksicht auf irgendwelche Gefühle zwingt und es erfordert auch kriminalistisches Vorgehen.

Und da muß folgendes heraus kommen: *Wenn die Wurfparabel eine kürzest mögliche Verbindung zweier Punkt sein soll, dann muß diese krumme Linie in*

Wirklichkeit eine Gerade sein! Die Frage ist nur, gegenüber *wem oder was* ist sie gerade? Da wir auf der sich auch noch drehenden Erdoberfläche schlechte Karten haben, etwas richtig zu sehen, lassen wir diese Sicht gleich weg. Außerdem erzeugt sie ja gerade das Problem, denn nur da ist die Newton'sche Bewegungsgerade krumm. Und vom Sternenhimmel? Von da aus gesehen ist es diesmal aber auch so, damit also ein schier unlösbares Rätsel.

Wenn es ein Problem gibt, wie etwas Gesehenes zu deuten ist, dann ist der Königsweg einzuschlagen, die Sicht vom Äther aus. Er ist die Basis für alles, was in der Natur geschieht. Er ist der absolute Bezugspunkt für die Newton'schen Bewegungen, und um die geht es, denn die sind es, die in der Natur das Funktionelle bewirken.

Stellen wir uns den Äther als Wasser vor. Damit dieses genau so wie der Äther sich beschleunigend vertikal zur Erdoberfläche fließt, als dicken Vorhang eines Wasserfalls. Ein Harpunenpfeil bewegt sich im Wasser geradeaus. Wird ein solcher Pfeil aber z. B. von der Seite nach schräg oben in die fallende Wasserwand des Wasserfalls hinein geschossen, so sehen wir ihn sich wie ein geworfener Stein auf der bekannten krummen Wurfbahn bewegen.
Obwohl sich der Pfeil also im fallenden Wasser geradeaus bewegt, beschreibt er, *von der Erdoberfläche aus gesehen*, eine Wurfparabel.

Wird nun das fallende Wasser durch den fallenden Äther ersetzt und ein Stein schräg nach oben geworfen, so geschieht Gleiches: Der Stein bewegt sich *im Äther* geradeaus, nimmt aber, von der Erdoberfläche aus gesehen, eine Wurfparabelbahn ein.
Es addieren sich dabei aus ***unserer Sicht*** zwei Bewegungen: Die Gerade des Steines gegenüber dem Äther und die des Äthers, sich nach unten beschleunigend. Die Summe ist die Wurfparabel.

Diese Summenbewegung aus der Geradeausbewegung des kräftefreien Körpers im Äther mit der gleichzeitigen Bewegung des Äthers war das Problem, das Einstein lösen wollte. Er tat es mit der geistigen Vorstellung, daß es eine nur einzige Bewegung sei, nämlich die der Wurfparabel. Warum? Weil die sich in nur einer Gleichung ausdrücken läßt. Damit beinhält sie aber nicht mehr die Wirklichkeit, daß es sich nämlich um zweierlei Abläufe handelt. Die Natur über eine mathematische Gleichung verstehen zu wollen, ist sowieso ein Irrweg und gehört in den mathematischen Garten, der keine Naturerkenntnisse liefern kann. Einstein hatte mit seinem Ansatz keine Chance, die Wahrheit zu finden.

Die absolute Entfernung, die ein Stein auf seiner Wurfparabel zurücklegt, ist die Gerade, die gegenüber dem in die Erde einfallenden Äther gemessen ist. Diese Entfernung ist die gleiche, die der Harpunenpfeil gegenüber dem Wasser zurücklegt. Auch er beschreibt aber in der fallenden Wasserwand vom Boden aus gesehen die krumme Fallkurve wie der geworfene Stein.
Die Entfernungen, die Objekte *gegenüber dem Äther* zurücklegen, sind die, die Wirkungen nach Newton'scher Physik verursachen wie z. B. für die Energie als Kraft mal Weg.

Die relative Entfernung der krummen Fallkurve, die sich aus der Summe der Bewegungen von Stein *und* Äther ergibt, ist die, die der Stein gegenüber den fixen Raumkoordinaten zurücklegt. Sie hat trigonometrisch die Bedeutung, daß der Stein wieder gefunden werden kann. Also wieder einmal ist unsere Sicht von der Erdoberfläche relativ und nicht die, die die wahren Vorgänge der Natur aufzeigt.

Wie erkannt wurde, daß der wirksame Weg eines kräftefreien Körpers kürzer ist als der optische, ist dem Autor unbekannt. Mathematisch ergibt er sich nach dem hier nicht erklärbaren Hamilton'schen Prinzip, ohne, daß Mathematiker aber wissen, was in der Natur dahinter steckt. Genützt hat die Erkenntnis, daß der wirksame Weg eines Körpers kürzer als der der Geodäten, nichts.
Das Problem ist, daß die Wahrheit von Naturphänomenen zwar in allen Beobachtungen drin steckt, sogar in Sichten aus der Bewegung, also relativen Sichten. Aus deren mathematischen Beschreibungen können Wahrheiten aber nicht heraus interpretiert werden.

Wie heißt die nackte Wahrheit dafür, daß wir einen geworfenen Stein eine Fallkurve und keine Gerade beschreiben sehen?
Weil ***wir*** uns gegenüber dem in die Erde einfallenden Äther beschleunigend ***nach oben*** bewegen, obwohl diese unsere Bewegung trigonometrisch nicht einmal gegenüber dem Sternenhimmel vorliegt. Aber gegenüber dem Äther, und der ist der Boß in der Natur. Daran muß man sich gewöhnen, wenn man die Wahrheit liebt.
Damit bestätigt sich Goethes Erkenntnis:

Erst wenn man das Ganze (das Obere) kennt,
versteht man auch das Geringste (das Untere).
Das oberste Ganze ist der Äther!

Und es gibt noch etwas. Aus der allgemeinen Relativitätstheorie wurde von

Joseph Lense und Hans Thirring errechnet, daß die Erde mit ihrer Drehung, insbesondere mit den radiusäußeren Massen, den "Raum", nun also den Äther, etwas mit in Drehrichtung mitnähme.
Dazu wurde 2004 zum zweiten Male ein Satellit in eine Erdumlaufbahn geschickt, um das zu messen. Die erste Messung war mißglückt. Das Meßergebnis der zweiten Messung nach einem Jahr Meßzeit bestätigte diese Annahme bzw. Rechnung.

Was sagt die Freßtheorie der Gravitation dazu?
Sie sagt: "Logisch, darauf wäre ich in Kürze auch gekommen. Da Materie Äther frißt, damit also ansaugt, zieht sie ihn auch mit sich mit, wenn sie sich bewegt.

Daß dieses Mitdrehen des Äthers durch die Erdrotation aus der allgemeinen Relativitätstheorie gelang, ist trotzdem kein Beweis dafür, daß sie doch richtig ist, sondern nur dafür, daß sich sogar mit "wilden" Berechnungen mit Glück Dinge erkennen lassen, die man, da unsichtbar, sonst erst viel später gefunden hätte. Aber, hat man dadurch den Äther entdeckt? Oder das, was Gravitation ist? Nein. Man kann das Mitdrehen berechnen, genau so, wie man schon lange Mond- und Sonnenfinsternisse berechnen kann, ohne dadurch aber deren gemeinsamen Ursprung, dem Fluß von Äther in die Erde hinein, auch nur eine Winzigkeit näher gekommen zu sein.

Wie erkennen wir eigentlich Gravitation?
In der Schule wird gesagt, daß sie uns runter ziehe und weil sie uns dadurch unser Gewicht gibt oder anders gesagt, weil sie uns *schwer* macht.
Aus diesem Gefühl entstand der Begriff "Schwere". Schwere wird dabei nicht als eine Kraft verstanden, die kinetisch nach Newton's Gesetz aus der Trägheit der Materie entsteht, sondern als ein kraftvolles herunter "ziehen" auf die Erde.

Das führte zu einer heute noch bestehenden Frage: "Gibt es einen Unterschied zwischen *schwerer* Kraft und *träger* Kraft?"
Das wurde eingehend untersucht. Messungen brachten aber keine Unterschiede zutage. Theoretisch aber kam Einstein zum richtigen Ergebnis, daß nämlich die "Schwere" genau so aus der Trägheit der Materie entsteht wie die Newton'sche Kraft, die ja nicht gravitativ, sondern kinetisch durch Beschleunigung entsteht.
Er machte das mit einem nicht nur Gedankenexperiment deutlich: Eine Person in einer Fahrstuhlkabine, die im freien Weltraum durch einen Raketenantrieb dauernd mit einem g (Erdbeschleunigung von 9,81 m/Quadratsekunde) beschleunigt wird, fühlt sich genau so schwer, wie wenn sie hier auf dem

Das Kausalitätsprinzip ist ein Prinzip der Natur und keine menschliche Erfindung.

Erdboden stünde. Einstein sagt also, daß die Kraft, die wir als Schwere empfinden, *identisch* ist mit der, die wir in einer sich beschleunigenden Kabine fühlen. Damit ist die "Schwere" eine ganz normale Newton'sche Kraft.
Einstein's Erkenntnis deckt sich damit mit dem, was wir hier erarbeitet haben, nämlich, daß unser Gewicht aus einer Beschleunigung *nach oben* entsteht, streng nach Newton's Kraftgesetz.
Damit wird nun auch für Kraft die Allgemeingültigkeit hergestellt, so daß es andersartige Kräfte nicht geben kann. Daß auch Kräfte wie zuvor Zeitdilatation, nur aus einer einzigen Ursache entstehen, fordert: "Schwere" ist ein auszumerzendes Wort. Auch oder besonders deshalb, weil es sogar in der Fachliteratur immer wieder herumgeistert. Besonders im Hauptproblem der heutigen Physik, der Widerspenstigkeit von Galaxien, sich nicht so zu verhalten wie Planetensysteme.

Wie geht es mit der Gravitation eigentlich unterirdisch weiter?

Auch in tiefsten Bergwerken ist die Gravitationswirkung nach unten immer noch vorhanden. Im Erdmittelpunkt bzw. besser im Erdschwerpunkt ist sie dann aber null. Dazwischen? Fragezeichen.

Spielen wir mal gedanklich mit einem Stein, den wir in ein durch die Mitte der Erde hindurch gehendes Loch fallen lassen. Das Loch denken wir uns von einem Pol zum anderen, also z. B. vom Nord- zum Südpol. Warum von Pol zu Pol?
Ließen wir einen Stein von einem hohen Turm auf den Boden fallen, so würde er nicht auf dem Punkt auf dem Boden auftreffen, der genau senkrecht unter ihm liegt. Der Stein hat auf der Turmhöhe eine höhere Umfangsgeschwindigkeit um die Erdachse als der Auftreffpunkt am Boden senkrecht unter ihm. Dadurch trifft der Stein etwas weiter nach Osten neben dem erwarteten Auftreffpunkt auf.
Soll der Stein trotzdem auf den erwarteten Auftreffpunkt auftreffen, der bei unserem Gedankenspiel ja der Erdmittelpunkt wäre, so müßte der Stein während des Fallens ständig mit einer kleinen Kraft nach Westen abgelenkt werden. Das könnte beim Fall vom Turm durch einen entsprechenden Seitenwind erreicht werden. Beim Fall im Loch in die Erde hinein würde diese erforderliche Seitenkraft von der Lochwandung aufgebracht. Diese Seitenkraft würde den Stein aber am freien Fallen hindern oder der Stein müßte eine Kugel sein,

die an der sehr glatten Lochwandung reibungsfrei rollen könnte Um diesen Einwand nicht aufkommen zu lassen also gedanklich ein Loch von Pol zu Pol. (Die seitlich notwendige kleine Kraft heißt Corioliskraft. Lehrmäßig wird sie als die bezeichnet, mit der die Kugel gegen die Seitenwand des Loches drückt. Danach wäre die Kraft, mit der die Seitenwand auf die Kugel zurück drückt, die Reaktionskraft. Welche Kraft, die Aktions- oder die Reaktionskraft, richtigerweise als Corioliskraft zu bezeichnen ist, sollte noch erkundet werden. Dabei ist zu beachten: Eine äußere Kraft, die auf einen kräftefrei fallenden Körper einwirkt, ist funktionell eine Ursache, also eine *Aktion*skraft. Mehr über Kräfte im Kapitel "Das unbekannte Wesen Kraft".)

Was macht nun der Stein, der in das Loch von Pol zu Pol fällt? Die Allgemeinheit wie die Wissenschaft erwarten, daß der Stein (den Luftwiderstand mal weggelassen) bis zum Mittelpunkt der Erde immer schneller wird und sich auf der Gegenseite bis zur Erdoberfläche wieder hoch schwingt Dann würde er wieder zurückfallen bis zur Ausgangsstelle, also wie ein Pendel immer hin und her fallen.
Das würde so aber nicht eintreten.
Warum?

Ein Körper behält seine Bewegung gegenüber dem Äther bei.

Das heißt also zum wiederholten Male: Weder gegenüber uns noch gegenüber der Erdoberfläche noch gegenüber der ganzen Erde!

Der fallende Stein geht nur mit dem Äther mit, ansonsten würde er gar nicht in das Loch hinein fallen. Bleibt der Äther stehen, so bleibt auch der Stein stehen. Ein Stein aus dem Unendlichen ohne Bewegung gegenüber dem Äther fällt mit dem Äther mit Fluchtgeschwindigkeit auf die Erdoberfläche. Würde er genau in das zuvor gedachte Loch fallen, so würde er exakt am Erdmittelpunkt ***mit dem Äther stehen bleiben***.

Aber, ein Stein, den wir vom Rand des Loches in dieses hinein fallen lassen, geht ab da nur noch mit den *Änderungen* der Geschwindigkeit des Äthers mit. Die ***Änderung*** der Geschwindigkeit des Äthers an der Erdoberfläche ist die "Erdbeschleunigung" in Höhe von ein g, also in jeder Sekunde wird der Stein knapp 10 m/s schneller. Das ist die Äther-Beschleunigung, die uns fallen läßt. Diese "Erd"-beschleunigung behielte nach heutigen Berechnungen bis etwa halben Erdradius etwa den Wert von einem g bei. Dann sinke sie in etwa gleichmäßig bis zum Erdmittelpunkt auf null. Das ist aber ***rein theoretisch*** nach der heutigen Anziehungskraft- bzw. Feldtheorie und gewissen Annahmen für die Dichte der Erdschichten errechnet und somit nur spekulativ. Gemessen werden kann das natürlich nicht, denn das tiefste bisher gebohrte Loch ist nur ein bißchen über zwölf Kilometer tief bei einem Erdradius von mehr als sechseinhalbtausend. Es befindet sich auf der Halbinsel Kola in Rußland. Ob also dieser errechnete Erdbeschleunigungsverlauf im Inneren der Erde wirklich so verläuft wie berechnet, weiß absolut niemand.

Die physikalische Blüte, daß Gravitation Fluß von Äther in die Erde hinein ist, sagt grundsätzlich folgendes: Der Stein wird mit der Geschwindigkeit, mit der der Äther schneller wird, von diesem mit nach unten mitgenommen. Da der Äther zum Erdmittelpunkt wieder langsamer wird, wird der Stein dann ebenfalls auch wieder langsamer.
Der Stein behält aber, auch während des Fallens, gegenüber dem Äther seine Geschwindigkeit ***nach oben*** bei, die er an der Erdoberfläche hatte. Diese Geschwindigkeit ist die, die er gegenüber dem Äther hat, also die, mit der der Äther in die Erde einfließt, die Fluchtgeschwindigkeit. Das bedeutet, wenn sich die Fallgeschwindigkeit des Äthers beim weiteren Fließen zum Erdmittelpunkt hin wieder auf die Fluchtgeschwindigkeit verringert hat, ist der Stein ***gegenüber der Erde*** wieder in gleicher Ruhe wie zuvor neben dem Loch vor dem Hineinfallen. An dieser Stelle bleibt der Stein ortsfest "schweben", für immer und ewig! Und dieser neue Ruhepunkt liegt vor dem Erreichen des Erdmittelpunktes.

Fazit auch für die Gravitation:

***Ohne den Äther läßt sich nichts in der Natur richtig erklären,
denn ohne Bewegungen gegenüber ihm
wäre gar nichts da zum Erklären.***

Zum Abschluß noch zwei Probleme, die sich durch die technische Entwicklung genau gehender Uhren neu aufgetan haben und mittelbar auch mit Gravitation zu tun haben.

Das erste ist, daß Uhren neben rotierenden Massen anders gehen. Gemeint ist damit, daß sie vor- bzw. nachgehen wie die in den Flugzeugen beim Hafele-Kaeting-Experiment.

Das zweite ist, daß sich in Abhängigkeit von der Höhe die Wellenlänge des Lichts ändert.

Was ist bei beiden das Problem?
Es besteht ein generelles Unverständnis als Folge fehlenden *Grund*wissens, das zwangsläufig zu einer Vermehrung von unerklärlichen Experimentergebnissen führt.

Alle Naturerscheinungen entstehen aus Vorgängen, deren sie entstehen lassenden Dinge alle am Geschehensort zugegen sind. Wechselwirkungen mit Nichtdinglichem wie etwa einer "Raumzeit" oder ähnlichen phantasievollen Interpretationen aus den Relativitätstheorien gibt es nicht. Suchen wir die Lösungen auch hier mit der Ursuppe, aus der diese Welt besteht, mit dem Äther. Egal, wie ein Problem lautet, mit dem Äther ist ***alles*** zu erklären.

Zu den Uhren neben rotierenden Massen.
Wenn Uhren ihren Lauf ändern, gibt es nur eine Ursache, die Zeitdilatation. Und diese entsteht mechanisch örtlich *in* den Uhren bei deren Bewegungen im dinglichen Äther und nicht etwa, wie in der Lehre vermittelt, durch bestimmte Ansichten eines Beobachters. Daß der Äther durch die Drehung der Erde etwas mit rotiert (Lense-Thirring-Effekt), wurde schon gesagt. Ursache dafür ist, daß das Einfließen von Äther in Materie dazu führt, daß, wenn sich die Materie bewegt, Äther auch nachgezogen wird.
Das Mitrotieren von Äther findet natürlich auch in kleinem Maßstab statt. Auch rotierende Massen ziehen den Äther etwas mit sich herum. Das bedeutet, daß an der aufwärts gehenden Seite eines Schwungrades der Äther etwas mit hoch genommen wird und an der Gegenseite runter. Das ergibt in Summe an der hoch gehenden Seite des Schwungrades eine Verlangsamung des gravitativen Ätherflusses in die Erde hinein und an der anderen Seite eine Erhöhung. Eine Uhr nahe dieser rotierenden Masse wird durch die Zeitdilatation an der hoch gehenden Seite der Masse aus der dadurch geringeren vertikalen Äthergeschwindigkeit etwas schneller gehen und an der anderen Seite langsamer.
Aber auch unter und über dem Schwungrad wird der Uhrenlauf beeinflußt. Dabei bleibt die vertikale Ätherströmung zwar unbeeinflußt, es kommt aber, wie in den Flugzeugen beim Hafele-Kaeting-Experiment, eine horizontale Änderung der Ätherwindes hinzu. Dabei kommt es aber auch darauf an, in welcher Himmelsrichtung die Masse rotiert.

***Das anders Gehen der Uhren neben rotierenden Massen ist ein weiterer eindeutiger Beweis für die Existenz des Äthers*!**

Zu den Änderungen der Wellenlänge des Lichts in Abhängigkeit von der Höhe.
Man stelle sich vor, die Erde sei porös und Luft flöße in sie hinein. Wobei ja

auf Grund der Kugelform der Erde die vertikale Luftströmung nach unten mit zunehmender Höhe immer langsamer wird.
Senden wir mit einem Lautsprecher von einem Berg einen Ton nach unten, so fließt dessen Schall mit der nach unten immer schneller werdenden Luft auch immer schneller. Ein Empfänger am Boden wird also einen höheren Ton hören. Umgekehrt wird ein Ton von unten nach oben immer tiefer, seine Wellenlänge wird größer.

Das ist der "normale" Dopplereffekt mit einer nur nie dargestellten Entstehungsgeschichte. Wind bzw. wie hier sogar Windänderungen werden beim Dopplereffekt in der Schule nicht behandelt.
Anstelle der Luft ist bei Licht der Äther das Schwingungsmedium, das in den Boden einfließt. Also werden auch bei Licht die Wellenlängen eines Lichtstrahles von unten nach oben länger, nach genau dem gleichen Prinzip des Dopplereffektes. Und auch das beweist den Äther.

Licht, das von der Oberfläche eines Himmelskörpers aufsteigt, startet gegenüber dem Himmelskörper mit seiner Geschwindigkeit gegenüber dem Äther abzüglich der Geschwindigkeit, mit der der Äther in den Himmelskörper einfließt. An der Oberfläche eines schwarzen Loches startet Licht also gar nicht mehr nach oben, da der Äther schneller in die Oberfläche einfließt als es sich gegenüber ihm nach oben bewegt.

Was sehen wir falsch?

Die allgemeine Relativitätstheorie unterstellt, daß das, das wir am Himmel sehen, gar nicht so wäre. Gravitation krümme den Raum, so daß sich kräftefreie Körper, das sind alle Himmelskörper wie Sonnen und Planeten und jeder kleinste Meteorit und sogar ein geworfener Stein, *geradeaus und geschwindigkeitskonstant* bewegen.

Warum sieht das dann nicht auch so aus? Darauf hat dann kein Physiker eine verständliche Antwort, das sei nur mathematisch zu verstehen. Aber:
Daß dieses angeblich nur mathematisch zu Verstehende auch noch in verschiedenen mathematischen Weisen funktioniert, machte schon Richard Feynman

Sorgen, weshalb er es im Zusammenhang mit den Gravitationsmathematiken so beschrieb: "*Warum sich korrekte physikalische Gesetze auf so vielfältige und unterschiedliche Weise ausdrücken lassen, ist mir bis heute ein Geheimnis geblieben. Ich bin immer noch nicht dahinter gekommen, wie sie es schaffen, verschiedene Tore anscheinend gleichzeitig zu passieren.*"

Das kann durchaus als Hilferuf gewertet werden. Feynman bezog sich dabei auf die drei etabliertesten konventionellen Gravitationstheorien, die er fälschlicherweise als *physikalische Gesetze* bezeichnet, die Anziehungskrafttheorie, die Feldtheorie und die Minimalwegtheorie, also noch nicht einmal auf die viel undurchschaubarere allgemeine Relativitätstheorie. Die mathematisch verursachte Betriebsblindheit für Physikalisches verhinderte, daß er das gemeinsame Tor fand, obwohl es ganz einfach ist: es ist einzig nur die quadratische Abhängigkeit der Gravitationswirkung. ***Alle*** mathematischen Algorithmen (Formelideen), die quadratische Abhängigkeiten beinhalten, sind zur Berechnung gravitativer Vorgänge geeignet. Der Schluß daraus:

***Mathematik hat von der Natur grundsätzlich keine Ahnung*!**

Eine Ahnung von der Welt ***muß*** dazu führen, daß eine Gravitationstheorie als erstes sagen kann, *daß und wieso* sich die Gravitationswirkung quadratisch zum Abstand verhält. Erst danach erhält die Mathematik überhaupt die Berechtigung, sich mit ihren Formulierungen *auf das Erkannte* zu legen, um den Anspruch erfüllen zu können, *Wahrheiten* der Natur abstrakt darzustellen. Von Wahrheiten ist die heutige theoretische Physik Lichtjahre entfernt und sie entfernt sich immer weiter von ihnen..
Z. B. gibt es für die ballistische Wurfbahn eine nur einzige Formel, die die Parabel als Grundlage enthält. Die ballistische Wurfbahn entsteht aber aus zwei voneinander gänzlich unabhängigen Vorgängen der Natur, einer Newton'schen und einer gravitativen Bewegung. Wie könnte man das jemals aus dieser einzigen Formel heraus interpretieren? Was nützt es also, Naturphänomene in Formeln zu kleiden, wenn man die Funktionismen der Natur sucht? Nichts.

Mit der allgemeinen Relativitätstheorie werden Sichten auf die Welt beschrieben, die relativ sind. Relativ dreht sich der Kosmos um uns genau so wie ein Festplatz, wenn wir dort auf einem Karussellsitz sitzen. Relativ verbiegt sich der Raum, wenn man auf Münchhausens Kanonenkugel sitzt. Alles, was man da so sieht ist real und berechenbar. "Die Rechnungen stimmen!", so der Schlachtruf der "Relativisten".

Aber, die Rechnungen sind nicht die Wahrheit! Diese zeigt sich nur in einer einzigen Sicht: In der vom absoluten Nullpunkt. Da der sich jedoch örtlich als Ätherfluß in Himmelskörper hinein bewegt, ist in diesen Bereichen die Sicht auf den Kosmos auch nicht korrekt. Aus ruhendem Absolutpunkt, also weit genug von Himmelskörpern entfernt, gilt aber:

***Die Natur ist genau so, wie sie auch aussieht*!**

Die Sicht auf den Kosmos ist aber sogar von der Erdoberfläche richtig! Und die besitzt eine Bewegung gegenüber dem Fixpunkt der Welt, der ja sogar auch durch uns hindurch in den Boden fließt.
Warum?
Weil unser Standort, abgesehen von der Drehung der Erdoberfläche und der Umkreisung um die Sonne, ein Ort ist, der zum wahren sich in Ruhe befindlichen Fixpunkt fern aller Massen *trigonometrisch ebenfalls in Ruhe* ist, so, wie der Fixpunkt fern aller Massen auch.
Glück gehabt! Ansonsten sähen wir wohl einen Eiertanz der Welt um uns herum und würden es nie schaffen, einen Durchblick zu gewinnen.

Allerdings, kleinere Abweichungen gibt es beim Blick auf die Welt schon. Sehen wir auf den Grund eines Gewässers, so ist das Gesehene auch nicht so, wie es aussieht. Die Lichtbrechung an der Wasseroberfläche schiebt das Bild des Grundes zu uns hin. Sind noch Wellen auf der Oberfläche des Wassers, wackelt das Bild vom Grund auch noch.
Sehen wir durch die Luft, scheint alles Gesehene wirklich so zu sein, wie es aussieht. Aber, laufen die Lichtstrahlen, die von den betrachteten Objekten in unser Auge kommen, schräg durch Luftschichten unterschiedlicher Temperatur, entsteht auch dabei eine Lichtbrechung, die das Gesehene an einen anderen Ort verschiebt. In der Wüste entsteht dadurch die Fata Morgana, man sieht das Blau des Himmels als Wasserflächen auf der Erde.
Im Weltraum gibt es aber keine Luft, so daß da wirklich alles so sein müßte, wie man es sieht. Das ist es auch, aber nicht in allen Details, denn auch hier gibt es Lichtablenkungen.

Einstein wurde quasi "heilig" gesprochen, als er eine Lichtstrahlablenkung voraus sagte, die dann auch in der Natur gemessen wurde. Was ist das für eine Ablenkung, die Lichtstrahlen zu Kurven verbiegt?
Es ist eine gravitativ verursachte Abweichung. Für die Einstein'sche Voraussage wurde ein Stern beobachtet, dicht an dem die Sonne während einer Tage knapp neben der verdunkelten Sonne zu sehen war. Das Teleskop wurde

Sonnenfinsternis vorbei zog, so daß dieser Stern in einem Teleskop auch am zuvor auf diesen Stern ausgerichtet und dann beobachtet, ob der sich, als die Sonne an ihm vorbei zog, von der Stelle scheinbar weg bewegt. Er tat es, man sah ihn ein Stückchen zur Sonne hin verschoben. Sein Licht wurde also von der Sonne ein bißchen abgelenkt, zu ihr hin.

Wie kommt das? Die Raumkrümmung, die es nach der allgemeinen Relativitätstheorie verursachen würde, ist Unfug, obwohl sie es mathematisch richtig rechnet. Wir wollen es aber nicht nachrechen, sondern *verstehen*, und da nützen bloße Berechnungsmöglichkeiten überhaupt nichts.

Feynman sagte zur Lichtablenkung: "Licht fällt". Gut, das vermittelt einen ersten verstehbaren Eindruck. Aber es ist nur ein Eindruck und keine verinnerlichbare Erklärung.
Wäre ein Licht-Photon des vorgenannten Sterns, das nahe der Sonne vorbeiläuft und dann in das Teleskop fällt, ein Stein, so würden wir verstehen, daß der eine Kurve zur Sonne hin macht, da deren Gravitation ihn ja zu sich hinlenkt. Also müßte die Sonne das Licht genau so umlenken wie einen Stein?
Ja, das tut sie.
Natürlich müßte der Stein im Vergleich mit der Ablenkung des Lichts auch Lichtgeschwindigkeit haben, sonst wäre seine Ablenkung ja viel größer und er würde beim dicht vorbei Fliegen an der Sonne vielleicht sogar in diese hinein fallen.

Damit ist nun auch hier die Freß-Theorie für die Gravitation gefordert, eine einleuchtende, versteh- und verinnerlichbare Erklärung zu liefern. Und auch das kann sie.

Gravitation ist Fluß von Äther in Himmelskörper hinein, hier also in die Sonne. Licht als Schwingung des Äthers bewegt sich gegenüber dem Äther. Bewegt sich nun der Äther zur Sonne hin, so nimmt er den Lichtstrahl des Sterns bei dessen Durchgang nahe der Sonne ein bißchen in diese Richtung mit. Der Lichtstrahl wird also von seiner Ursprungsrichtung weg ein bißchen zur Sonne hin "gebogen". Das tut er genau so wird ein Paddelboot, das nahe eines Wasserstrudels vorbeifährt. Es fährt zwar geradeaus, wird vom seitlich in den Strudel fließenden Wasser aber etwas dahin mitgenommen, trotz gerade gehaltenem Steuerruder.

Nun gibt es ein tolles Modell als Verständnishilfe für die Gravitation. Es soll sogar auch noch die angeblich unsichtbare Raumkrümmung aus der allgemei-

nen Relativitätstheorie verdeutlichen.
Dieses Modell besteht aus einer Gummimembrane, die wie ein Trampolin rundherum nach außen gespannt ist. Wird in die Mitte eine schwere Kugel gelegt, die einen Himmelskörper simulieren soll, so bildet sich eine Delle in dieser Gummimembrane aus.
Wird dann eine gegenüber der großen Kugel sehr kleine Kugel mit Schwung peripher in den entstandenen Trichter geworfen, so rotiert die kleine Kugel an den schrägen Wänden des Trichters um die große, den Trichter erzeugende, herum.
Dieses Modell soll "erfindungsgemäß" *bei Sicht von oben, damit die Tiefe der Delle unsichtbar bleibt*, zeigen, daß ein Satellit einen großen Körper umkreisen kann, *ohne* daß dabei eine Kraft wirkt! Die allgemeine Relativitätstheorie kennt nämlich keine Kraft, die Körper in eine Umlaufbahn um größere zwingt. Die Delle durch den großen Körper soll also die *unsichtbare Krümmung* des Raumes "verständlich" machen.
Daß Einstein trotzdem ohne eine Gravitations-Kraft in seinem Weltbild nicht auskam, zeigt, daß mit seiner Theorie etwas nicht stimmt. Wie aber schon gesagt, ist sie sowieso falsch, so daß es einer Aufklärung dieses Problems nicht mehr bedarf.

Dieses Gummi-Modell stützt aber nicht nur die allgemeine Relativitätstheorie, sondern *alle* Theorien für die Gravitation!
Für die Anziehungskrafttheorie bedeutet die zunehmende Schräge der Delle zum großen Körper hin die ansteigende Gravitationskraft.
Für die Feldtheorie bedeutet die zunehmende Schräge die entsprechende Intensitätserhöhung der Feldes.
Und auch für die Ätherflußtheorie paßt die Gummimembrane, der Schräge der Dellenwand entspricht die Ätherflußgeschwindigkeit.

Das Modell ist also ein gelungenes, was seine Aussagekraft für die Wirkung der Gravitation an sich aufzeigt. Es kann aber keine Aussagen treffen, die eine spezielle Theorie bestätigt oder verwirft, also bringt es physikalisch nichts und gehört in den Mülleimer.

Nachdem dieses Modell in der Welt war, wurde es aber auch ausgeschlachtet. Und zwar so, wie es immer gemacht wird, nämlich, als ob dieses Modell die Wirklichkeit ist. Ein Modell ist aber immer nur so etwas wie ein Vergleich und von diesen weiß man, alle hinken. Deswegen ist alles Unsinn, was man aus dem Verhalten von Modellen entnimmt wie z. B. im Grenzfall, daß beim

Abreißen der Membrane bei zu schwerem Körper ein schwarzes Loch als neuer Kosmos entstünde! So ein Unsinn wird sogar von seriös erscheinenden Physikern verbreitet, aber natürlich nur von Theoretische-Physik-Physikern, also Mathematikern.

Ein Modell zur Erklärung der Natur ist sachlich aber überhaupt erst dann vonnöten, wenn das Original, also das Wahre, nicht oder nur sehr schlecht verstehbar ist, weil zu kompliziert oder unsichtbar. Die Freßtheorie, also das Einströmen von Äther, der alles in sich mitnimmt, enthält zwar auch Unsicht-, aber leicht Vorstellbares, so daß sie eines Modelles gar nicht mehr bedarf.

Theorien können erst dann richtig sein,
wenn sie kurz und auch für "Normalbürger" verständlich sind
und keine Zusatzerklärungen brauchen.

Fazit: Wenn die Welt mit Modellen gesehen wird, entsteht auch *Modell*-Physik, also Pseudophysik. Die Natur ist im Original zu erklären und nicht ihre Kopie in Modellen. Wenn die Wissenschaft die angebliche Raumkrümmung beim Parabelflug der Kinder im Schwimmbad auf dem Coverbild nicht verständlich und einsichtig aufzeigen kann, hat sie keine Ahnung davon, was Gravitation ist. Die theoretische Physik hat schon lange den Kontakt zur Wirklichkeit verloren, und keiner merkt es, insbesondere nicht die Insider. Diese sehen nur noch durch die mathematische Brille. Lisa Randell, eine Koryphäe der theore-tischen Physik, muß wohl mal gesagt haben, daß die theoretische Physik durch die Wirklichkeit nur gehemmt wird und es besser ist, sich ganz von dieser zu lösen! Da wir aber eh bald nur noch digitale Scheinwelten wahrnehmen, paßt das ja wunderbar hinzu.

Die Sturheit der Materie

Bisher hingen die Themen Lichtgeschwindigkeit und Newton'sche Geschwindigkeiten, Zeitdilatation und Gravitation zusammen. Nun beginnt ein neues Thema. Das heißt aber nicht, daß endlich einmal der Äther nicht gebraucht würde. Ohne ihn geht in der Natur gar nichts.

Die aktuell letzte Entdeckung eines neuen Dinges der Natur ist ein für eine

bestimmte Theorie letztes kleinstes Teilchen der Natur, das sogenannte Higgs- oder gar "Gottes"teilchen. Es befindet sich aber in einem Heer von so vielen Teilchen, daß ein Forscher auf die Nachfrage eines Studenten nach einem bestimmten Teilchen so antwortete: "Junger Mann, wenn ich mir die Namen aller Teilchen der Natur merken könnte, wäre ich Botaniker geworden."
Das Higgs-Teilchen dagegen war 2014 bei seiner Entdeckung im CERN in aller Munde. Seine Existenz ist von Peter Higgs theoretisch voraus berechnet worden. wobei aber unklar ist, wofür es in der Natur dient.
Die "Art" des Higgs-Teilchens ist auch nicht so eindeutig, wie es dargestellt wird. Sie ist wie bei manch anderen auch ein Zwitter zwischen real und imaginär, wie es z. B. auch die Up- und Down-Quarks sind, von denen jeweils zwei der einen und eins der anderen Sorte die Neutronen und Protonen bilden. Auch diese Zwitterteilchen sind für sich allein auf keine Waage zu legen, da sie eher theoretisch benötigt werden, um "in einem bestimmten Mathematik-rahmen" zu bleiben. Das Higgs-Teilchen ist ja nicht real im CERN gefunden worden, sondern nur durch ihm zu geschriebene Auswirkungen.
Man kann also mit diesem Teilchen rechnen, aber: Was es ist, wenn es überhaupt etwas Konkretes ist und nicht ein nur virtueller mathematischer Rechen"eckpunkt", weiß noch niemand. Das Problem der heutigen Physik ist nämlich, daß sie nur eine mathematische "Decke" darstellt, die nicht die wirkliche Natur ist, sondern nur ein Hüllbild von ihr.

Der Öffentlichkeit sagt man, daß das Higgs-Teilchen die *Masse* in die Welt bränge. Damit befinden wir uns aber nun wieder einmal an einer Stelle, wo es "schwammig" wird.
Was ist Masse?
Ohne eine glasklare Definition für Masse kann es nicht nur hier nicht weiter gehen. Denn, die Natur besteht nicht aus Masse, sondern aus Materie. Der Umgang mit diesen beiden Begriffen ist in der heutigen Physik ein Vorbild von Schlampigkeit. Er dokumentiert nämlich, daß man nicht richtig unterscheidet zwischen einer Menge und einem Objekt.
Das Objekt ist die Materie als ein Bestandteil der Natur. Masse dagegen ist eine Menge dieser Materie. Aber, man hält sich nicht daran, sondern benutzt auch Masse, wenn Materie gemeint ist und sogar noch mehr: Mit der Postulation, daß das Higgs-Teilchen die Masse in die Welt bringt, meint man eigentlich die Trägheit der Materie, nämlich, daß sich diese z. B. als Bowlingkugel nicht einfach mit dem Finger weg schnipsen läßt, sondern einen Widerstand dagegen aufbaut. Das Ergebnis:

Falsche Sprache, falsche Physik.

Worte sind in der Physik wie Zahlen in der Mathematik. Wird das nicht eingehalten, entsteht Pseudophysik, von der einiges in der heutigen Lehre enthalten ist. Folgend wird penibel unterschieden, wo es um Masse, Materie und Trägheit geht.

Masse ist die Menge eines Stoffes,
dieser Stoff ist Materie,
und Trägheit ist eine Eigenschaft der Materie.

Unter Trägheit ist zu verstehen, daß sich ein Körper, also Materie, dagegen wehrt, seine Bewegung zu *verändern.* Stößt man einen Stein mit einem Fußtritt, so ist sein "Wehren" gegen die ihm mit dem Stoß gegebene Veränderung seines Bewegungszustandes als eine Kraft zu spüren, mit der er auf den Fuß zurück "stößt", was einen blauen Zeh zu Folge haben kann. Die Kraft des zurück Stoßens wird deshalb mit *Rückstoßkraft* bezeichnet. Trägheit ist damit, wie sich aus diesem Zusammenhang ergibt, der wahre Verursacher von Kräften. Aus diesem Zusammenhang zwischen Materie und seiner trägheitsbedingten Kaftentfaltung entstanden Newton's drei Basisgesetze für die Mechanik, wobei aber auch er anstelle der Trägheit der Materie den Begriff Masse verwendete.

Das Higgs-Teilchen soll nun also bewirken, daß sich Materie träge gegenüber Bewegungsänderungen verhält. Dafür wurde auch eine Erklärung gebastelt, die Nichtfachleuten wie auch Politikern, die das Geld für Forschungen verteilen, ein Verständnis vermitteln soll. Die gefundene "Erklärung" setzt dem schlampigen Umgang mit Begriffsdefinitionen dann aber die Krone auf.

Diese sogenannte "Londoner Erklärung" lautet: Die Higgs-Teilchen würden sich so verhalten wie gleichmäßig verteilte Personen, die einer berühmten Person während ihres Durchschreitens von allen Seiten "auf die Pelle" rücken und so deren Gang verlangsame. Diese Person stelle ein *normales* Teilchen dar, das vom Publikum als Higgs-Teilchen in seiner Bewegung gehindert wird. Was erklärt diese "Erklärung" wirklich?

Die "Londoner Erklärung" ist eine Erklärung für Reibung,
aber nicht für Trägheit!

Trägheit bedeutet genau das Gegenteil von Reibung, daß nämlich die berühmte Person im Beispiel ohne Behinderung durch das Publikum schreitet und nur dann, wenn sie ihren Gang beschleunigen oder verlangsamen, also ändern wollte, von diesem bedrängt werden müßte.

Das Problem Trägheit liegt darin, daß Hemmungen für Bewegungs"*änderungen*" zu erklären sind und nicht Hemmungen für Bewegungen. Das, was die Erfinder der Londoner Erklärung im Kopf hatten, ist ein krasses Fehlverständnis über das, was "Masse in die Welt bringen" wirklich bedeutet, nämlich die Trägheit der Materie.

Die Folge, man hat mit dem Higgs-Teilchen wieder einmal keine Ahnung von etwas, das man gefunden hat, obwohl man in bewährter Manier auch hier schon wieder damit herum rechnet. Für die Technik ist das sinnvoll und auch erfolgreich, für die Physik aber vernichtend.

Leider kann die richtige Erklärung für das, was Trägheit ist, hier auch nicht gegeben werden. Trägheit der Materie ist ein noch größeres Geheimnis der Natur als Gravitation und Zeitdilatation.

Wenn die Higgs-Teilchen aber wirklich etwas mit der Trägheit zu tun haben sollen, dann müssen sie natürlich an jedem Ort, an dem sich Materie aufhalten kann, auch *schon vorher da sein*. Das heißt aber nichts anderes, als daß sie generell überall sein müssen, also den ganzen Kosmos ausfüllen, genau so wie der Äther. Deshalb ist auch schon von einem Higgs-Feld die Rede.

Damit wird nun aber eine ganz andere Schlußfolgerung viel naheliegender: Haben die Higgs-Teilchen etwas mit dem zu tun, aus dem der Äther besteht oder sind sie gar der Äther? Allerdings muß die Substanz des Äthers materielos, und damit natürlich trägheitslos, sein, sonst würde ja Reibung auch durch Karambolagen mit den Higgs-Teilchen entstehen und die Erde wäre in den vier Milliarden Jahren ihres Bestehens längst in die Sonne gestürzt.

Daß ein Teilchen einem anderen Teilchen Trägheit verleihen sollte, ist aber grundsätzlich ein etwas absonderlicher Gedanke. Er entspringt wohl mehr der Tatsache, daß das Higgs-Teilchen als letztes des sogenannten Standard-Modells endlich auch eine Aussage darüber machen müsse, was hinter Trägheit steckt, denn aus den anderen bisher sechzehn ist darüber keine Auskunft zu erhalten.

Nun gibt es eine, der Lehre auch noch unbekannte, Beziehung der Trägheit zur Zeitdilatation. Im Kapitel "Wackelt die Zeit" ist die Ursache der Zeitdilatation dargestellt worden, die Verlangsamung der Umkreisungen der Elektronen

durch die auch für die Elektronen notwendigen *eigenständigen* Mitbewegung mit dem bewegten Atom im und gegenüber dem Äther.
Die Beziehung der Trägheit zur Zeitdilatation besteht darin, daß sich die Zeitdilatation immer dann ändert, wenn ein Körper beschleunigt wird, da er dadurch eine andere Geschwindigkeit erhält. Abbremsen ist natürlich auch eine Beschleunigung, nämlich gegen die Bewegungsrichtung. Das ändern der Zeitdilatation in Materie ist das, das uns weh tut, wenn wir versehentlich gegen einen Stein treten im Glauben, daß es ein Ball wäre.

Es ergibt sich eine interessante Schlußfolgerung:

Trägheit tritt immer nur dann auf,
wenn die Zeitdilatation eines Körpers geändert wird.

Damit muß man sich nun fragen, "Was geschieht eigentlich, wenn sich die Zeitdilatation ändert?" Da geschieht etwas, das in der Wärmelehre gut bekannt ist: Innere Bewegung verlagert sich zu äußerer und umgekehrt.

Z. B. verursacht die Verbrennung des Kraftstoff-Luft-Gemisches in einem Automotor, daß sich die Temperatur der Moleküle der Verbrennungsgase erhöht. Temperatur entspricht der Geschwindigkeit der Moleküle. Geschwindigkeiten sind andererseits aber ein Maß für die Wuchten der einzelnen Moleküle, also ihrer Impulse und damit auch noch ihrer Energieinhalte. Damit kann das Verbrennungsgas Energie an den Kolben abgeben.
Bewegt nun das Verbrennungsgas den Kolben im Motor nach unten, so prallen die Gasteilchen, die auf die Kolbenoberseite aufprallen, langsamer wieder zurück, da sich der Kolben in Aufprallrichtung ja weg bewegt. Das hat die Folge, daß die Bewegungen der Gasmoleküle langsamer werden, die Temperatur des Gases also sinkt, was auch der Fall ist.
Und nun kommt's: Dafür, daß die Gasteilchen durch das Runtergehen des Kolbens langsamer werden, wird der Kolben schneller. Es findet also ein auch so gewollter Austausch oder eine Wanderung der Geschwindigkeiten (Energie) von den Gaspartikeln zum Kolben statt. Die Kraft, mit der der Kolben nach unten gedrückt wird, ist die Summe aus allen Anprallungen der irrsinnig vielen Gasmoleküle auf seine Oberseite, also eine rein *mechanische* Angelegenheit.

Aus vielen inneren unsichtbaren Bewegungen
wird äußere sichtbare Bewegung

und umgekehrt, wie es in einem Kompressor geschieht. Das ist das Grundprinzip aller thermodynamischen (exakter thermokinetischen) Vorgänge.

In gleicher Art findet in der Bewegungsmechanik der Atome ein gleichartiger Austausch bzw. eine gleichartige Wanderung statt.
Dabei stehen die Elektronen für die Temperaturbewegungen der Gasmoleküle und die Materie des ganzen Atoms für den Kolben. Die Elektronengeschwindigkeiten sind nun die inneren Geschwindigkeiten, die sich nach außen zur Materie eines Körpers mit seinen vielen Atomen verlagern.
Die Geschwindigkeit der Elektronen ist die des Lichts, da diese als elektromagnetische Welle die Atomkerne umkreisen. Der Anteil der Elektronengeschwindigkeiten, der zur Fortbewegung des ganzen Atoms benötigt wird, fehlt dann den Umkreisungsgeschwindigkeiten der Elektronen. Ob das die Ursache für die Fortbewegung des ganzen Atoms ist oder die Wirkung aus der Fortbewegung, ist noch unklar, da der Vorgang ja auch anders herum läuft, wenn sich ein Körper verzögert.
Gleich bei beiden, Kolben und freier Körper, ist auch noch, daß eine Hilfe benötigt wird: Im Motor ist das der Druck, der die Moleküle in die Richtung zum Kolben schickt und beim freien Körper die Kraft, die die Bewegungsänderungen ermöglicht.

Trotz dieser Unklarheit ergibt sich nun aber von ganz alleine ohne großartige Forschung, warum ein Körper niemals schneller als das Licht werden kann: Ein mehr an Geschwindigkeit steckt als innere Geschwindigkeit in Materie nicht drin, die nach außen gelangen könnte. Bei thermokinetischen Prozessen ist die Ausbeute (Wirkungsgrad) aus den inneren Geschwindigkeiten begrenzt. Bei einem Automotor sind optimaler Weise kaum die Hälfte der Wärmebewegungsgeschwindigkeiten nach außen transportierbar, was einem Wirkungsgrad von ebenfalls nur der Hälfte, also fünfzig Prozent, entspricht. Bei der durch Beschleunigung gegen die Trägheit der Materie (theoretisch) erreichbaren Geschwindigkeit von Lichtgeschwindigkeit ist aber ein vollkommener Übergang der zeitbestimmenden Rotationsgeschwindigkeiten der Elektronen von innen nach außen möglich.
Ein Mehr an Denkanstößen für die Erkundung dessen, was Materie-Trägheit ist, kann nun leider nicht gegeben werden.

An dieser Stelle ist durchaus eine Betrachtung darüber sinnvoll, wie in der Physik wahr und unwahr *auch noch* erkannt werden kann.
Wenn die wichtigsten Dinge der großen Natur, der Äther, die Zeitdilatation, die Gravitation und nun auch die ersten Verständnisansätze der Trägheit von ganz

alleine und auch noch so elegant ohne irgend ein Zutun aneinander passen und nicht kunstvoll mittels für "normale" Personen (außer Mathematikern) unverstehbaren zusätzlichen sogenannten Vereinigungstheorien einander zu geführt werden können, so ist die Wahrscheinlichkeit, daß die von allein zusammenpassenden physikalisch verbalen Erklärungen von Naturerscheinungen richtig sind, schon hundert Prozent. Denn genau die Findungen dieses Zusammenpassens der Naturphänomene sind das Endziel allen Forschens.

Die bisherigen und überkomplizierten Lehrtheorien, die viele Fragen übrig lassen bzw. Fragen noch vermehren und nur mit Tricks und notfalls Gewalt und Lügen zueinander "passend" gemacht werden können, haben dagegen nur eine Wahrheitswahrscheinlichkeit von null. Komplizierte Theorien werden sich niemals restlos zueinander führen lassen, denn ihre Kompliziertheit entsteht ja dadurch, daß fehlendes Wissen in ihnen steckt. Richtige Theorien sind immer einfach, verständlich und kurz, so, wie es auch über die Physik hinaus allgemein für Wahrheiten gilt.

Das unbekannte Wesen Kraft

Ganz früher bestand die Welt aus Erde, Wasser, Luft und Feuer. Heute sind wir natürlich schlauer: Die Welt besteht aus kleinsten bis allerkleinsten Teilchen. Diese Beschreibung der Welt ist aber immer noch unvollständig. Solange nämlich, wie diese kleinen Teilchen nichts tun, passiert auch nichts. Sie "hingen" im Raum einfach nur so herum. In der Welt *funktioniert* aber etwas. Und zu diesem Funktionieren gehören im Wesentlichsten Bewegungen, Kräfte und Materie, die sich im "Bett" des Äthers befindet.

Kraft ist in der Natur etwas so Alltägliches, daß man sie gar nicht mehr wahrnimmt. Ohne sie könnte man aber keine Tasse Kaffee zum Mund führen, kein Holz spalten und kein Auto fahren.
Trotzdem ist Kraft weniger bekannt als Temperatur, auch, weil im Alltag kein Meßgerät dafür in Gebrauch ist. Ein Thermometer zu Temperaturmessungen hat praktisch ein jeder, ein Kraftmeßgerät aber niemand, außer, daß Waagen zwar Kraftmeßgeräte sind, aber nicht so heißen und auch nicht so angesehen werden.

In der Schule wird nach Newton gelehrt, daß Kraft Masse mal Beschleunigung ist. Das bezieht sich aber nur auf kinetische Kräfte und ist außerdem so abstrakt, daß es kein Normalbürger verinnerlichbar versteht. Temperatur ist erklärbar, sie entspricht den Geschwindigkeiten kleinster Teilchen wie Atomen oder Molekülen, die, wenn sie zu hoch sind, beim Aufprallen auf unsere Haut diese sogar verbrennt. Für Kraft gibt es dagegen keinerlei Beziehungen zu irgendwelchen physikalischen Grundgrößen. Kraft ist eher ein Gefühl, insbesondere wenn uns eine Kraftwirkung umhaut. Kraft ist aber auch: "Etwas umklammert uns". Diese gleiche Kraft hat aber mit Newton's kinetischer Kraftentstehung nicht das mindeste zu tun. Eine gemeinsame, also allgemeingültige, Erklärung dessen, was Kraft ist, ist noch nicht möglich.

Gehen wir deshalb mal nur pragmatisch weiter mit der Vorstellung, daß Kraft etwas ist, das Materie mechanisch zusammendrückt wie auch auseinander zieht. Newton's Kraftformel dafür ist wieder einmal eine auch nur mathematische Formel, die zwar zu quantitativen Ergebnissen führt, von dem aber, was Kraft ist oder daß es so etwas wie Kraft überhaupt gibt, nicht die blasseste Ahnung hat. Kraft ist aber ein Eckpfeiler der Physik, obwohl keine Aussage möglich ist, was das denn sein könnte. Es ist einfach nur ein Begriff, der gebraucht wird, um als Ursache für mechanische Wechselwirkungen zu dienen wie z. B. "Ein Hammer drückt einen Nagel in die Wand". Das Gefühl dafür, daß wir den Hammer "kraftvoll" schwingen und uns, wenn's schief ging, den blutenden Daumen verwickeln müssen, ist die einzige Verständnisgrundlage dafür, was Kraft ist.

Trotz dieser grundsätzlichen Unkenntnis über Kräfte läßt sich aber doch einiges sagen.
Kraft ist verwandt mit Geschwindigkeit. Wie?
Sie ist gerichtet, vornehm gesagt, sie ist, wie Geschwindigkeit, eine Vektorgröße. Eine Vektorgröße besteht immer aus einem Größenwert, also wie groß sie ist *und* einem Richtungswert, nämlich in welcher Richtung sie wirkt.
Wird z. B. jemand mit einer Kraft so geschubst, daß er umfällt, so ist die Schubs-Kraft wichtig, die Schubsrichtung aber noch viel mehr. Es ist ja ein wesentlicher Unterschied, ob z. B. ein Geschubster auf den Gehweg oder auf die Fahrbahn fällt und dadurch evtl. von einem Auto überrollt wird. Die Kraftrichtung wird trotzdem allgemein unbeachtet gelassen, "man weiß ja, was gemeint ist".
Wirklich?
Die Nichtbeachtung der Kraftrichtungen ist eine wesentliche Ursache dafür,

daß die Menschheit physikalisch "daneben liegt"!

Die alltäglichste Kraft ist ja, wie wir im Zusammenhang mit der Gravitation erkannt haben, die, die uns von unten nach oben beschleunigt. Trotzdem fühlen wir eher, daß wir auf den Boden drücken. Das führte zum Begriff Gewichts-*kraft*. Und natürlich gibt es eine solche nicht.
Die alltäglichste Kraft, die uns ab der Geburt belästigt, ist die, die von unten nach oben auf uns wirkt. Wir nehmen sie nur nicht mehr wahr, weil sie etwas Unumgängliches und Selbstverständliches ist. Vor allem aber wird uns die Richtung dieser Kraft nicht bewußt.
Dieses unser Verhalten könnte man durchaus als Ursache dafür ansehen, daß wir auch sonst kein Gefühl dafür entwickeln, daß die Richtungen von Kräften beachtenswert seien.

Nun kommt bei Kraft aber noch etwas hinzu. Sie ist nicht nur in Größe und Richtung bestimmt, sondern: Eine allein kann es gar nicht geben, es *müssen* immer zwei sein, einander entgegen gerichtet. Eine der beiden ist der Auslöser eines Kraftgeschehens, die andere reagiert nur darauf, hält ihr stand. Kräfte gibt es also nur dann, wenn zwei Objekte ***gegeneinander*** einwirken.
Newton sagte dazu: Actio ist reactio, also Kraft ist Gegenkraft.

Es gibt immer eine Aktions- und eine Reaktionskraft.
Beide können nicht ohne die andere.

Dieser Grundsatz ist durch die heutige Physik, die von der Technik dominiert wird, nicht mehr auffindbar. Warum?
Weil, da Kraft gleich groß wie Gegenkraft ist, es technisch egal ist, welche man für Kalkulationen heran zieht. In der Schule wird das bestehen müssen von Kraft und Gegenkraft nur noch alibihaft erwähnt, ohne die Konsequenzen daraus einzuhalten. Eine heute oft gehörte Aussage von auch höchsten Lehrabsolventen über den Unterschied zwischen Aktions- und Reaktionskraft ist: "Das ist doch egal!"
Warum ist das eine katastrophale Aussage?
Weil das Wissen, was Aktionskraft und was Reaktionskraft ist, aussagt, was Ursache und was Wirkung ist. Aber auch das ist der Technik egal, ihre Formeln funktionieren vor- wie rückwärts. Wir wollen hier aber Physik machen in dem Sinne, daß wir herauskriegen wollen, wie die Natur funktioniert, eben was Ursache und was Wirkung ist.

Wozu sind Kräfte eigentlich erforderlich?

Ganz einfach: um etwas zu bewegen. Wobei das Etwas natürlich Materie ist. Das heißt, daß der Materie nur mit einer Kraft eine Bewegung erteilt oder genommen werden kann. Der Vorgang, mittels einer Kraft ein Objekt in seiner Geschwindigkeit zu ändern, heißt beschleunigen.

Dadurch, daß Etwas etwas Anderes mittels Kräfte beeinflußt, geschieht überhaupt etwas im Kosmos. Um die Wirkungen aus Kraftgeschehnissen geistig zu händeln, wird der Begriff Kraft als Ursache aber nicht benutzt, sondern nur die Folgen daraus. Das Ergebnis ist, daß ein durch eine Kraft in Bewegung versetzter Körper etwas in sich trägt, wozu man "Wucht" oder vornehm "*Impuls*" sagt.

Newton benutzte den Ausdruck *Impuls* ebenfalls, um mit ihm die Herkunft einer Kraft zu beschreiben: ***Kraft ist die Änderung des Impulses.*** Nur versteht das niemand. Alle Geschehnisse der Natur müssen aber auch in Umgangssprache von Grund an ausgedrückt werden können. Das ist sogar ein Beweis dafür, ob man überhaupt verstanden hat, was da "Sache" ist.
Impulsänderungen können nicht nur Geschwindigkeitsänderungen, sondern auch Änderungen der nur Richtung der Bewegung eines Körpers sein, denn auch der Impuls ist gerichtet. Ein Körper kann also durch eine äußere Kraft nicht nur in der Richtung seiner Bewegung beschleunigt oder verzögert werden, sondern auch in seiner Bahnrichtung (Kurve). Die dazu benötigte seitlich einwirkende Kraft heißt dann Zentripetalkraft.

Techniker hantieren noch mit Kräften, Physiker aber nicht mehr, sondern nur noch mit Impulsen. Damit entfernen sie sich unbewußt von der Allgemeinsprache. Was sie dabei nicht bemerken, sie entfernen sich auch vom realen Denken, denn Impuls ist eine nur abstrakte mathematische Größe. Daß Physiker nur noch mit ihr denken, führte die Physik auch von der Natur weg in den mathematischen Garten.

Für Physiker besteht das Ding "Kraft" gar nicht mehr! Und da Impuls in der Umgangssprache nicht vorkommt, werden alle Nichtphysiker von dem ausgeschlossen, was Physiker eigentlich tun und denken. Damit sind diese aber auch von vielen nützlichen "Feedbacks" abgetrennt, was letztlich dazu führte, daß sie den Hosenboden der Wirklichkeit verloren.
Die eigentliche Ursache dafür, daß die Kraft durch den Impuls "ersetzt" wurde, ist, weil damit einfacher gerechnet werden kann. In der Physik sind aber keine einfachen Rechengänge gesucht, sondern einfache Erklärungen. Und wenn die nicht vom Grund ausgehen sondern nur Interpretationen auf Basis mathematischer Begriffe beruhen, sind die Ergebnisse auch nur mathematische Blüten

ohne Duft, also ohne physikalische Aussagepotenz.

Nun ist die Entstehung von Kraft durch Änderung des Impulses zwar richtig, aber trotzdem nicht die kausale Ursache. Die kommt von ganz wo von anders her und wie könnte es anders sein, von weiter unten, von der Basis der Natur. Eine jede Erklärung von Vorgängen in der Natur muß "vom Grund aus" erklärt werden.

Also fragen wir wieder einmal kriminalistisch: "Warum läßt sich ein Körper nicht einfach ohne Kraftaufwendung von einem Ort zu einem anderen bewegen?" Also warum bedarf das einer Kraft? Beobachten wir ein Kind, wie es eine schwere Bowlingkugel auf der Bowlingbahn von einer Stelle zu einer anderen nur rollen soll. Es muß sich anstrengen, die Kugel zum Rollen zu bringen und hat dann Schwierigkeiten, sie wieder anhalten zu können.
Warum?
Weil die Materie der Kugel träge ist. Diese *Trägheit* muß beim Anschieben und Abbremsen überwunden werden. Die Kraft, die zur Überwindung der Trägheit benötigt wird, ist die, die Newton mit "Veränderung des Impulses" zwar meint, aber nicht ausspricht.

Newton'sche Kräfte entstehen dadurch,
daß sich Materie durch ihre Trägheit dagegen wehrt,
in ihrem Bewegungszustand geändert zu werden.

Wer in der Schule oder Studium fragen würde, was Kraft *verbal* ist, würde recht unangenehm auffallen. Solche Fragen darf man nicht stellen, weil niemand auch nur die geringste Ahnung hat, was er darauf antworten soll. Man weiß es eben nicht und da es deswegen unangenehm ist, will man solche Fragen auch nicht hören und verdrängt das Problem einfach. Das erste und intensivst gelehrte in der Schule ist, daß alles nach dem Kontext des Lehrers/Dozenten zu gehen hat. Und der bestimmt, was an Fragen zulässig ist und was nicht. Wenn Kinder und später auch Studenten erst mal hörig gemacht sind, wird das heutige Wissensgestrüpp über ihnen ausgeschüttet, wenn irgend möglich mathematisch, denn da hat man stimmige Formulierungen gefunden, ohne wirklich fundierte Kenntnisse von Wahrheiten der Natur zu benötigen.

Denken ist in der Schule verboten,
Hören wird erwartet,
Glauben ist Pflicht.

Wenn das Wissen der Menschheit aber voran kommen soll, ist in der Lehre nach einem anderen Grundsatz zu verfahren: "*Man soll Denken lehren, nicht Gedachtes.*“ (Cornelius Gurlitt). Wenn, wie es gerade beim Kraftproblem geschieht, Probleme gar nicht mehr aufgezeigt werden, weil nur mit schon Gedachtem hantiert wird, bleibt jeder Wissensfortschritt null. Kraft und Trägheit sind die größten derzeit in der Mechanik noch zu lösenden Rätsel der Physik.

Klar ist bei Kraft zunächst nur, daß sie entsteht, wenn ein Körper *gegen die Trägheit seiner Materie* in seiner Bewegungsgeschwindigkeit oder -richtung ***verändert*** werden soll. So lange aber, wie man nicht weiß, was Trägheit ist, ist wohl auch das Problem Kraft noch nicht lösbar.

Das Problem Kraft erweitert sich im Vergleich zum Problem Trägheit überdies sogar noch dadurch, daß es ja auch noch "statische" Kräfte gibt. Das sind aber nicht die, wie sie Statiker verstehen, nämlich aus dem Gewicht resultierend, sondern die, die entstehen, wenn z. B. eine Schraube angezogen wird oder sich etwas in einer konischen Form einklemmt.

Damit ist die Entschlüsselung des Geheimnisses der Kraft leider ergebnislos zu Ende. Mehr läßt sich z. Zt. nicht sagen, niemand weiß was Genaues. Die Frage, *was* Kraft ist, ist dennoch genau noch so zu lösen wie zuvor die Fragen, was Zeitdilatation und Gravitation sind.

Das Ende der Erforschung der Natur ist also noch lange nicht abzusehen, nicht einmal in dem Bereich, der sich Mechanik nennt und allgemein als der einfachste Bereich in der Physik angesehen wird: "Da ist doch alles klar!" Ein gewaltiger Irrtum. Die anderen "unsichtbaren" Bereiche wie Chemie, Elektrik, Wärmephänomene, Radioaktivität sind da wesentlich exakter erforscht und abgesichert. Und das hat einen ganz einfachen Grund: Diese unsichtbaren Bereiche haben den Vorteil, daß der Mensch ihnen gegenüber in einer neutralen Position steht, also nicht involviert ist wie z. B. bei seiner Gewichtskraft. Die Befangenheit des Menschen wirkt sich deshalb hauptsächlich in der Mechanik aus, da aber massiv. Der Leuchtturm des mechanisch Falschen ist die allgemeine Relativitätstheorie, die eine Obertheorie sei, aber nicht einmal die wichtigste mechanische Größe, die Kraft, kennt. Eine Obertheorie muß aber zu *allen* physikalischen Größen führen.

Kraft ist, da nicht erklärbar, das "Ding" der Natur, das uns am meisten verwirrt. Wie mit ihr umgegangen wird und was daraus für Schlüsse gezogen werden, ist das beste Beispiel, das uns zeigt, wie uns die Natur immer wieder narrt, da wir es nicht schaffen, neutral zu bleiben und ihre Erscheinungen von außen zu betrachteten. Es geht ja schon los, wenn wir morgens aufstehen. Wir benötigen die erste Kraft aus unseren Muskeln, um in die Senkrechte zu kommen. Wir haben dabei das Gefühl, daß uns "was" runter zieht. Deswegen gefällt uns am liebsten die Erklärung der Gravitation als eine Kraft, die nach unten wirkt und werden es noch gar lange nicht aufgeben, an diese "Kraft" zu glauben.

Deshalb wollen wir doch mal auf eine Kraft-Entdeckertour gehen. Und das streng nach den Regeln der Physik.

Wie Kräfte in der Natur mitspielen bzw. nicht, ist ganz einfach zu erkunden: Man messe sie. Also bauen wir uns ein Meßgerät. Von diesem verlangen wir, daß es die Kräfte mißt, die nach Newton's Gesetz entstehen. Statische Kräfte wie z. B. die Spannkraft einer Schraubzwinge oder Schraube oder aus einer Keilwirkung entstehende lassen wir weg, sie sind noch nicht zu entschlüsseln.

Die folgende Skizze zeigt ein Beschleunigungsmeßgerät in zwei Zuständen. Auf einem Führungsstab ist eine schwere Kugel, die sich auf ihm verschieben kann. Von beiden Seiten wird die Kugel durch Federn in einer Mittelstellung gehalten. Die Federn stützen sich an den Stirnwänden eines geeigneten Gehäuses ab.

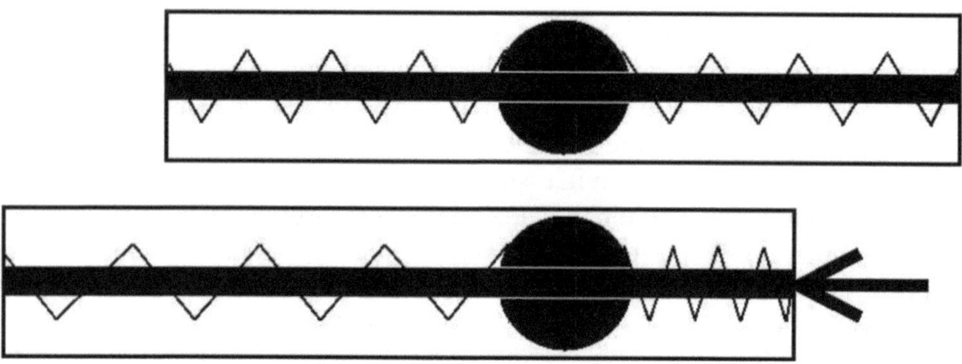

Der obere Zustand ist der Ruhezustand des Gerätes, keine Kraft wirkt auf es ein.

Der untere Zustand ist der, der sich daraus ergibt, daß eine Kraft (Pfeil) von rechts auf das Meßgerät einwirkt und es nach links beschleunigt.

Das Gehäuse hat sich schon nach links bewegt, die Meßkugel folgt ihm erst, wenn die Federkraft groß genug geworden ist, um sie auf die gleiche Beschleunigung zu bringen, die das Gehäuse durch die Kraft erfährt. Dabei dehnen bzw. stauchen sich die Federn. Aus der Verschiebung der Kugel nach rechts läßt sich die Kraft ermitteln, die in der Richtung des Führungsstabes auf das Gehäuse des Meßgerätes einwirkt. Das beschleunigen des Gerätes nach links bewirkt also einen Ausschlag der Kugel nach rechts.

Die Regel des Ablesens des Meßgerätes lautet: *Die Kugel geht in die Richtung, aus der die Kraft einwirkt.* Da die Kraft in der Skizze von rechts einwirkt, verschiebt sich die Meßkugel nach rechts. Wie weit sich die Kugel gegen die Federn verschiebt, zeigt die Beschleunigungs*stärke* an, das entspricht der Kraft. Diese braucht bei den folgenden Messungen aber nicht beachtet zu werden, wir wollen nur wissen, aus welcher Richtung eine äußere Kraft auf das Meßgerät einwirkt.

Daß die Kugel mit ihrer Ausschlagsrichtung anzeigt, *aus* welcher Richtung die einwirkende Kraft für eine Beschleunigung kommt, wird wissentlich wie unwissentlich oft unterschlagen mit dem Vorteil, daß keine unangenehmen Fragen entstehen. Dabei ist eine Kraftrichtung, wie schon gesagt, das wichtigere.

Für die Anzeigen dieses Meßgerätes, insbesondere aus welcher Richtung eine äußere Kraft einwirkt, gilt natürlich:

Die Anzeigen des Meßgerätes sind allgemeingültig!

Es ist also verboten, eine unerwartete Anzeige des Gerätes als Ausnahme anders zu interpretieren. Man sagt ja auch mit Recht, Physik sei eine exakte Wissenschaft.

Dieses Meßgerät ist unbeeinflußbar und demzufolge müssen auch die Meßergebnisse ungeschminkt akzeptiert werden.
Ein Meßgerät lügt nie!
Es weiß nämlich gar nicht, wo und in welcher Naturerscheinung es mißt.

Mit diesem Meßgerät gehen wir nun auf Entdeckertour. Zuerst im Auto. Dort wird es mit seiner Meßrichtung in Fahrtrichtung ausgerichtet. Geben wir Gas, so zeigt es durch die Verschiebung der Kugel nach hinten eine Beschleunigung nach vorn an, wozu eine Kraft gehört, die von hinten nach vorn wirkt. Die erzeugen die Antriebsräder auf der Straße. Beim Abbremsen nach der Fahrt zeigt es an, daß die Bremskraft von vorn nach hinten wirkt, da die Kugel nun nach vorn ausschlägt. Die Kraft zum negativen Beschleunigen, also zum Abbremsen, wird ebenfalls von den Rädern auf der Straße erzeugt. Die genaue Ursache der Erzeugung von Vortriebs- und Bremskraft ist die Reibung zwischen Rad und Untergrund. Ist Glatteis, so ist die Reibung fast null und es entsteht keine Kraft mehr, weder zum Beschleunigen noch zum Abbremsen.

Wir haben allerdings auch gar nichts anderes erwartet. Also: Was soll das, Eulen nach Athen tragen?

Na gut, messen wir was anderes. Dazu müssen wir nicht einmal aus dem Auto aussteigen. Wir drehen das Gerät einfach um 90 Grad und messen damit Beschleunigungen zur Seite.
Um einen Ausschlag zu produzieren, fahren wir im nächsten Kreisverkehr rund. Das Gerät schlägt tatsächlich aus. Aber wohin?
Nach außen!
Wie das? Das bedeutet ja, daß die Kraft im Kreis von *außen nach innen* zum Kreismittelpunkt wirkt!?
Das wissen wir aber besser als dieses Gerät: *Wir* fühlen im Auto ja ganz genau, wie *wir* in einer Kurve nach außen verschoben werden, weil *uns die Fliehkraft* von innen nach außen drückt. *Unsere* "Kurven-Kraft" wirkt also anders herum als es das Gerät anzeigt.

Nun ja, wenigstens werden beide, wir und die Kugel im Meßgerät, in die gleiche Richtung verschoben. Strittig ist damit nur noch, wie das zu bewerten ist.
Und wieder entsteht ein Problem daraus, daß wir selbst am Geschehen beteiligt sind. *Wir* fühlen doch...!
Immer, wenn ***wir*** dabei sind, geht es in der Naturerkundung in die Irre.

Solange, wie "wir" unser "wir" nicht aus Beobachtungen der Natur heraus halten, werden "wir" niemals schlauer.

Schauen wir also nach, wo und wie die Beschleunigungskraft zur Seite auf die Kurvenbahn überhaupt entsteht. Um die Materie des Autos von seiner Newton'schen Trägheitsgerade von der Geradeausfahrt in eine seitliche Richtung zu bringen, muß sie dahin ***gezwungen*** werden! Es muß eine Kraft auf das Auto von seitlich *in die Kurvenrichtung* ***hinein*** einwirken, also von außen nach innen zum Kurvenkreismittelpunkt. Diese Kraft wird von den Rädern auf der Straße erzeugt, indem diese eine seitliche Richtung einschlagen. Bei der

Eisenbahn ist die Richtungsänderung offensichtlicher, da die Schienen bei ihrer Kurvenkrümmung die Zwangsführung zur Seite auf die Radkränze besser aufzeigen. Die Formschlüssigkeit der Eisenbahnräder auf der Schiene und die Reibung der Gummiräder auf der Straße verursachen die Kraft, die die Materie eines Zuges und Autos zur Seite beschleunigen. Und diese Kraft muß logischerweise von außen nach innen einwirken. Diese Kraft ist ja auch nicht unbekannt und wird mit *Zentripetalkraft* bezeichnet. Mit ihr denkt aber niemand, sondern immer nur mit der Zentrifugalkraft, die ***wir*** im Auto oder Karussell zu spüren meinen.
Das meinen wir aber nur!
Warum? Weil wir immer wieder *uns* in den Vordergrund schieben. Und das geht so: *Wir* drücken in einer Kurve auf die Seitenwand im Auto!
Warum denken wir das?
Ja, sollen *wir* uns etwa von der Seitenwand drücken lassen? *Wir* lassen uns doch nicht herum schubsen.
Wir werden es aber. Das Auto nimmt uns mit auf ***seine*** Kreisfahrt. Ansonsten würden wir uns nach Newton's Trägheitssatz geradeaus weiter bewegen. Genau das würde nämlich passieren, wenn wir auf einer flachen Pritsche eines Autos oder Eisenbahnwaggons auf einer Glatteisfläche sitzen würden. Bei der nächsten Kurve würde die Pritsche unter uns seitlich wegfahren und wir geradeaus weiter voran schlittern und dann runterfallen.
Im Auto sind wir die Kugel im Beschleunigungsmeßgerät. Die Federn aus dem Meßgerät sind durch die Seitenpolsterungen der Sitze realisiert. Die Kugel im Meßgerät wie wir als Meßkugel im Auto werden beide in die Richtung verschoben, ***aus*** der die Kraft für die Beschleunigung zur Seite einwirkt.

Für Kurvenbeschleunigungen heißt das:

Eine Fliehkraft gibt es nicht.

Diese Erkenntnis ist zwar schon in Wissenschaft und "Ober"lehre eingegangen, nur bei Grundschullehrern und Lehrbuchschreibern noch nicht angekommen.
Wie sollte die Fliehkraft auch entstehen? Die Entstehung einer Kraft muß konkret sein, von Ursache nach Wirkung nachweisbar. Für die Zentripetalkraft wurde ihre Entstehung zuvor aufgezeigt, die Seitenreibung der Gummiräder oder die formschlüssige Führung der Eisenbahnräder.
Für eine Fliehkraft findet sich dagegen nichts, so, wie übrigens auch nicht für die Anziehungskraft, zu der wir aber auch noch kommen.

Also, der Ausschlag der Kugel in unserem Beschleunigungsmesser zeigt die Richtung der Kraft, der wir im Auto in einer Kurve *unterliegen*, richtig an. Es ist die Zentri*petal*kraft, die uns in den Kreis *hinein zwingt. Wir* sind im Auto die "Ver"schaukelten! Wir stellen dabei die nur ***Reaktionskraft***, weil sich unsere Materie gegen die Änderung der Bewegungsrichtung sträubt. Dieser *Re*aktionskraft haben wir den Namen Fliehkraft gegeben, in der Meinung, sie wäre eine Aktionskraft. Und schon wieder liegen wir daneben: Unser Gefühl dominiert unser Denken!

Damit haben wir nun schon in zwei der drei Raumdimensionen gemessen. Fehlt nur noch die dritte, die in der Vertikalen. Also kippen wir unseren Beschleunigungsmesser nach vertikal. Und? Schon schlägt es aus.

Natürlich, und zwar nach unten, wie denn auch sonst, "Die Kugel ist ja schwer und "fällt" zwischen den Federn nach unten", würde jeder sagen.
Woher sollte die Kugel in unserem Beschleunigungsmesser aber wissen, daß sie *fallen* soll? Sie weiß doch gar nicht, daß sie nun senkrecht zwischen den Federn aufgehängt ist. Sie reagiert weiter *nur* auf Beschleunigungen, etwas anderes kann sie gar nicht. Das Meßgerät ist neutral und hat von nichts eine Ahnung, außer der, daß die Meßkugel in ihm auf Beschleunigungen in Richtung ihrer Stabführung reagiert.
Dann müßte also eine Beschleunigung von unten nach oben vorliegen?
Natürlich!
Und auch die messen wir im Auto: *Wir* sinken als "Kugel" im Sitz nach unten in die Federn hinein. Warum? Weil das Auto mit uns drin vom Erdboden in der Vertikalen von unten nach oben beschleunigt wird.

Wer hätte solche unerwarteten Wahrheiten hinter dem vermutet, was wir bisher überhaupt nicht beachteten?

Genau das Beschleunigen nach oben, das uns auf der Erde schwer werden läßt, sagt die Freßtheorie für die Gravitation ja auch voraus. Und die Zeitdilatation hat überdies meßbar eine Geschwindigkeit des Erdbodens bestätigt. Daß diese "Geschwindigkeit" eine beschleunigte ist, ist die Ursache dafür, daß wir auch eine Beschleunigung fühlen, nämlich von unten nach oben. Und die mißt das unser Meßgerät "ganz normal".

Damit ist der Beschleunigungsmesser ein ***absoluter*** Beweis dafür, daß auf der Erdoberfläche eine Beschleunigung von unten nach oben besteht. Ansonsten wäre die Allgemeingültigkeit des Meßgerätes auch nicht mehr gegeben.

Zudem hat auch Einstein festgestellt, daß unser Gewicht aus einer Beschleunigung entsteht. Wir erfahren z. B. ein für uns zusätzliches Gewicht in dem kurzen Moment, wenn ein Fahrstuhl beginnt nach oben zu fahren. Einstein verlängerte diesen kurzen Moment dadurch, daß er diese Beschleunigung gedanklich permanent von unten gegen den Boden einer im freien Weltall befindlichen Fahrstuhlkabine wirken läßt. Das entspricht einer Rakete, die ja auch nichts anderes als ein Fahrstuhl ist. Jeder Insasse spürt die Beschleunigungen der Rakete als Gewicht. Einstein postulierte mit seinem Fahrstuhlbeschleunigungsexperiment, daß "Schwere" und Gewichts"kraft" identisch sind. Bis heute wird das ignoriert:

Es gibt kein Gewicht, nur Kraft!

Ein anderes Beispiel.
Eine Rakete mit uns drin steht knapp über dem Erdboden dann still, wenn sie sich mit genau einem g *nach oben* beschleunigt. Ist der Treibstoff aber alle, sinkt sie wieder auf den Boden, wo *der* dann das weitere beschleunigen *nach oben* übernimmt. Wir in der Rakete merken nicht, ob die Unterstützung der Rakete zur Beschleunigung nach oben vom Erdboden oder einen Zentimeter darüber vom Düsenmotor (den Lärm und die Vibrationen mal unbeachtet) erbracht wird. Auch das zeigt auf, daß die "Erdbeschleunigung" und die Beschleunigung durch den Raketenmotor nach oben das gleiche sind.

Und noch etwas können wir mit unserem Beschleunigungsmeßgerät messen.
Was?
Die Beschleunigung im freien Fall.

Aber da wirke doch gar keine Beschleunigungskraft?
Eben.
Also muß der Beschleunigungsmesser auch null anzeigen. In der Physik hat eine Null eine sogar noch größere Bedeutung als irgend ein sonstiger Zahlenwert, denn die Null sagt aus, ob etwas existiert oder nicht.
Messen wir also.
Wo?
Im Schwimmbad. Wir nehmen das Gerät mit auf den Sprungturm. Wir halten es in senkrechter Position vor unsere Augen und lassen uns mit ihm fallen. Der Beschleunigungsmesser ändert sofort nach Ende des Kontakts zwischen Füßen und Brett seine Anzeige von einem g Beschleunigung von unten nach oben (wie am Boden) auf null, bis wir im Wasser eintauchen. Stoßen wir uns beim Absprung noch nach oben ab, so zeigt er diese zusätzliche Beschleunigung

nach oben mit an, nach Verlassen des Brettes aber wieder null, auch während des kurzzeitigen Steigens durch den Abstoß, also auf der gesamten Fallkurve. Wir spüren das ja auch als Schwerelosigkeit.

Beide, wir und die Kugel, sind während des Fallens kräfte-, damit beschleunigungsfrei. Also bestätigt sich auch mit dieser Messung die Erkenntnis, daß die Fallbeschleunigung keine ist, die durch eine Newton'sche Kraft entsteht und Nichtnewton'sche oder Geisterkräfte gibt es nicht.

Diese scheinbare Sonderheit einer Beschleunigung von unten nach oben, die so gar nicht zu unserer subjektiven Gefühlswelt paßt, ist eine Wahrheit der Natur und reiht sich damit in viele andere Wahrheiten ein, die der Mensch einfach nicht mag. Und dieses Nicht-Mögen-Gefühl verleitete auch Physiker, da mit zu machen.

Um die Geschehnisse in der Welt, die immer kraftgesteuert sind (auch bei chemischen Verbindungen sind Kräfte im Spiel), richtig erkunden zu können, ist zunächst eines wichtig: sich selbst heraus zu nehmen und den richtigen Bezugspunkt zu verwenden. Der muß allerdings erst gefunden sein.

Trotz dieser eklatanten Schwäche des Verstehens von mechanischen Vorgängen glauben wir, Vorgänge in fernsten Galaxien zu kennen. Aber alles, was man in ferne Welten hinein rechnet, stammt aus Extrapolationen von hiesigen Geschehnissen. Und wenn die schon nicht stimmen, kann das daraus errechnete Bild des Fernen schon gar nicht richtig sein. Das beginnt schon in der nächst gelegenen Galaxie, der Andromedagalaxie. Schon in ihr stimmen die Rechnungen mit der Zentripetal/Zentrifugalkraft nicht mehr. Die Lösung dieses Problems wurde Vorbild für ähnliche Fälle: Man erfindet, wie zuvor eine Nicht-Newton'sche Kraft, etwas hinzu (in diesem Fall die dunkle Materie, worüber noch gesprochen wird) *damit die Mathematik aufgeht*. Die Praktiken, mit hier existierenden Theorien in die Ferne zu gehen, sollten wir mal zurückstellen, bis vor der eigenen Tür gekehrt ist. Karl Popper empfahl Physikern schon lange, etwas demütiger zu werden. Bei ihnen kommt das zwar noch an, nicht aber bei Mathematikern, die Physik machen, ohne zu wissen, was Physik überhaupt ist.

Wir wissen z. B. nicht einmal richtig, warum ein Flugzeug fliegt. Natürlich haben wir eine Theorie dafür (für was haben wir keine?!), nur kann diese kein Mensch verstehen und sie kann auch so gut wie keine Frage beantworten, und das, obwohl schon eine einzige unbeantwortbare Frage eine Theorie in Gänze, damit grundsätzlich, als falsch ausweist. Aber das ist ja nur eine physikalische Regel, die in der mathematisch diktierten heutigen Physik nicht beachtet wird.

Gerade die Auftriebskrafterklärungen an in Luft fliegenden Objekten zeigen die mangelnden Wissenskenntnisse in der Mechanik auf. Grundproblem ist immer wieder, den für Naturphänomene gültigen Bezugspunkt zu finden. Wobei der bisher gar nicht wissentlich gesucht, sondern nur gefühlsmäßig bestimmt wird, am liebsten mit sich selbst.

Der erste falsche Gefühls-Bezugspunkt der Menschheit zur Erstellung eines Weltbildes war die Erde, sie sei Mittelpunkt der Welt. Obwohl im Altertum schon einmal erkannt wurde, daß sich die Erde um die Sonne dreht, ging dieses Wissen wieder unter und machte der kirchlichen Sicht Platz, wonach der Mittelpunkt da ist, wo die Kirche steht. Es folgten die Sonne als besserer Mittelpunkt, dann unsere Galaxie und dann die Gesamtheit der Sterne. Zuletzt heftete Einstein den Bezugspunkt an einen kräftefreien Körper. Da dieser sich bewegt, wurde, da Sichten von bewegten Standorten mit relativ bezeichnet werden, die Welt relativ. Da Denken auf relativer Basis nur wenigen gelingt, wurde die Welt geistig abstrakt und nicht mehr handfest vorstellbar, deshalb für kaum jemanden noch verstehbar.

Damit noch mal zum Fliegen. Für ungebildete, aber auch für gebildete, Menschen ist Fliegen ein Rätsel. Wie kann ein so schweres Ding wie ein Urlaubsflugzeug oben bleiben? Und natürlich ist das eine Sache der Kräfte-Physik.

Im Flugzeug sitzen wir, wie im Beispiel zuvor in der Rakete oder Auto, ganz "normal" mit unserm Gewicht drin. Und das entsteht ja, wie bisher festgestellt, durch eine Beschleunigung nach oben, was unser Einsinken in die Sitzpolsterung beweist. Ohne Kontakt zum Erdboden macht bei einer Rakete ihr Motor die Beschleunigung nach oben, aber beim Flugzeug?

Fliegen ist, im Gegensatz zum Fahren eines Ballons, ein kinetischer Vorgang, denn ohne Bewegung fliegt es sich nicht. Kinetische Kräfte entstehen *nur* durch Beschleunigung von Massen gegen deren Trägheit, so, wie es Newton erkannt hat. Dieses Prinzip ist allgemeingültig und ***muß*** auch beim Fliegen eingehalten sein. Die heutige Flug-Lehre ignoriert das aber, da sie sich im Windkanal verirrt hat.

Erstellen wir mal eine Flugtheorie mittels eigenem Denken. Alles, und zwar wirklich alles, was Wissenschaftler so von sich geben, ist auch durch "normale", aber denkende, Menschen überprüfbar. Niemand sollte Angst davor haben, daß er etwas nicht verstehen könnte. Das angebliche Nichtverstehenkönnen von Etwas liegt nämlich in vielen Fällen darin begründet, daß falsche Theorien gar nicht verstanden werden können! Nur mathematisch richtige Ergebnisse verleiten dazu, sie trotzdem zu glauben.

Wie kann ein Flugzeug eine Beschleunigung *nach oben* erzeugen, damit wir in ihm auf unserem Platz in die Sitzpolster sinken und nicht etwa in ihm herum schweben, was nämlich der Absturz wäre wie beim Sprung ins Schwimmbad?
Ein Flugzeug braucht eine gleiche Unterstützungskraft wie die, die eine Rakete mit ihrem Düsenmotor durch Abstoßen nach unten von Treibgasmassen aus sich heraus erzeugt. Also muß ein Flugzeug auch etwas nach unten abstoßen, um mit dessen Trägheit eine Rückstoßkraft *nach oben* entstehen zu lassen. Dazu nimmt ein Flugzeug Luft.

Das Abstoßen von träger Materie ist das Grundprinzip der Kraftentstehung und Auftriebskraft ist auch eine Kraft. Nach dem Kausalitätsprinzip bietet die Natur keine andere Art von kinetischen Kraftentstehungen an. Andere Kräfte wie elektrostatische oder magnetische sind beim Fliegen nicht brauchbar.

Eine Rakete muß die Masse, die sie zum Aufwärtsschub benötigt, *aus sich* heraus entnehmen, weil außerhalb in großer Höhe auch keine mehr da wäre, die sie verwenden könnte. Ein Flugzeug braucht das nicht, es kann die Masse benutzen, die um es herum vorhanden ist, die Luft.

Also bestücken wir ein Flugzeug mit Flügeln. Denen geben wir die Aufgabe, Luftmasse zu ergreifen und diese so nach unten zu stoßen, daß sie eine Rückstoßkraft erzeugen, die das Flugzeug nach oben beschleunigt.
Das machen die Flügel, indem sie etwas nach vorn oben angehoben, man sagt *angestellt*, sind, so daß sie wie eine schiefe Ebene wirken. Bewegt sich das Flugzeug nach vorn, so stößt (nach Ludwig Prandtl, dem Vater der Aerodynamik, "schleudert") die schiefe Ebene der Flügel Luft ***ortsfest*** an jeder Stelle, an der es sich gerade befindet, Luft nach unten. Die Rückstoßkraft, die die Luft gegen ihre Bewegungsänderung nach unten auf die Flügel nach oben ausübt, ist die Auftriebskraft.

In der gleichen Art bewegen wir unsere *angestellten* Handflächen als "Flügel", um mittels Armschwenkbewegungen im Wasser auf der Stelle verharrend Auftrieb zu erzeugen, damit der Kopf oben herausragt.

Die Blüte im physikalischen Garten sagt explizit, daß ein "Obenbleiben" in Luft des Beschleunigens von Luftmasse nach unten bedarf.

Damit sind auch Auftriebskäfte "normale" Kräfte und reihen sich in die Allgemeingültigkeit von Kraftentstehungen ein. Die Newton'sche Kraftentstehung darf auch beim Fliegen nicht ignoriert werden, denn sie ist allgemeingültig und gilt kosmonal!

Die aero*dynamischen* Beobachtungen im Windkanal gehören zu den klassischen Beobachtungen, die aus den Subjektivitäten des Menschen entstehen, da er auch da glaubt, daß ***er*** (zum wievielten Male?) den Bezugspunkt des Geschehens stellen könnte, nur weil ***er*** in einem Flugzeug drin sitzt bzw. in den Windkanal schaut, in dem die Bewegungen von Flugzeug und Luft *getauscht* sind. ***Er*** bildet sich nämlich ein, daß die Luft ***an ihm*** vorbei ströme, egal ob er im Flugzeug sitzt oder am Fenster des Windkanals, die Luft-Fahrtwind-Strömung also der Verursacher der Auftriebskraft sei.

Vergleicht man die Experimente, die im Windkanal gemacht werden, mit dem Michelson-Morley-Experiment, so stellen sich erstaunliche Parallelen heraus. In beiden Fällen ist etwas nicht beachtetes Kleines gegenüber einem Großen das, was das Geheimnis der Lösungen ist. Beim Michelson-Morley-Experiment übersah man etwas sehr Kleines, weil man etwas Großes suchte. Im Windkanal sah man das Große, die Fluggeschwindigkeit als Fahrtwind von um 30 bis 300 m/s, obwohl eine unscheinbar kleine aber wirkliche vertikale Abwärtsströmung von nur um 1 bis 10 m/s, die die vorwärts bewegten Flügeln erzeugen, das wirkliche Geheimnis des Fliegens in sich birgt.
Weiter sind bei beiden die Sichten, die Koordinatensysteme, falsch. Im Flugzeug wie im Windkanal sieht man die Luft relativ, also aus der Bewegung des Flugzeuges, so daß sie sich nur scheinbar bewegt. Das Michelson-Morley-Meßgerät sieht den Äther auch nur relativ, aus der kreisenden Bewegung der Erde um die Sonne. Es fehlt bei beiden die übergeordnete Sicht, die von außen aus ruhendem Standort. Den übergeordneten ruhenden Punkt für das Michelson-Morley-Experiment konnte man damals aber noch nicht ahnen. Deswegen kann man da auch Niemandem eine große Schuld geben. Die Vernachlässigung des kleinen Meßwertes aber war trotzdem physikalisch eine Todsünde. Der Mensch läßt sich all zu leicht von Großem blenden.

Kraftbildungen sind außerdem ausschließlich *kinetische* Vorgänge. Sie können nur durch Energieeinsatz mittels Beschleunigungen erzeugt werden. Im Unter-

schied dazu sind aero*dynamische* Vorgänge welche, wo es keinerlei Energieflüsse geben darf, weder von innen nach außen noch umgekehrt. Beim Fliegen muß z. B. Energie für die Vorwärtsbewegung zur Verfügung gestellt werden, damit *kinetisch* Luft durch die angestellten Flügel nach unten beschleunigt werden kann. Ohne Motor fliegt ein Flugzeug nur nach unten, womit es nicht brauchbar ist. Die Antriebsleistung eines Flugzeuges muß neben dem erforderlichen abwärts schleudern von Luftmasse auch noch die Kraft für die Überwindung der Widerstände zur Durchdringung der Luft zur Verfügung stellen. Da die aber größer sind als die für das Luftabwärtsbeschleunigen, führte auch das wieder dazu, daß das Kleinere gar nicht mehr "gesehen" wurde.
Segelflugzeuge entnehmen Energien aus ihrer Höhe, auf die sie zuvor durch Fremdkräfte hinauf befördert wurden. Danach können sie deshalb grundsätzlich nur noch abwärts fliegen, außer, die Luft, in der sie fliegen, steigt schneller nach oben, als sie darin abwärts sinken. Vögel können beides, gleiten aus der Energie der Höhe und mit Vortriebskraft fliegen, die sie durch Flügelschläge erzeugen. Das "Schlagen" der Flügel von Vögeln dient also nur der Vorwärtsbewegung, die Auftriebskraft wird durch die angestellten Flügel erzeugt. Hummeln und Insekten und Kolibries bewegen ihre Flügel mit Schwenkbewegungen 45 Grad angestellt horizontal hin und her, wodurch ebenfalls Luft nach unten beschleunigt wird. Die Luft wird zwar schräg etwa 45 Grad nach unten bewegt, wodurch die vertikale Auftriebskraft nur noch ca. siebzig Prozent der so erzeugten Luftkraft ausmacht, was aber ausreicht.

Damit haben wir die physikalische Theorie für das Fliegen gefunden:

Ein Flugzeug stützt sich auf abwärts gestoßener Luftmasse ab.

Auch hier wurde einer Reaktionskraft ein Name gegeben, nämlich Auftrieb, ohne daß man erkannte, daß es gar keine Aktionskraft ist. Warum erkannte man nicht, daß Auftrieb eine Rückstoßkraft ist? Weil man immer nur an eine Kraft denkt und vernachlässigt, daß immer zwei Kräfte da sind.

Fliegen ist ein ganz normaler kinetischer Vorgang der Mechanik. Das Unverständliche daran ist nur, daß die vom Flugzeug nach unten gestoßene Luftmasse unsichtbar ist, sonst hätten die Menschen schon in der Steinzeit gesehen, daß Vögel Luft nach unten bewegen.

Aber es wird doch immer von Flügelprofilen und dem komischen Bernoullieffekt geredet? Alles das sind Details, die nur für die Technik von Bedeutung

sind. Aus dieser Technik ging auch die falsche Bernoullitheorie hervor, die den Fahrtwind als echte Strömung unterstellt, obwohl er nur aus der Sicht eines Piloten besteht, also nur relativ ist. Genau so relativ, wie der Baum einem Autofahrer entgegen kommt. Der Technik geht es auch gar nicht darum, *warum* etwas fliegt, sondern nur, *daß* es fliegt.
Ohne die Übersicht über das Ganze ist keine richtige Theorie zu finden. Der Blick in den Windkanal ist ein nur ganz kleiner Ausschnitt des Gesamtvorgangs Fliegen. Dieser zu nahe und durch den Tausch der Bewegungen auch noch verdrehte Blickwinkel im Windkanal und das falsche Verfahren, aus der Technik physikalische Theorien zu entwickeln, führten zur falschen Bernoullitheorie.
Außerdem besteht noch eine andere Regel:

Jeder Vorgang der Natur ist für sich allein zu erklären!
Es ist verboten, Etwas mit etwas Anderem zu erklären!

Also: Fliegen mit dem Bernoulli- oder aktuell mit dem Coandaeffekt zu erklären, ist unsinnig. Jede Erklärung muß aus einem allgemeingültigen Grundprinzip hervorgehen, das auch im Falle Fliegen nur mit den beteiligten realen Dingen bespickt sein darf.

Betrachten wir das Problem Physik und Technik auch mal beim Radfahren. Daß man auf nur zwei Rädern, in einer Linie angeordnet, fahren kann, ohne umzufallen, ist physikalisch darin begründet, daß man mit dem Lenker so hantiert, daß das Vorderrad immer dahin fährt, wohin das Rad umfallen will. So wird der Unterstützungspunkt immer wieder unter den Schwerpunkt bewegt. Die Technik des Radfahrens sieht aber nur anderes, nämlich wie leicht und schnell (Übersetzung) und wie angenehm (Federungen) es geht. Also auch die Physik des Radfahrens ist von technischen Kriterien weit entfernt.
Beim Fliegen geht es der Technik ebenfalls nur um solch praktische Dinge, z. B. wie widerstandsarm, wie sicher, wie schnell, aber auch wie langsam und wie hoch. Die dafür notwendigen Erforschungen der *relativen, vom Flugzeug aus beobachteten,* Luftbewegungen *nahe eines Flügelprofils* sind ebenfalls weit vom physikalischen Grundprinzip des Ganzen des Fliegen-Könnens entfernt. Für die Physik des Fliegens sind nur die Bewegungen der Luft ***gegenüber ihrem zuvorigen Zustand*** maßgebend, denn nur ***Änderungen*** der Bewegungen von Luftmassen können Kräfte erzeugen, Newton's Kraftgesetz.

Nun wieder zurück zu weiterem Grundsätzlichen bei Kräften. Es gibt nämlich noch etwas, das nirgends gelehrt wird:

Aktions- und Reaktionskräfte sind *eigenständig*

Sie besitzen ihre jeweils eigene Entstehungsgeschichte und sind deshalb oft auch ganz unterschiedlichster Art. Beim Fliegen wird die Aktionskraft, die Vortriebskraft, durch Propeller oder Düsen oder die Zugkraft eines Seiles beim Flugzeugschlepp erzeugt. Der stehen gegenüber die horizontale Kraft für die Wirkung der schiefen Ebene (Flügel) zum Luft abwärts beschleunigen und die Reibungs- und Luftverdrängungskräfte als schädliche Reaktionskräfte.

Beim Autofahren kommt die Aktionskraft aus dem Anprallen ("Hammerschläge") vieler Moleküle des heißen Verbrennungsgases auf die Kolben im Zylinder des Motors, die Reaktionskraft entsteht aus der Überwindung der Widerstände des Fahrens, nämlich dem Roll- und Luftwiderstand.

Das technische Gebaren, daß beide gleich seien und somit nur eine beachtet werden braucht, ist physikalisch grundfalsch. Die Unterscheidung in Aktions- und Reaktionskraft ist deshalb notwendig, weil nur sie aufzeigt, was Ursache und was Wirkung ist. Das zu ermitteln, ist die Wesensaufgabe der Physik.

Die Ursache unseres Gewichts ist die Beschleunigung des Erdbodens nach oben, obwohl man diese nicht sieht, da der fallende Fixpunkt der Welt, der Äther, das Sagen hat. Erst dadurch entsteht *in uns* eine Reaktionskraft, die wir als Gewicht fühlen. Auch hierbei haben wir der Reaktionskraft einen Namen gegeben, Gewicht. Diesem schreiben wir dabei aber auch die Aktionskraft zu. Genau so, wie wir auch der Fliehkraft den Rang einer Aktionskraft gegeben haben. Warum? Weil immer ***wir*** uns als Bezugspunkt, als Bestimmer, sehen.

Wie läßt sich generell erkennen, was die Aktions- und was die Reaktionskraft ist?
Auf die einfache Tour läßt sich das leider nicht erkunden. Weder geht die Aktionskraft vom größeren noch kleineren Körper einer gegenseitigen Kraftausübung aus. Oder, welche von zwei Billardkugeln hat die Aktions- und welche die Reaktionskraft?

Von "ganz oben" betrachtet ergibt sich aber eine Regel:

die Aktionskraft geht von dem Körper aus,
der die höhere Energie in sich trägt.

Die höhere Energie besitzt der Körper, der die höhere Geschwindigkeit *gegenüber dem Äther* besitzt, also die höhere *absolute* Geschwindigkeit. Damit hat er auch die höhere absolute Energie. Die höhere Geschwindigkeit drückt sich auch in einer höheren Zeitdilatation aus, womit sie eindeutig zu erkennen ist.

Diese Regel paßt auch wunderbar zu unserem Gefühl, daß nämlich der der stärkere ist, der schneller ist. Vom Langsameren kann er nicht eingeholt werden, dem Schnelleren also nur im Wege stehen, so daß der eins auf die Mütze bekommt. Der schnellere ist immer der Akteur. Weiter bestätigt das auch, daß Geschehnisse nur mit Energiefluß von oben nach unten ablaufen.

Für unsere Gewichtskraft bedeutet es, daß der Erdboden die höhere Geschwindigkeit hat. Die hat er, weil er etwas näher am Erdmittelpunkt ist, denn nach oben hin nimmt die Zeitdilatation ab.
Beim Fliegen hat das Flugzeug eine höhere Geschwindigkeit als die Luft, da es sich *zusätzlich* zur Luft bewegt, selbst wenn sich diese als Wind auch noch bewegt. Am Flugzeug ist außerdem direkt sichtbar, daß der Energiefluß von ihm zur Luft geht, denn ohne Energieeinsatz kann es gar nicht fliegen.
Die falsche Bernoullitheorie des Fliegens wurde aus dem Windkanal geboren, in dem die Luft die höhere Geschwindigkeit hat, da in ihm der Vorgang des Fliegens getauscht wurde. Techniker profitieren davon, sie können am auf einer Waage "stehenden" Flugzeug messen und die *Werte* der Kräfte bleiben dabei ja auch unverändert. Nur die Wahrheit des Naturphänomens Fliegen geht verloren, nämlich, daß die Bewegungs-Vektoren der Flugzeug- und Luftbewegungen, damit Ursache und Wirkung, vertauscht wurden. Für die Physik muß dieser Tausch wieder rückgängig gemacht werden.

Der Energiefluß in einem Automotor geht von den kleinen Molekülen der Verbrennungsgase mit ihren sehr schnellen Wärmebewegungen aus, diese prallen auf den Kolben im Motor, so daß sich die Kurbelwelle dreht. Die schnelleren Moleküle üben also die Aktionskraft aus.
Dieser Vorgang zeigt auch auf, warum in der Wärmetechnik Energie nur aus heißer Materie entzogen werden kann. Nur in ihr sind Teilchen (Moleküle), die ihre hohe Geschwindigkeit, also hohe Temperatur und damit auch hohe Energie, durch Stöße an anderes (Kolben im Motor oder Schaufeln in Turbinen) abgeben können und die dadurch dann selbst langsamer, d. h. kälter, werden. Und es zeigt auch auf, warum die Energie in einem Stoff nur in dessen Temperatur und nie in deren Drücken steckt. Erst das Heißmachen der von einem Automotor angesaugten Luft durch Verbrennung von Treibstoff nach dem Komprimieren im Zylinder führt dazu, daß beim Zurückgehen des Kolbens mehr Kraft auf ihn wirkt, als er zur Verdichtung der Luft zuvor auf-

bringen mußte.
Die Wärmebewegungen der Atome/Moleküle sind in Gasen frei, in festen Körpern an die Standorte der Atome/Moleküle gebunden, sind dort nur ein Hin- und Her-Zittern. Deswegen läßt sich aus heißer fester Materie direkt auch keine Energie entnehmen.

Kräfte sind das Wirksame in allen Naturvorgängen, die im Kosmos geschehen. Sie wirken ab den kleinsten Bausteinen, aus denen die Atome bestehen und gestalten damit auch die größten Sterne, die es gibt. Ein separates Großes gibt es nicht, weder materiell als Teil noch funktionell als Wirkprinzip, wie es die falsche allgemeine Relativitätstheorie vorgaukelte. Kräfte müssen mit all ihren Erscheinungen und Entstehungen ernst genommen werden. Die ganze Welt ist reine Mechanik. Wie das Elektrische und Magnetische zu Kräften führt, kann erst eingeordnet werden, wenn es selbst erst einmal entschlüsselt ist. Davon ist man aber noch weit entfernt, auch deshalb, weil da noch gar nicht richtig gesucht wird. Mit Suchen ist natürlich das Funktionelle, nur durch Denken Ermittelbare, gemeint und nicht das nur Lokalisier-, Meß- und Berechenbare, was wir schon lange kennen.

In der gegenwärtigen Physik werden nur vier Kräfte beachtet: die schwache und starke Wechselwirkung, die elektromagnetische und die gar nicht existierende Schwerkraft. Die kinetische mechanische Kraft wird als Kraft gar nicht beachtet, obwohl sie die ist, die die ganze Natur funktionieren läßt. Anstelle von Kraft wird der "Impuls" benutzt, womit zwar auch gewünschte Ergebnisse erreicht werden, die Existenz von Kräften und deren Verständnis aber verloren gehen. "Kraft" ging so verloren, daß sie der heutigen Physik, wie einleitend gesagt, gar nicht mehr bekannt sind. Was für eine Ignoranz.

Das führt z. B. dazu, daß eine ***verständliche*** Erklärung dafür, warum sich ein Schlittschuhläufer bei einer Pirouette durch das Anziehen der Arme und Beine schneller dreht, unmöglich wird. "Weil der "Drehimpuls" erhalten bleibt", ist die Erklärung der Schulphysik. Diese "Erklärung" ist ja schwerer zu verstehen als das, was damit erklärt werden soll! Die Reaktion von "normalen" Leuten darauf ist Schweigen, da sie meinen, sie seien nur zu dumm, das zu verstehen, so daß sie ihr Unverständnis nicht zeigen wollen und sich daher nicht trauen, nachzubohren. Würden sie es tun, käme der Erklärer in größte Schwierigkeiten, da er den "Drehimpuls" höchstwahrscheinlich auch nicht erklären kann. Er kennt den Begriff nur und weiß vom Vorsagen durch die Schule, wo er ihn anwenden kann.

Eine Sache mit einer anderen Sache zu erklären,
ist in der Physik verboten und
zeugt von umfassender Unwissenheit.

Jede Sache, die Drehzahlsteigerung bei einer Pirouette wie auch das Fliegen, ist mit den ***Grund***begriffen der Physik zu erklären. Kann man das nicht, weiß man es nicht. Weder der Drehimpuls (anderes Wort: Rotationsimpuls), bei der Pirouette noch der Bernoullieffekt beim Fliegen sind Grundbegriffe der Physik. Dreh- bzw. Rotationsimpuls und Bernoullieffekt sind eigene Naturerscheinungen und bedürfen damit selbst Erklärungen. Impuls, Energie und Drehimpuls sind Begriffe der Technik, da machen sie Sinn, aber nicht in der Physik.

Physikalische Vorgänge sind ausschließlich dinglich zu erklären!

Mit technischen Fachausdrücken verliert man in der Physik den physikalischen Boden, die Basis der Natur. Genau das ist nämlich passiert, so daß die heutige Physik eine nur noch mathematische "Wolke" geworden ist, die nur von Fachbegriffen getragen wird.

Die Drehzahl der Pirouette steigert sich deshalb, weil die Arme und Beine mit ihrer ***trägen*** Materie ihre ***Umfangsgeschwindigkeiten*** beibehalten, Newton's Trägheitgesetz, so daß bei der Verkleinerung ihrer Bewegungsradien die Drehzahl steigt.

Dazu ein Experiment.
Man nehme einen dickeren Stock, stecke ihn in die Erde, binde oben ein Seil an, an dem ein Gewicht (z. B. Stein) hängt. Nun bringe man mit Schwung den Stein radial in Höhe der Befestigung in eine "Umlaufbahn" um den Stock. Das Seil wird sich nun durch die Umkreisungen des Steines am Stock aufwickeln, wobei er langsam absinkt, was aber nicht interessiert. Je kürzer nun das Seil durch das Aufwickeln wird, um so höher wird die Umlaufzahl, obwohl der Stein durch den Luftwiderstand ja sogar langsamer würde. Besonders gegen Ende wirbelt der Stein rasant um den Stock herum. Der Stein will einfach nur seine Umfangsgeschwindigkeit beibehalten.
Man kann den Stock auch horizontal befestigen und den Stein dann vertikal um ihn kreisen lassen, aber die Unfallgefahr beachten!

Die Funktionsprinzipien der Natur sind immer einfach.
Komplizierte oder für "normalen" Verstand nicht nachvollziehbare
Erklärungen sind immer falsch!

Eine Reise durch die Welt

Nachdem die für das Grundverständnis der Welt erforderlichen Dinge bekannt sind, nun etwas Erlebnishaftes. Machen wir doch mal einen Ausflug ins Weltall, was aber leider nur gedanklich geht. Um aber verstehen zu können, was wir dabei beobachten, ist erst das Kennenlernen einer bestimmten Naturerscheinung vonnöten.

Dazu gehen wir ans Meer. Die Sonne scheint, der Wind weht vom Meer zum Land und mit ihm laufen die Wellen in gleichmäßigen zeitlichen Abständen an den Strand.
Zunächst nehmen wir ein Bad und schaukeln dabei ortsfest mit den Wellen auf und ab.
Dann steigen wir in ein Boot, um zu einer Insel zu fahren, die vor der Küste liegt. Erst schieben wir das Boot ins Wasser und steigen dann ein. Das Boot schaukelt an der Einstiegstelle auf den Wellen auf und ab wie wir zuvor im Wasser.
Dann geben wir Gas und sausen los. Wir merken schnell, daß wir uns festhalten müssen, da die Wellen in kräftigen Schlägen von vorn das Boot anstoßen. Die Wellen stoßen aber auch in noch viel kürzeren zeitlichen Abständen an, als wir und das Boot vor dem Losfahren auf ihnen schaukelten.
Na klar, wir fahren der jeweils nächsten Welle ja auch entgegen, so daß die Wellen mit entsprechend höherer Frequenz ans Boot anklatschen. Nachdem wir mit dieser ruppigen Fahrt die Insel erreicht und dort auch gebadet haben, fahren wir wieder zurück. Dabei kommen nun Wind und Wellen von hinten. Die Fahrt mit den Wellen wird nun äußerst angenehm. Da wir mit den Wellen fahren, müssen diese uns von hinten einholen, so daß sie nicht mehr so oft und auch langsamer ans Boot klatschen. Fahren wir so schnell, wie die Wellen laufen, so können wir es uns aussuchen, ob wir immer in einem Wellental oder auf einem Wellenberg fahren um bessere Aussicht zu haben. Die Frequenz des Wellenanklatschens ans Boot ist dann sogar null. Noch schneller wollen wir nicht mehr fahren, denn das brauchen wir für das Verständnis der Beobachtungen in einem Raumschiff nicht mehr, da wir dort Lichtwellen nicht überholen können.

Diese Beobachtungen müssen wir nun wissenschaftlich auswerten, um das verstehen zu können, was uns bei einer Reise mit unserem U-Boot-Raumschiff im Äther"see" des Weltalls beim hinaus Schauen erwartet.

Festzustellen ist, daß wir, wenn wir im Wasser still stehen, die Wasserwellen mit einer bestimmten Frequenz, ihrer eigenen, beobachten. Das ist der Fall, wenn wir in Bezug auf das Wellenmedium, in diesem Falle die Wasseroberfläche, in Ruhe sind.
Fahren wir den Wasserwellen entgegen, so wirken diese mit einer höheren Frequenz auf uns ein, obwohl sie ja immer noch nur mit *ihrer* Frequenz auf der Wasseroberfläche schwingen.
Fahren wir mit den Wellen, so erniedrigt sich die Frequenz, mit der uns die Wellen beeinflussen. Fahren wir so schnell wie die Wellen laufen, so gibt es *für uns* keine Wellen mehr, *wir* werden von ihnen nicht mehr beeinflußt, obwohl die Wellen natürlich noch da sind.

Dieser Effekt, daß bei Bewegungen *gegen* den Lauf von Wellen (egal welcher Art, Wasser, Luft, Radio- und auch Lichtwellen) deren Frequenz steigt und bei Bewegung *mit* den Wellen fällt, nennt sich Dopplereffekt. Der Name kommt von Christian Doppler, der sich zuerst damit beschäftigte.
Also: Bewegen wir uns *gegen* eine Wellenquelle, z. B. dem Glockenläuten einer Kirche, so erhöht sich *für uns* die Frequenz des Schalls, den Glockenton hören wir höher. Bewegen wir uns von der Kirche weg, so erniedrigt sich die Frequenz des Schalles, die Töne werden tiefer.

Der Doppler-Effekt tritt natürlich auch dann auf, wenn sich nicht der Beobachter auf eine Schallquelle zu- oder weg bewegt, sondern auch, wenn der Beobachter ruht und sich die Wellenquelle bewegt (z. B. die Sirene eines fahrenden Krankenwagens) oder wenn sich beide unterschiedlich schnell bewegen. Für unsere Reise ins Weltall reicht aber das Verständnis der Wellenfrequenzänderungen, wie sie sich bei nur unserer Bewegungen zeigen.

Im freien Weltall geht es nun nicht mehr um Schall-, sondern um Lichtwellen. Dort bewegen wir uns mit dem Raumschiff auf Lichtwellenquellen, das sind Sterne, zu und von ihnen weg. Das bedeutet, daß Lichtwellen, die von vorn auf das Raumschiff zukommen, am Raumfahrer mit höherer Frequenz "anklatschen". Das hat zur Folge, daß das Licht von Sternen, auf die das Raumschiff zu fährt, blauer wird und das Licht, das von hinten dem Raumschiff nacheilt, röter.
Hätte Einstein damit Recht, daß Licht mit immer gleicher Geschwindigkeit auf Objekte auftrifft, so würden gar keine Dopplereffekte bei Licht entstehen. Sie entstehen aber. Sonst könnten Bewegungen von Sternen auf das Raumschiff Erde zu oder weg auch nicht gemessen werden können. Sie wurden und

werden aber gemessen.

Für Interessierte an dieser Stelle das allgemein gültige physikalische Grundprinzip für die Entstehung des Dopplereffektes, wie es aus den Schulerklärungen nicht hervorgeht:

Der Dopplereffekt entsteht dadurch, daß Wellen nicht mit der Geschwindigkeit auf Körper auftreffen, mit der sie sich in ihrem Ausbreitungsmedium bewegen.

Damit sind wir nun geistig für die Reise vorbereitet und es kann losgehen.

Das Raumschiff hat, obwohl es noch auf dem Startplatz auf der Erde steht, schon eine Geschwindigkeit.
Wie bitte?
Für die Reise durchs Weltall gelten die *absoluten* Geschwindigkeiten, also die gegenüber dem Fixpunkt der Welt, dem Äther. Dieser fällt vertikal in die Erde ein, so daß das Raumschiff auf der Erdoberfläche schon die Geschwindigkeit gegenüber dem Äther hat, mit der dieser vertikal in die Erdoberfläche einströmt. Würde mittels Zaubertrick die Erde plötzlich weggenommen werden, so daß der Ätherfluß von oben dem Raumschiff entgegen aufhört, so würde sich das Raumschiff von seinem Ort mit eben dieser Geschwindigkeit vom Standort, der nun nicht mehr vorhanden Erde, weg bewegen, es behält seine Geschwindigkeit in Höhe der Fluchtgeschwindigkeit ***gegenüber dem Äther*** bei. Auch, wenn sich die Verhältnisse wie zuvor angenommen, schlagartig ändern: Der Äther ist der Nullpunkt und das Raumschiff nur Teil des Äthers.

Nun starten die Raketenmotoren und beschleunigen das Raumschiff nach oben, womit die Geschwindigkeit des Raumschiffes gegenüber dem Äther weiter ansteigt. Wenn die Fluchtgeschwindigkeit der Erde überschritten ist, verlassen wir auf Dauer die Erde.
Die nächste Geschwindigkeit, die überschritten werden muß, ist die, die der Ätherstrom, der in die Sonne fließt, in der Entfernung des Raumschiffs zur Sonne hat. Dann verlassen wir das ganze Planetensystem mit der Sonne. Haben wir uns so weit von der Sonne entfernt, daß sie nur noch so aussieht wie all die anderen Sterne, müssen wir uns neu orientieren.

Was sehen wir?
Schauen wir nach vorn, so sehen wir die Sterne, die wir zuvor von der Erde aus gesehen hatten, blau verfärbt oder gar nicht mehr, weil sie ihre Farbe schon ins

ultraviolette verändert haben. War ein Stern von der Erde aus gesehen ein roter Stern, z. B. der rote Riese Beteigeuze im Sternbild Orion, so hat dieser, wenn wir auf ihn zu fliegen, bei entsprechender Geschwindigkeit vielleicht eine normal weiße Farbe.
Schauen wir nach hinten, so sehen wir die Sterne röter werden. Sterne, die zuvor aber schon rot waren, verschwinden ins infrarote. Andere, die zuvor blau waren, verändern sich nun zu weiß.
Je schneller wir fahren, um so mehr verschieben sich natürlich die Farben der Sterne. Das heißt, es verschwinden Sterne ins infrarote und ultraviolette, und es erscheinen neue, die zuvor infrarot bzw. ultraviolett strahlten, so daß sich das "Gesicht" des Sternenhimmels nach vorn und hinten wesentlich ändert.

Schauen wir nun zur Seite.
Da sieht es bei kleineren Geschwindigkeiten noch ganz normal aus. Mit wachsender Geschwindigkeit erkennen wir, daß die seitlich zu sehenden Sterne, *die ihre Farbe noch beibehalten*, langsam nach vorn wandern. Erreichen wir die Lichtgeschwindigkeit, so befinden sich diese in einem Kreis 45 Grad schräg nach vorn, in etwa so, wie sich ein Regenbogen aus Sicht eines Flugzeuges nach vorn positioniert, der mit dieser Sache aber natürlich nichts zu tun hat.

Warum diese Wanderung der Sterne, die ihre Farbe nicht verändern, nach vorn?
Um das aufzuzeigen, machen wir hier auf der Erde ein Experiment. Am Straßenrand stellen wir eine lange Reihe von Wasserdüsen auf, die zur Straßenmitte hin spritzen. Rennen wir durch diese Wasserdusche mit der Geschwindigkeit, mit der das Wasser aus den Düsen spritzt, so trifft uns das Wasser 45 Grad von seitlich vorn. Wir werden nur um diesen Bereich herum naß, obwohl die Wasserstrahlen von genau quer zu uns durch die Luft kommen. Warum das so ist, wird noch verständlicher, wenn dieser Versuch in der Senkrechten gemacht wird. Regnet es, so machen uns von oben (was wir dann mal als "seitlich" ansehen) fallende Regentropfen bei auch gleichen Geschwindigkeiten 45 Grad von vorn oben naß. In diese Richtung muß ein Regenschirm vorgehalten werden, damit wir auch an den Beinen trocken bleiben.

Anstelle der Wassertropfen treffen uns bei Lichtgeschwindigkeit im Raumschiff deshalb die Lichtstrahlen von den Sternen, ***die in Wirklichkeit genau seitlich von uns stehen***, in einem Winkel von 45 Grad schräg von vorn.

Wir sehen sie, *als ob* sie dort stünden. (Diese Winkel*verschiebung*, verursacht durch eine Querbewegung zur Sichtrichtung des Beobachters, nennt sich *Aber-*

ration.)

Von dieser 45 Grad Kreislinie ausgehend werden die Sterne innerhalb des Kreises, also nach vorn, blauer und außerhalb, also zur Seite und weiter nach hinten, röter. Der 45 Grad Kreis schräg nach vorn stellt damit die Mittellinie eines farbigen Sternenregenbogens dar.

Dieser Sternenregenbogen ist eine Orientierung, wo vorn und hinten im Raumschiff ist. Das Raumschiff fährt ja nicht auf Schienen oder auf einer Straße mit Mittellinie. Es kann in Bezug auf seiner Bewegungsrichtung jede mögliche Lage einnehmen wie quer- oder auch rückgewandt.

Die Frequenzerhöhung, mit der das am Raumschiff von vorn oder hinten eintreffende Licht auf das Raumschiff wirkt, ist bei halber Lichtgeschwindigkeit des Raumschiffes fünfzig Prozent, bei Lichtgeschwindigkeit 100 Prozent, also eine Verdoppelung. Die Änderung auf die doppelte Frequenz bedeutet, daß ein Stern, der eine Farbe von dunkelrot hat, diese auf knapp ultraviolett ändert, also gerade eben unsichtbar wird.

Nach hinten, das am Sternenbogen bei voraus 45 Grad beginnt, werden die Farben der Sterne ins Rote verschoben. Bei Sicht ganz nach hinten ist es aber total dunkel. Alles Licht, gleich welcher Farbe, muß dem Raumschiff, wenn es mit Lichtgeschwindigkeit führe, hinterher fließen, kann das Raumschiff aber nicht mehr einholen. Das Raumschiff fährt auf einem Wellenberg oder -tal. Da das Raumschiff aber länger ist als die Wellenlänge des Lichts, könnte man mit einem geeigneten Gerät die Lichtwellen "ablaufen". Geht aber nicht, da die Zeitdilatation nun eins ist, das heißt, wir können gar nicht mehr laufen, wir sind eingefroren.

Der aus dem Raumschiff gesehene Sternenhimmel endet möglicherweise nach rückwärts etwas seitlich hinter dem Raumschiff. Eine Navigation mit zuvor ausgesuchten Sternen wird durch die Entstehung neuer Sternbilder, vorn wie auch seitlich bis nur etwas nach hinten, sehr erschwert. Die Wahrscheinlichkeit, bei einer Rückfahrt die Erde überhaupt wieder zu finden, ist sehr gering.

All diese Erscheinungen sind bisher nur die, die aus dem Dopplereffekt entstehen, also rein mechanisch nach Newton'scher Physik.

Nun kommt aber noch etwas hinzu. Nicht nur durch den Dopplereffekt verändern sich die Frequenzen aller Wellenstrahlungen, denen unser Raumschiff begegnet, sondern auch noch aus anderer Ursache.

Diese andere Ursache führt generell zu nur *Erhöhungen* aller Wellenfrequenzen, die uns im Raumschiff treffen, egal, woher sie stammen. Diese Erhöhungen betragen bei halber Lichtgeschwindigkeit ca. 15 Prozent, bei drei Viertel Lichtgeschwindigkeit ca. 35 Prozent und bei 90 Prozent der Lichtgeschwindigkeit ca. 50 Prozent. Bei Lichtgeschwindigkeit wären diese Erhöhungen der Lichtfrequenzen dann aber unendlich. Wie entstehen diese zusätzlichen Frequenzerhöhungen?

Wellen wirken durch die Anzahl der Schwingungen pro Sekunde auf uns ein. Die Sekunde eines Raumfahrers ist bei schnellen Reisen aber nicht mehr die Sekunde auf der Erde, sondern sie dauert durch die Zeitdilatation länger. Die Zahl der Umkreisungen der Elektronen bleiben für gleiche mechanische Fortschritte, z. B. eines Fingerschnipsens, zwar gleich, die Eigenzeit für das Fingerschnipsen wird aber länger. Damit treffen auch während des Fingerschnipsens mehr Schwingungen des Lichts von Sternen ein. Und das bedeutet im Endeffekt, daß sich ***für die Raumfahrer*** die Wellenfrequenzen von äußerem Licht noch einmal erhöhen.

Lichtstrahlen sind ab ultraviolett für Menschen gefährlich. Weshalb in Raumschiffen Strahlenschutzeinrichtungen installiert sein müssen.

Unabhängig von Lichtwellen befinden sich natürlich auch noch kleinste materielle Teilchen wie z. B. Wasserstoffatome im anscheinend leeren Raum (etwa eines pro Kubikzentimeter). Diese könnten größte Schäden verursachen, wenn die Reisegeschwindigkeit der Geschwindigkeit des Lichts sehr nahe kommt. Sie lassen beim Aufprall auf das Raumschiff genau so wie in Beschleunigungsanlagen Röntgen- bis Gammastrahlen entstehen. Diese Strahlen sind tödlich. Deshalb wurde der größte Beschleuniger, CERN, nahe Genf auch etwa 100 Meter unter der Erde installiert. Im Betrieb darf sich während der Versuche niemand da unten aufhalten.
Also muß ein Raumschiff auch genug mechanischen Schutz gegen diese Strahlen bieten.

Wenn man in einem Gefährt reist, will man natürlich auch wissen, wie schnell die Reise vonstatten geht und wann man denn ankommt. Im Auto haben wir einen Tacho. Im Flugzeug ebenfalls, wobei der aber schon nur die Geschwindigkeit gegenüber der Luft mißt und somit ein eventueller Wind zu- bzw. abgerechnet werden muß.

Wie man die Geschwindigkeit im Raumschiff messen kann, machen wir uns an einem Flugzeug klar. Dort könnte man seine Geschwindigkeit *gegenüber der Luft* auch dadurch messen, daß mit einem Lautsprecher am Heck ein Schallimpuls (kurzer Knall) ausgesandt wird, der vorn am Bug mit einem Mikrophon erfaßt wird. Ab dem Ort, an dem der Knall "in die Luft gesetzt" wurde, geht dieser neben dem Flugzeug *separat* nach vorn.
Dieser Schall, der von hinten nach vorn läuft, macht das mit Schallgeschwindigkeit gegenüber der Luft, *gegenüber dem Flugzeug* jedoch ist er langsamer. da dieses sich ja in gleicher Richtung bewegt.
Aus der Laufzeit, die der Knall braucht, um vorn am Bug das Mikrofon zu erreichen und der Länge bis dahin läßt sich die *relative* Geschwindigkeit des Flugzeugs gegenüber der Luft errechnen. was ein entsprechendes Meßgerät machen würde.
Fliegt das Flugzeug mit Schallgeschwindigkeit, kann der Knall die Flugzeugnase nicht mehr erreichen. Beides, Schall und Flugzeug, bewegen sich dann gleich schnell durch die Luft.

Entsprechend der Messung der Geschwindigkeit eines Flugzeugs, bei der gemessen wird, wieviel langsamer es als der Schall fliegt, kann im Raumschiff dessen Geschwindigkeit dadurch gemessen werden, wieviel langsamer es sich als das Licht bewegt. Wobei nun nicht mehr die Luft das Medium ist, gegenüber dem sich die Geschwindigkeit bestimmt, sondern der Äther. Dem gegenüber muß sich das Raumschiff beschleunigen und abbremsen. Statt eines Knalles kann man nun mit einen Lichtblitz messen. Was man im Raumschiff aber nicht zu machen braucht, ist, die Geräte für die Messung außen am Raumschiff anzubringen.
Warum?
Ein Flugzeug bewegt sich "abgeschlossen" durch die Luft. In seinem Inneren geht die Luft mit.
Der Äther ist aber die Füllung des Kosmos, die bis im Innersten der Materie vorliegt und sich *nicht* mit Objekten mit bewegt. Das heißt, der Fahrtwind von Äther besteht auch ***innerhalb*** des Raumschiffes! Nur deswegen erhalten wir darin ja auch eine Zeitdilatation. Genau so wenig, wie die Gravitation nicht abschirmbar ist, ist auch die Zeitdilatation nicht abschirmbar. Die Zeitdilatation in den Uhren innerhalb der GPS-Satelliten beweisen, daß innerhalb von Geräten eine Bewegung gegenüber dem Äther besteht.

Licht fließt also auch *im* Raumschiff nach vorn langsamer, nach hinten schneller. Dabei gehört vorn und hinten aber nicht zu Bug oder Heck, sondern zur Bewegungsrichtung des Raumschiffs. Ein Raumschiff fliegt nicht wie ein Flugzeug, wie es Science-Fiction-Filme darstellen, nur, damit es "schnell" aussieht.

Aus den Geschwindigkeiten des Lichts im Raumschiff in allen Richtungen ist die Geschwindigkeit des Raumschiffes ermittelbar. Und das Gerät dazu ist genau das, das Michelson und Morley entwickelt haben. Es mißt nämlich den *Fahrtwind* von Äther und seine Richtung.
Bei dieser Messung der Raumschiffgeschwindigkeit ergibt sich die relativistische Geschwindigkeit, also die *Eigen*geschwindigkeit des Raumschiffs. Warum? Weil mit den der Zeitdilatation unterliegenden Uhren des Raumschiffs gemessen wird. Die absolute Geschwindigkeit, das ist die gegenüber dem Äther, kann aus den Meßdaten dann aber errechnet werden.

Man könnte aber doch auch die Zeit messen, die man für den Weg von einem zu einem anderen Stern benötigt, oder nicht?
Nein.
Auch dazu müßte man erst einmal wissen, wie die Uhr im Raumschiff geht, also welche Zeitdilatation sie hat. Erst damit läßt sich errechnen, wie schnell das Raumschiff *absolut* fährt, womit Entfernungen zu Sternen überhaupt erst ermittelbar wären..

Daß die Messung der Lichtgeschwindigkeit im Inneren eines Raumschiffes geht, widerlegt die bisherige Annahme, daß innerhalb sich gleichförmig bewegender Objekte, also innerhalb von Inertialsystemen, nicht festgestellt werden könnte, ob sie sich bewegen oder nicht.
Daß diese Aussage der heutigen Lehre nicht stimmt, hat auch schon das Hafele-Kaeting-Experiment praktisch bewiesen, da Zeitdilatation in den Flugzeugen eintritt, obwohl die Uhren nicht aus dem Flugzeug als auch klassisches Inertialsystem nach außen schauen können. Dieser physikalisch saubere Beweis wird aber weg gelogen, wie schon beschrieben.

Die Messung der Geschwindigkeit des Raumschiffes im Inneren ergibt, wie schon gesagt, die Eigengeschwindigkeit. Somit ergeben sich höhere Werte als die, mit der sich das Raumschiff tatsächlich "nur" bewegt. Führe das Raumschiff mit Lichtgeschwindigkeit, zeigte die Messung im Raumschiff sogar eine Geschwindigkeit von unendlich an, da die Uhr im Raumschiff steht, somit kein Zeitbedarf mehr für zurückgelegte Stecken besteht, obwohl das Raumschiff natürlich "nur" mit Lichtgeschwindigkeit fährt.

Die Raumfahrer könnten mit der relativistischen Geschwindigkeit nun *glauben*, daß für sie Entfernungen schrumpfen, sie verbrauchen ja weniger Zeit, um sie zurück zu legen.
Sie brauchen wirklich weniger Zeit, aber eben nur *sie*! Und nur deshalb, weil *ihre* Uhren langsamer gehen und nicht etwa deshalb, weil sie wirklich schneller reisen oder die Entfernungen gar wirklich kürzer würden, was für eine Schnapsidee.
Josef Honerkamp hat Recht: Interpretationen aus mathematischen Formulierungen taugen nichts. Wobei er aber die zwei aus der Formel des relativistischen Impulses, nämlich Längenkontraktion und Massenvermehrung, selbst lehrte.

Heutige Physik ist ein Hüpfen von mathematischen Blumen auf physikalische und umgekehrt, ohne die Wurzeln darunter zu kennen.

Was im Raumschiff nicht gemessen werden kann, sind seine Bewegungen, die es mit dem Äther mit macht, also gravitative Bewegungen zu Sternen oder Galaxien oder gar schwarzen Löchern hin.

Im Raumschiff laufen alle Vorgänge nach der gleichen Newton'schen Physik ab, die wir hier auf der Erde erkannt haben. Im Raumschiff gäbe es für uns keine Korrekturen, die wir für in ihm stattfindende Vorgänge anwenden müßte, obwohl diese für die daheim Gebliebenen viel langsamer aussehen.
Das sagt sogar die heutige Lehre richtig: "In Inertialsystemen bleibt die Newton'sche Physik unverändert." Nur weiß die Lehre damit nicht wirklich, was da eigentlich Sache ist. Sonst wären Längenkontraktion und Massenvermehrung gar nicht *er*funden worden, denn *ge*funden worden sind sie noch nie.

Ein Beispiel.
In einem sehr großen Raumschiff fahre ein Auto gegen eine Wand. Dabei geht es natürlich kaputt, aber, wie viel?
Durch die Zeitdilatation gehen die Uhren langsamer. Das heißt: Der Tacho in einem Auto im Raumschiff, das von der Erde aus beobachtet 50 km/h fährt, zeigt, wenn eine Zeitdilatation von 50 Prozent vorliegt, das doppelte, also 100 km/h, an. Die Uhr im Raumschiff geht ja nur noch halb so schnell, also braucht es für eine gleiche Strecke auch nur die halbe Zeit und Geschwindigkeit ist zurückgelegte Strecke durch dafür verbrauchte Zeit.

Der Schaden beim Anprall, also die Zerstörungen am Auto, sind aber genau die, die zur Anzeige des Tachos von 100 km/h im Raumschiff gehören, obwohl es nach der Beobachtung von der Erde aus mit nur 50 km/h fährt.

Bei 50 km/h wird die Autofront ein bißchen eingedrückt. Bei 100 km/h aber steckt der Motor im Innenraum, die Zerstörungen sind bei doppelter Geschwindigkeit nämlich vier Mal so hoch! Die Physik im Raumschiff läuft wirklich mit *seiner* Uhr ab.
Genau das bestätigt, daß die Newton'sche Physik in Inertialsystemen, also auch Raumschiffen, *unverändert* gilt.

Aber, "man" glaubt das nicht!

Man sucht trotzdem *zusätzliche* Erklärungen, warum der Schaden am Auto vier mal so groß ist als er sich aus der Geschwindigkeit ergibt, die für das Auto von der Erde aus beobachtet wird. Deshalb die These, daß sich die Masse des Autos vermehrt hat, natürlich ohne daß es dabei an Steifigkeit gewinnt, sonst wäre der Schaden ja wieder kleiner. Oder daß sich die Längen der Fahrbahn (das heißt die Größe des Raumschiffes) verkürzen und sich dadurch die höhere Geschwindigkeit von 100 km/h auf der Tachoanzeige ergäbe. Man erfindet alles, nur, um von der Erde aus Recht zu haben, denn die Natur hat sich danach zu richten, wo *wir* sind, *wir* wollen der Bestimmer sein!

Was machen wir falsch?
Wenn *wir* wissen wollen, was in einem Raumschiff wie passiert, dann müssen *wir* uns *in das Raumschiff hinein* begeben. Und das geht auch aus der Ferne, indem wir unseren Zeitgang an den im Raumschiff angleichen. Wir brauchen also nur unsere Uhr entsprechend langsamer laufen zu lassen, und schon stimmt alles und bedarf überhaupt keinen zusätzlichen Erklärungen mehr. Es gilt ganz einfach:

In der Natur bestimmt sich alles <u>am Ort des Geschehens</u>.

Im Raumschiff gilt die Uhr des Raumschiffes, also dessen Eigenzeit und sonst nichts. In einem Teilchen in einem Beschleuniger gilt die Uhr des Teilchens und damit dessen Eigenzeit und sonst nichts. *Seine* Uhr ist die für die Newton'sche Physik geltende und sie bestimmt, wie groß seine Wucht ist und nicht die Uhr der Wissenschaftler, die die Versuche machen. Das einzig Relativistische bei solchen Versuchen ist, daß die Zeitdilatation errechnet werden muß, damit man den Lauf der Uhr der beschleunigten Teilchen heraus kriegt. Und

natürlich ergibt sich damit, daß die Teilchen im Beschleuniger und auch in unserem Raumschiff eine unbegrenzte, also unendliche, Geschwindigkeit (fast) erreichen können.
Natürlich kann man technisch die Wucht von Teilchen in Beschleunigern auch anders errechnen. Z. B. mit der Uhr der Beobachter und anschließender relativistischer Korrektur, so daß die Ergebnisse stimmig werden, was allgemeine Praxis ist. Daraus aber physikalisch ***richtige*** Interpretationen zu gewinnen, funktioniert nun schon seit hundert Jahren nicht.

Richtig gedacht werden kann nur
im Objekt mit dessen Eigenzeit.

Diese leider nur geistige Reise ins All zeigt auf, wie abweichend die Welt sich von unseren logischen Vorstellungen, auf die wir doch so stolz sind, verhält.

Damit wollen wir nun hoffen, daß wir von unserer Traumreise im Raumschiff wieder wohlbehalten zurück sind und die wieder treffen, die von ihren Vorfahren hörten, daß da mal welche ins Weltall aufgebrochen waren.

Wie sieht es aber aus, wenn wir wirklich verreisen wollten, z. B. zu Planeten anderer Sterne. In Science Fiction Filmen geht das ja fast nach Fahrplan. Der nächste Stern ist über vier Lichtjahre entfernt. Daß der eine Erde hat, auf der wir leben könnten, ist schon aus der Wahrscheinlichkeitstheorie so gut wie ausgeschlossen. Es müßte also viel viel weiter gehen. Das Raumschiff müßte eine Größe haben, die landwirtschaftliche Nahrungserzeugung ermöglicht. Eine einzige Pflanzen- oder Tierkrankheit würde ganz schnell ein Ende einleiten. Ein so großes Raumschiff auf eine Geschwindigkeit zu bringen, die ein aussichtsreiches Vorankommen gewährleisten kann, sagen wir mal halbe Lichtgeschwindigkeit, ist ein Ding der Unmöglichkeit, da diese Geschwindigkeit ja auch wieder zurück beschleunigt, also abgebremst werden muß, was den gleichen Energiebedarf wie beim Starten noch einmal benötigt (es kann ja nicht einfach ein Anker geworfen werden). Ob es den Phantasten gefällt oder nicht, wir gehen mit der Erde unter, aber nicht aller spätestens, denn das schaffen wie aus eigener Dummheit schon viel früher. Wobei sicherlich kurz vor Ende noch der eine oder andere das letzte "große" kommerzielle Geschäft seines Lebens macht und auch dadurch selbst kürzer lebt: Die Osterinsel läßt grüßen.

Die galaktischen Kreisel

Die mit Abstand schönsten, für das blose Auge leider nicht sichtbaren, Objekte am Himmel sind Galaxien. Besonders die, die so schöne Spiralschweife haben, so, wie unsere eigene Galaxie, die Milchstraße, auch.

Nun will der Mensch ja auch wissen, wie die entstanden sind, wie sie funktionieren und wie sie enden. Ihre Entstehung ist unbekannt, ihr Funktionismus unklar und ihr Ende abschätzbar.

Hier wollen wir uns nur mit dem beschäftigen, was auch nachvollziehbar und soweit möglich beweisbar ist, das ist ihr Funktionismus. Dabei ist die erste Frage schon, wie kann eine Galaxie "funktionieren", da sind doch nur viele Sterne an einer Stelle zusammen?
Als Vergleich zur Erklärung eines Funktionismusses dient unser Planetensystem. Da funktioniert nämlich auch etwas, nämlich, daß Planeten um die Sonne kreisen, auf bestimmten Bahnen und mit bestimmten Geschwindigkeiten. Die Planeten bewegen sich dabei aber nicht im Kreis oder elliptisch, sondern streng nach Newton's Trägheitssatz: geradeaus mit konstanter Geschwindigkeit. Das tun sie aber gegenüber dem Äther und nicht gegenüber der Trigonometrie des Weltraums. Nur weil der Äther zur Sonne hin fließt, ergeben sich Kreis- oder Ellipsenbahnen. Sie entsprechen denen, die ein Boot am geneigten Rand eines Strudels vollführen würde. Das Boot fährt gegenüber dem Wasser auch geradeaus, mit geradem Steuerruder, geometrisch zur festen Umgebung aber auf einer Kreisbahn. Die Krümmung einer Pfeilbahn wurde ja auch in der Wasserfall"wand" sichtbar, obwohl der Pfeil gegenüber dem Wasser auch geradeaus fliegt. Das heißt letztlich, daß die Planeten gar nicht wissen, daß sie die Sonne umkreisen.

Was funktioniert in einer Galaxie?
Zunächst das, das uns beim Betrachten intuitiv aus ihrer Form einfällt: Sie dreht sich. Wie sollten sich auch sonst die Schweife ergeben? Solche Spiralbilder sehen wir nämlich auch im Alltag in der Badewanne oder anderen Behält-nissen, aus denen Flüssigkeiten zu einem Abflußloch hin strömen. Deren Oberflächen wellen sich besonders gegen Ende des Auslaufens in eben solchen Spiralstrukturen. Genau so sehen das auch Physiker. Dieses so "Sehen" ist aber noch keine Erklärung und schon gar keine, die Ursache und Wirkung offen legt.

Dabei entsteht auch die Frage, "strömt" bei Galaxien etwas von der Mitte nach außen oder etwas von außen nach innen zum Zentrum"? Für beides liegen keine konkreten Beobachtungen vor, weder von ganz jungen Galaxien von vor 12 Milliarden Jahren noch von heutigen.

Da das Drehen von Galaxien mit dem der Planeten vergleichbar scheint, wurde ein Planetensystem Funktions-Modell für Galaxien. Das entspricht der Methode, von Bekanntem auf Unbekanntes zu schließen. Diese Methodik hat schon zu vielen Erfolgen geführt, es gibt aber kein Gesetz, daß das immer der Fall sein muß.
Als eine Forscherin die Geschwindigkeiten von Sternen in der Andromedagalaxie auf unterschiedlich weit entfernten Bahnen zum Zentrum maß, war die Überraschung groß. Die Geschwindigkeiten dieser Sterne waren nicht so, wie sie nach dem Planetensystemprinzip mit der Bilanz von Zentrifugal und Zentripetalkraft sein müßten. Die Geschwindigkeiten wurden mit zunehmendem Abstand nicht wie erforderlich kleiner, sondern blieben gleich. Also müßten die äußeren Sterne von Galaxien, die die Schweifarme bilden, wegfliegen. Genau das tun sie aber nicht und alle Forscher waren ratlos.
Diese Messung brachte auch keine Erleuchtung darüber, ob ein Fluß von außen nach innen oder umgekehrt oder nur Umkreisungen vorliegen, dafür ein Rätsel, das es in sich hat. Denn: Die Wirklichkeit steht frontal gegen eine Theorie.
Na und, dann muß halt die Theorie geändert werden, es ist ja auch nur eine geborgte von Planetensystemen und wurde nur deshalb genommen, weil die Drehungen von Galaxien nur so aussehen wie die von Planetensystemen. Daß eine geborgte Theorie nicht richtig sein muß, läßt sich auch damit begründen:

Wenn alles so wäre, wie es aussieht,
bräuchte man gar keine Forschungen mehr.

Die Suche nach den Ursachen für das Phänomen der scheinbar zu großen Sterngeschwindigkeiten in den äußeren Spiralarmen blieb ergebnislos.
Von der Theorie der Planetensysteme aber kam man nicht los. Da auch keine anderen Ideen das Rätsel lösen konnte, wurde die Wirklichkeit so geändert, daß Übereinstimmung mit der Planetentheorie erreicht wird.
Wie geht das?
Indem man in diesem Fall einfach etwas hinzu erfindet, dessen Einfluß "die Sache" auf die gewünschte Reihe bringt. Für diese scheinbar nur einzig mögliche Lösung müßte es also etwas geben, das zur Masse im Zentrum der Galaxie auch noch zusätzlich gravitativ so einwirkt, daß die Sterne in den Galaxiearmen am Wegfliegen gehindert werden. Dieses "Wirkende" müßte

auch nur auf die äußeren Spiralarme und nicht auch noch nach innen wirken. Von diesem Aspekt wird aber nie gesprochen. Da Gravitationskräfte nur von Stofflichem ausgehen können, wurde auch etwas Stoffliches hinzu erfunden. Aber unsichtbar muß es sein, da ja nichts zu sehen ist. Dieser Stoff sei die inzwischen durch häufiges Erwähnen in ihrer Existenz als gesichert geltende "*dunkle Materie*". Man muß nur oft genug etwas wiederholen, dann wird es auch geglaubt. Und dieser "Glaube" kann von den Erfindern dann auch noch als Beweis für ihre Erfindung angesehen werden: "Es geht rund in der Physik!"

Mit Vernunft betrachtet gleicht die "Erfindung" eines Dinges wie "dunkle Materie" nur einem frommen Wunsch. Diese Erfindung fußt ausschließlich auf der Nichtvereinbarkeit einer Messung mit einer Theorie. Das unerklärliche Ergebnis der Messung von Michelson und Morley führte zur Entfernung eines Dinges der Natur, des Äthers, das unerklärliche Ergebnis der Messung der Sternumlaufgeschwindigkeiten in Galaxien zur Hinzufügung eines Dinges. Den Fehler des Entfernens des Äthers haben wir hier gefunden. Der Fehler des Hinzufügens eines ominösen Stoffes wird sich auch gleich zeigen.

Beim Vergleich von Galaxien mit Planetensystemen gibt es einen nicht nur kleinen, sondern sogar sehr auffälligen und für jedermann sichtbaren Unterschied und der ist grundsätzlicher Art. Der Unterschied ist gerade das, was Galaxien so schön macht: Die Schweifarme. In Planetensystemen gibt es nämlich keine und rein zufällig können diese nur äußerst selten und dann auch nur sehr kurzzeitig bestehen.

Planetensysteme besitzen keine Schweifarme.

Damit dürften, wenn Galaxien wie Planetensysteme funktionieren würden, in Galaxien so ausgeprägte Schweifarme ebenfalls nicht entstehen dürfen, außer, die hinzu erfundene dunkle Materie würde auch noch für deren Entstehung sorgen. Die Methode, in Unverstehbares ein zusätzliches "Ding" hinein zu packen und diesem all das zuzuordnen, was zu einer Theorie führt, ist der einfachste, aber dümmste Weg, etwas Unerklärliches zu erklären. Dieser Weg funktioniert nämlich immer und bei Allem. Früher wurden Götter hinzu erfunden, heute wissenschaftlich Klingendes. Wie noch beschrieben wird, setzte sich diese Methodik bei weiteren "Problemen" sogar noch fort.
Die dunkle Materie in Galaxien ihrerseits müßte für die Erfüllung ihrer gewollten Aufgabe auch noch in einer so speziellen Anordnung in Galaxien verteilt sein, daß das einfach nicht mehr glaubhaft ist. Wenn sie einfach nur überall wäre, würde sie den "Erfolg" ja nicht erbringen. Aus Zufall kann die dunkle

Materie eine solch genaue Verteilung aber auch nicht haben, sonst wären die fast unendlich vielen Galaxien nicht so gleichartig, wie sie es sind.

Die dunkle Materie ist nichts als ein Hirngespinst.

Damit scheidet ein Planetensystem als Vorlage für Galaxien rein sachlich aus. Allerdings nur für die Bereiche, die die Schweifarme innehaben, also die äußeren. Die Spirallinien der Schweifarme beginnen nämlich nicht im Zentrum von Galaxien, sondern erst ab einem bestimmten Abstand vom Mittelpunkt. Dieser innere Bereich von Galaxien wird mit *starrer Wirbel* bezeichnet, da er sich zwar auch dreht, aber in sich starr ist wie ein Klotz. In diesem inneren Bereich besteht auch tatsächlich ein Funktionismus wie in Planetensystemen. Das Verhältnis des Durchmessers des inneren Bereichs von Galaxien zum Außendurchmesser der gesamten Galaxie ist unterschiedlich. Wie das kommt und warum es überhaupt diese zwei Bereiche gibt, weiß natürlich auch noch niemand.

Das Grundsatzproblem für die Astrophysik, die Bewegungsvorgänge materieller Dinge im Kosmos erklären und nicht nur beschreiben zu können, liegt darin, daß die Gravitation in ihrer Ursache unbekannt ist. Man kennt nur ihre Wirkungen, weiß aber nicht, was deren Ursache ist. Und das bedeutet:

So lange, wie die Ursache der Gravitation unbekannt ist, kann der Kosmos gar nicht verstanden werden können!

Damit ist nun wieder die Freßtheorie gefordert. Gravitation ist Fluß von Äther in Materie hinein. Im Kern von Galaxien befindet sich eine Massierung von Materie, so daß es einen Strom von Äther in diesen Bereich hinein gibt.
Das beantwortet schon einmal die Frage, ob in Galaxien die Schweifformen einen Strom von innen nach außen oder von außen nach innen anzeigt: Es ist ein Strom von außen nach innen.

Da dieser Strom aber ein gravitativer ist, also ein Strom von Äther, bestimmen die Sterne in ihm gar nicht, welche Umfangsgeschwindigkeiten sie haben. Sie "schwimmen" nur mit dem Äther mit, was aber nicht ausschließt, daß sie ihm gegenüber zusätzliche Geschwindigkeiten besitzen. Das Sonnensystem bewegt sich z. B. auch, mit ca. 20 km/s auf das Sternbild Herkules zu. Ob das die Geschwindigkeit des Sonnensystems oder die des Sternbildes Herkules ist, ist zunächst unklar. Da die Sterne des Herkulesbildes aber keine an einem Ort zusammengehörige sind, sondern verschieden weit entfernte, die nur aus unserer Perspektive diese Bildanordnung ergeben, ist eine Geschwindigkeit nach dorthin wahrscheinlich.

Sterne in den Galaxiearmen zeigen also nicht auf, wie *sie* sich gegenüber dem Äther bewegen, wenn sie sich überhaupt gegenüber ihm bewegen, sondern bzw. auch, wie sich der Äther dort bewegt, wo sie in ihm sind. Es sind also neue Meßverfahren zu entwickeln, die die Bewegungen der Sterne gegenüber und mit dem Äther unterscheiden können.

Wie entstehen nun die Schweifarme bzw. was ist das Grundprinzip des Aussehens von Spiralgalaxien?
Da kann man nur spekulieren. Würde man die Drehung zurück rechnen, dürfte man zu einem Anfangszustand kommen, der aus ursprünglich gleichmäßig verteilten geraden Strahlen mit Sternanhäufungen nach außen besteht. Nur wer oder was hat ihn so geschaffen?
Die Anzahl der Arme beträgt ab nur zwei und ihre Anordnungen ist immer regelmäßig am Umfang des inneren starren Bereiches verteilt. Obwohl man ja bis fast zur Stunde Null des Kosmos zurück schauen kann, hat man aber wohl noch keine Galaxien mit geraden Stern-Strahlen-Bündeln gesehen.

Bewegen tut sich bei Galaxien aber nicht nur etwas in ihnen, sondern Beobachtungen zeigen, daß auch sie sich im großen, den ganzen Kosmos ausfüllenden Äthersee, bewegen. Direkt gesehen wurde das dadurch, daß welche eine "Bugwelle" aus von sich im freien Raum befindlichen dünnsten Gasen vor sich her schieben. Woher Galaxien einen solchen Anschub erhielten, ist völlig rätselhaft. Ihre Materiemengen sind für unser Vorstellungsvermögen ja praktisch unendlich, wer oder was kann so viel Masse in Schwung bringen?

Was weiß man wirklich von Galaxien?
So gut wie Nichts.
Weder, warum es sie überhaupt gibt, noch wo sie herkommen, also entstanden sind, noch warum sie einen sich starr drehenden inneren Bereich und einen sich radial verschiebenden äußeren Bereich besitzen noch warum die äußeren Sterngruppen vermutlich zuerst strahlenförmig entstanden und erst durch die Drehung Spiralen daraus wurden und warum sich bei den flachen Spiralgalaxien über und unter ihnen Sternhaufen befinden und warum in der Galaxiemitte jeweils ein schwarzes Loch existiert, das nicht zwangsläufig schon bei der Geburt der Galaxie da gewesen sein muß.

Aber Mathematiker können natürlich wie immer, so auch hier, alles, was lokalisier- und meßbar, also von dem man Kenntnisse besitzt, in Formeln packen und diese dann als Physik verkaufen. Physik ist aber nicht, etwas beschreiben, sondern etwas *erklären* zu können und zwar von Ursache nach Wirkung. Die Wesensfrage der Physik heißt nicht "Wieviel", sondern "Warum?".

In einer TV-Doku wurde präsentiert, daß man heute Galaxien in auch noch ihrer lokalen Verteilung im Weltall "aus dem Urknall" heraus rechnen könne bzw. es getan hat: "Und es stimmt genau mit den Beobachtungen überein!"
Daß man dazu eine Unmenge an Faktoren und Bedingungen eingeben mußte, damit dieser "Erfolg" eintritt, wird dabei verschwiegen. *"Und es stimmt genau mit den Beobachtungen überein*!" ist in Wirklichkeit nur deshalb so, weil es genau darauf hin "getrimmt", also getürkt worden ist. Das einzig positive dabei ist, daß die Mathematik so etwas kann. Das ist aber keine Physik.
Physikalisch kann man ja noch nicht einmal die Entstehungsgeschichte nur unseres Planetensystems stringent ohne Zusatzannahmen nachvollziehen. Ganz konkret ist z. B. immer noch unklar, warum sich die Sonne heute so unerwartet langsam dreht, denn Sterne haben bei ihrer Geburt eine so hohe Drehzahl, daß die Sonne diese bis in ihr heutiges Alter noch lange nicht verloren haben kann.

Was gibt es abschließend zu Galaxien zu sagen?

Galaxien sind Sternwolken im Äther
wie Wasserdampfwolken in der Luft.

Das Ding, das man nicht sieht

Neben der dunklen Materie, die man nicht sieht, weil sie auch gar nicht da ist, gibt es etwas, das man auch nicht sieht, obwohl es da ist. Und obwohl man es nicht sieht, ist es das größte Einzelding, das sich nach heutigem Wissen im Kosmos befindet. Und dafür, daß es wirklich existiert, gibt es zweifelsfreie Beobachtungen.

Im Zentrum von Galaxien seien, wie ja schon erwähnt, schwarze Löcher. Ein solches schwarzes Loch ist ein Stern, der so groß und schwer ist, daß der Gravitationsfluß von Äther in ihn hinein die Lichtgeschwindigkeit übersteigt.

Dieser "Stern" hat in unserer Galaxie, der Milchstraße, vier Millionen Sonnenmassen! Also kommt aus ihm kein Licht mehr heraus. Das heißt, man sieht ihn nicht, obwohl er da ist. Aus diesem Grund werden solche Sterne mit "schwarze Löcher" bezeichnet. Schwarz, weil kein Licht sichtbar ist und Loch, weil was hinein fallen kann.

Schwarze Löcher sind aber keine Sonderheit der Natur, sondern etwas ganz Normales. Schwarze Löcher sind Sterne, die man nur nicht sieht. Aber nicht deshalb, weil ihr Licht im Infraroten oder Ultravioletten liegt, sondern weil von ihnen überhaupt kein Licht ausgeht, selbst wenn es an ihren Oberflächen entstehen würde.

Weiter sind sie nichts, das dadurch entsteht, weil es die allgemeine Relativitätstheorie gibt. Nach deren Mathematik sind sie nur *auch* möglich. Denn, im 19ten Jahrhundert sind "schwarze Löcher" schon aus der Newton'schen Physik heraus vorausgesagt worden.

Je schwerer ein Himmelskörper ist, um so schneller strömt Äther in ihn ein. Je kleiner zusätzlich seine Oberfläche ist, also sein Durchmesser, um so noch schneller strömt er ein. Letzteres führt dazu, daß es rechnerisch schwarze Löcher im Nanometerbereich geben solle. Das kann sich aber erst dann bewahrheiten, wenn es die Natur auch bestätigt. Bisher ist aber wohl noch niemanden eines in die Suppe gefallen. Diese Mini-Schwarze-Löcher sind wahrscheinlich auch wieder nur mathematisch möglich.

Obwohl schwarze Löcher unsichtbar sind, üben sie doch Wirkungen in ihre Umgebung aus. Sie fressen ja Äther weg, so daß daraus ihre Gravitationswirkungen entstehen. Nähere Sterne müssen sehr schnell das schwarze Loch im Zentrum unserer Milchstraße umkreisen, was mit Radioteleskopen auch schon geortet wurde.

Nur das schwarze Loch selbst ist unbeobachtbar. Aber, die Neugier läßt Wissenschaftler nicht ruhen und das ist auch gut so. Allerdings bekommen sie dabei, wie ein TV-Professor mal sagte, einen "sooo dicken" Hals. Warum?
Weil aus einem schwarzen Loch keine Meßdaten heraus zu bekommen sind. Diese könnten ja nur durch Licht übertragen werden. Forscher sind damit auf nur Spekulationen angewiesen, was denn darin so alles vor sich gehen könnte. Vor allem besteht die *ausgedachte* Gefahr, daß die Massen dieser "Sterne", weil sie so gewaltig sind, durch ihre Gravitation zu nur einem winzigen Punkt

zusammenfallen könnten. Wenn es so geschehen würde, passierte das größte Unglück, das Mathematik-Physiker treffen kann, die Mathematik kollabiert: Sie können nicht einmal mehr etwas rechnen. Und das wäre ihr geistiger Untergang. Man hat also keine Ahnung, was ein solcher "Punkt" sein könnte, in dem alles verschwunden zu sein scheint.
Wenn man aber schon von Etwas nichts weiß, so gibt man diesem Nichtwissen wenigstens einen Namen. Der spekulative Zusammenbruch von Materie in nur noch einen Punkt und seiner zugehörigen Mathematik wird mit *Singularität* bezeichnet. Solche Namen machen gewaltigen Eindruck. Besonders deshalb, weil die meisten Leute nicht wissen, was sie bedeuten sollen. Da sie aber einen interessanten Klang haben, stellt man sich etwas ungeheuer Geheimnisvolles darunter vor. Ist man nicht wer, wenn man etwas mit einem solch ansprechendem Namen kennt?
Man ist.
Aber nicht, weil man weiß, daß man was *nicht* weiß, sondern, weil andere meinen, *daß* man damit etwas wisse.

Die Hälfte von dem, was z. Zt. im Fernsehen in Weltraumdokumentationen dargebracht wird, ist einfach nur Show. Es sind überwiegend Spekulationen, manchmal sogar Science-Fiktion-Filmen entnommen. Aber mit einer Entdecker-Euphorie vorgetragen, die einen sich sogar mit freuen läßt.

Gibt es denn was Besonderes bei schwarzen Löchern?
Ja.
Das, was einmal drin ist, kommt nie wieder heraus.
Nie?
Ja.
Wirklich nie?
Kommt überhaupt nicht in Frage, sagen die Physiktheoretiker. Warum? Weil sie Logiken haben, die das verbieten. Da gibt es z. B. die These, daß Informationen nicht verloren gehen dürfen. Was ist eigentlich "Information"? Gibt es das in der dinglichen Natur? Gibt es auch noch eine nichtdingliche Natur? Also Geister? Für seriöse Physiker nicht, für Mathematikphysiker schon. Und die stellen die Mehrheit. Es müßte denen aber doch langsam auch dämmern, daß sie auf dem Holzweg sind, wie ihn Alexander Unzicker im Titel eines Buches über die heutige Physik benannte. Seit einem Jahrhundert ist die Physik in der Entdeckung noch ausstehender *wesentlicher* Grundlagen der nur dinglichen Natur nicht mehr weiter voran gekommen, was ja eine Ursache haben muß.

Und Nichtdingliches? Rein mathematische Phantasterei.

Damit beschränken wir uns nun lieber wieder auf das Nachweisbare betreffs schwarzer Löcher. Wenn man nun einmal etwas nicht weiß, dann sollte man das auch als Nichtwissen auf einer Liste stehen lassen und nicht so viel mathematischen Brei drum herum schmieren, der es überdeckt und man sich einbildet, daß man doch was wüßte. Gerade bei der Gravitation ist das auch der Fall: Man hat keine Ahnung davon, trotzdem aber: "Es ist doch alles klar, wir können doch alles berechnen und schicken bald Menschen auf den Mars!"

Worüber bei schwarzen Löchern gern diskutiert wird, ist, ab welcher Entfernung zu diesen man nicht mehr von ihnen weg kommt. Dafür gibt es selbstverständlich Formeln, mit denen man diesen Abstand bzw. Radius errechnen kann. Dieser Radius heißt Schwarzschild-Radius, da Karl Schwarzschild der war, der die Formel dafür entwickelte. Diese Grenze dafür, was drinnen bleibt und was sich gerade noch retten kann, wird auch mit *Ereignishorizont* benannt. Die Mathematik dafür interessiert uns aber nicht, wir wollen funktionell wissen, wie sich die Entfernungsgrenze des "No-Retourn-Punktes" bestimmt. Eine Funktion kann man sich nämlich merken, eine Formel selten. Formeln hat man auch nicht immer dabei, Wissen aber schon. Formeln können immer wieder nachentwickelt werden, Wissen jedoch, wenn es einmal verloren ist, nur sehr schwierig. Das heliozentrische Weltbild, das im Altertum schon einmal bekannt war, brauchte anderthalb Jahrtausende, um wieder aufzuerstehen.

Wo ist nun die Grenze zwischen drinnen und draußen bei einem schwarzen Loch?

Die Grenze, an der kein Entkommen von einem schwarzen Loch mehr möglich ist, ist an den Stellen, an denen der Ätherfluß in das schwarze Loch hinein Lichtgeschwindigkeit erreicht hat.

Ab da ist eine Umkehr nicht mehr möglich. Wir "schwömmen" dann gegen einen Strom, der schneller ist als wir, aus, vorbei! Ein Raumschiff würde dummerweise aber überhaupt nicht bemerken, wenn es diese Grenze, den Ereignishorizont, überschreitet.
Mit dem Wissen, daß der Ereignishorizont dort ist, wo die Fluchtgeschwindigkeit die Lichtgeschwindigkeit ist, entsprechendes mathematisches Können vorausgesetzt (das man aber auch kaufen kann), können die Formeln dazu *jederzeit* nach gebaut werden.

Nun gibt es ja noch die Forderung, die sich aus dem philosophischen in den physikalischen Garten eingemogelt hat, daß Informationen nicht verloren gehen dürften. Ihr Ursprung ist das Galileische Weltbild, daß alles berechenbar sein müßte, also durch Rückwärtsrechnungen alle Geschehnisse der Vergangenheit auch wieder findbar sein müßten. Ein Glaube von vor über dreihundert Jahren wird als Naturgesetz angesehen, ohne daß hinterfragt wird, ob Galilei das überhaupt richtig gesehen hat. Nicht einmal die Mathematik in sich kann ja Rückrechnungen erstellen: Jeder einzelne Integrationsschritt benötigt z. B. externe Daten, die man meist gar nicht kennt
Da ein schwarzes Loch alles verschluckt und in einer spekulativen Singularität verschwinden läßt, wo gehen dann die Informationen, z. B. daß es einen Raumfahrer gegeben hat, der hinein gestürzt ist, hin? In einer Sendung von Morgan Freeman am 29.6.15 im Servus-TV wurde dargestellt, daß die Information der Existenz eines Raumfahrers in der Kugelfläche des Ereignishorizontes gespeichert bliebe. Der Ereignishorizont wird dabei als Sichtgrenze angenommen, in der das Bild eines in das Loch stürzenden Raumfahrers für einen außerhalb verbleibendem Kollegen *an dieser Stelle* erhalten bliebe, obwohl der Hinein-Fallende ja weiter fällt. Der Raumfahrer außerhalb des Ereignishorizontes könnte demnach gar nicht in Richtung des Zentralsterns des schwarzen Loches hinein schauen. Solche Ideen gehören zu vielen anderen vernunftlosen Phantastereien. Sie entstehen im mathematischen Irrgarten unter Zuhilfenahme von Überdimensionen, für deren Existenz es keinerlei Beweise gibt.
Würde ein Raumfahrer ganz knapp etwas außerhalb des Ereignishorizontes verbleiben, so müßte er sich mit Lichtgeschwindigkeit dem senkrechten Fall entgegen bewegen, anders wäre das nicht zu machen. Das bedeutet, daß der Raumfahrer in Richtung schwarzes Loch gar nichts mehr sehen kann, denn. das Licht von Objekten, die sich unter ihm zum schwarzen Loch hin bewegen, kann nicht mehr gegen den mit Lichtgeschwindigkeit zum schwarzen Loch fließenden Äther hoch kommen. Fallende Objekte verschwinden optisch im Nichts.
Am Entfernungsort des Ereignishorizontes sind aber keine Umkreisungen nach dem Planetenprinzip mehr möglich. Die dazu benötigte Geschwindigkeit wäre Überlichtgeschwindigkeit.

Die Erscheinung, daß ein sich mit Lichtgeschwindigkeit bewegender Raumfahrer nach hinten nichts mehr sehen kann, ergibt sich aber überall im All und nicht nur an der Stelle, an der sich ein Ereignishorizont befindet. Man kann damit also nicht detektieren, ob man sich an einem Ereignishorizont befindet oder nicht.

Für die Raumfahrt ist ein Ereignishorizont ein Nichts, weder sicht- noch fühl- noch meßbar. Wobei der zuvor geschilderte "Ereignishorizont" nur der ist, der sich ergibt, wenn ein Raumschiff praktisch mit Vollgas ein Hineinfallen ins schwarze Loch gerade noch verhindert. Der Radius der kleinst möglichen Umlaufbahn um ein schwarzes Loch ohne Antrieb, also wie ein Planet, ist bedeutend größer. Er ergibt sich daraus, daß die Umlaufgeschwindigkeit mit Lichtgeschwindigkeit erfolgt unter der Voraussetzung, daß sich der Äther radial in Ruhe befindet. Da der aber wahrscheinlich von der Rotation des Zentralsterns des schwarzen Loches mit in Drehung versetzt wird, ist dieser Radius links und rechts herum auch noch unterschiedlich.
Satellitenbahnen für Planeten oder Sterne um andere ergeben sich ***nicht*** aus Rechnungen mittels Zentripetal- und Zentrifugalkraft. Diese passen nur zufällig quantitativ im Planetensystem der Sonne und für die Monde der Planeten. Inzwischen sind die Meßgenauigkeiten ja auch so weit verfeinert, daß für unseren Mond diese Rechnungen auch schon nicht mehr stimmen. Planeten und Mondbahnen werden durch ihre Eigenbewegungen gegenüber dem Äther bestimmt, nach Newton's Trägheitsgesetz und erhalten ihre Umlaufbahnen durch die Bewegungen des Äthers. Die Bewegungen fester Materie findet im Äther statt wie die Bewegungen von Staubkörnchen im Wetter der Atmosphäre auf der Erde. Genau so wenig, wie das Wetter zeitlich weder voraus noch rückwärts exakt berechnet werden kann, können auch die Bewegungen von Sternen in Galaxien nicht exakt berechnet werden. Deswegen gibt es keine mathematisch exakte "Informationen", die die Zukunft oder Vergangenheit wiedergeben können.

Weiter: Wie kann ein Software-Etwas (Informationen) in einem Nicht-Etwas wie einem nur geometrischen Ort gespeichert sein, ohne daß dabei ein Hardware-Ding mitspielt? Der Ereignishorizont ist kein Ding. Genau so wenig wie eine Linie an einem Hang, dessen Neigung immer steiler wird. Ist der Punkt, an dem die Hangabtriebskraft die Reibung der Füße mit dem Boden erreicht, ist das Abrutschen nicht mehr aufzuhalten. Auch dabei ist diese Grenzlinie, bis zu der maximal gegangen werden kann, kein Ding, das irgend wie "benutzt" werden könnte oder das Informationen speichern könnte, wieviel Leute da schon über diese Linie abgerutscht sind. Die heutige Mathematik-Physik hat jeden Bezug zur Realität und Vernunft verloren im Glauben, alles müsse berechenbar sein. Virtuellen Mathematiklinien interpretatorische dingliche Bedeutungen zuzumessen, entspricht den alten Vorstellungen, daß am früheren geometrischen Ende der Welt Fabeltier auflauern würden. Die Phantastereien der Menschen machen selbst bei Forschern nicht halt.

Wenn ein Objekt in ein schwarzes Loch gleitet, gehen selbstverständlich alle ihm anhafteten Informationen über seine Existenz und hinterlassenen Spuren für uns verloren, da aus dem schwarzen Loch keine Informationen mehr heraus geholt werden können. Dafür einen Ersatz in der Kugelfläche des Ereignishorizontes zu erfinden, (in welchen Dimensionen?), ist unsinnig.
Aber es geht ja noch weiter: Was in schwarze Löcher hinein erfunden wird, daß sie z. B. zu anderen Welten führen würden, ist offensichtlicher Unfug. Schwarze Löcher sind in unserem Kosmos so kleine lokale Volumina, daß darin keine anderer Kosmos Platz hätte und Überdimensionen, die dafür Platz hätten, sind einfach nur Träume.

Die theoretische Physik hat sich fast vollkommen losgelöst vom Dinglichen, vom Realen, vom Nachmeßbaren, letztlich von der Vernunft, die auch die Natur besitzt. Die theoretische Physik wandelt auf mathematischen Pfaden, denen nur noch Phantasieerscheinungen zugeordnet werden können.

Nachweisbar sind schwarze Löcher nur in Zentren von Galaxien gefunden worden. Ob auch einzelne herum schwirren, ist also unbekannt. Man könnte sie aber indirekt sehen und danach wird natürlich gesucht, da sie wie eine optische Linse wirken. Sterne hinter ihnen erscheinen dann doppelt, auf jeder Seite gleichzeitig und im Grenzfall, wenn ein Stern hinter dem schwarzen Loch etwa in dessen Linsen-Brennpunkt steht, als Lichtring, für den dann Einstein-Ring gesagt wird.
Warum entstehen Linsenwirkungen von schwarzen Löchern? Sie entstehen gar nicht nur durch schwarze Löcher, sondern durch alle Materieansammlungen, also an allen Galaxien und Sternen und sogar Planeten. Die Linsenwirkung ist an schwereren Sternen aber größer und auch der Linsendurchmesser, so daß mehr dahinter zum Vorschein kommt. An ganzen Galaxien wurden schon Teile eines Einsteinringes beobachtet, nämlich Licht von hinter ihnen befindlicher anderen Galaxien.

Diese wie optische Glaslinsen wirkenden Gravitationslinsen entstehen, weil der Ätherfluß in Sterne hinein das Licht, das von dahinter liegenden Sternen an ihnen vorbei geht, genau so ablenkt wie beim Durchgang durch eine Linse. Die Messung der Biegung von Lichtstrahlen durch die Sonne war ja Einstein's wissenschaftlicher Aufstieg.

Nun erzeugen schwarze Löcher aber auch Erscheinungen, die sonst noch nie beobachtet wurden. Die Sonne sieht von allen Seiten gleich aus, schwarze Löcher aber manchmal nicht. Z. B. gibt es welche, die zwei scharf gebündelte

Lichtstrahlen ausstrahlen, so, als würden auf der Sonne an Süd- und Nordpol je ein Scheinwerfer einen Lichtstrahl senkrecht nach jeweils oben werfen.
Der Vergleich mit der Sonne ist bewußt gewählt, da die sich dreht und sich Pole nur dadurch bestimmen lassen. Die Lichtstrahlen von schwarzen Löchern lassen also darauf schließen, daß sich der feste Kern schwarzer Löcher dreht. Ein Nichtdrehen wäre auch ein Wunder, denn noch kein einziger beobachtbarer Stern oder Planet dreht sich nicht.

Das Problem für die Erklärung dieser Lichtstrahlen ist aber, wieso kommt da überhaupt Licht heraus, wo es doch eine schwarzes Loch ist?
Und noch mehr: Wie kann auf der Oberfläche eines schwarzen Loches überhaupt Licht entstehen, da ja seine Fluchtgeschwindigkeit mehr als Lichtgeschwindigkeit beträgt? Das bedeutet nämlich, daß die Zeitdilatation eine Lichtentstehung verhindert, keine Elektronen fallen mehr auf untere Bahnen.

Wie werden diese Lichtbündel vom physikalischen Establishment "erklärt"? In diesem Fall ist da aber noch niemandem etwas eingefallen, deswegen redet man auch nicht darüber.

Überlegen wir also selbst.
Wenn Licht an den vermutlichen Polen der Zentralmasse eines schwarzen Loches austritt, muß an den Polen die Fluchtgeschwindigkeit kleiner als die Lichtgeschwindigkeit sein. Nur dann kann dort Licht überhaupt entstehen und auch noch entfliehen. Wie aber könnte an den Polen eine geringere Gravitation als auf der übrigen Oberfläche des Zentralkörpers des schwarzen Loches entstehen?

Welche Theorie könnte das erklären? Nur die richtige, denn:

Eine richtige Theorie kann <u>alles</u> erklären!

Nehmen wir also wieder die Freßtheorie. Gravitation ist Fluß von Äther in Materie hinein. Bewegt sich Materie, muß der Äther auch mal *hinterhe*r fliessen. An der Erde ist ja durch Lense und Thirring auch schon gemessen worden, daß er durch ihre Drehung etwas mit genommen wird.
Dieses Mitdrehen des Äthers wird natürlich auch schneller, wenn sich ein Himmelskörper schneller dreht. Die Erde dreht sich sehr langsam, verglichen mit beobachtbaren Sternen, die sich in Sekunden drehen. Trotzdem nimmt sie den Äther aber schon etwas in ihrer Drehrichtung mit. Für den Stern in einem schwarzen Loch ist nicht ausgeschlossen, daß er sich vielleicht sogar in Milli-

sekunden oder noch schneller dreht, und das noch mit seiner ungeheuer großen Masse. Man kennt aber seinen Durchmesser nicht, könnte aber daraus, daß er sich so schnell dreht, auch schließen, daß er einen sehr kleinen hat.

Durch diesen Mitnahmeeffekt entsteht in der Äquatorebene eines solchen Sterns ein flacher Äther-Strudel. Dieser hat sogar auch schon einen Namen: *Akkretionsscheibe.* Man kennt damit eine konkrete Erscheinung bei schwarzen Löchern, ohne sie aber in eine Theorie einordnen zu können. So etwas führt allgemein dazu, örtliche Spezialtheorien zu erfinden mit den Schwierig- bzw. Unmöglichkeiten, sie später in eine globale Theorie, letztens in die *eine* Welttheorie, einzufügen zu können.

Gehen wir damit mal davon aus, daß eine sehr schnelle Rotation des Schwarze-Loch-Sterns einen Ätherfluß bevorzugt auf der Äquatorebene erzeugt, so ist die Gravitationswirkung in dieser Ebene stärker als an den Polen. Äther fließt am Bauch des Zentralsterns schneller ein als an Kopf und Fuß, also den Polen. Das könnte die Ursache dafür sein, daß Licht von der Oberfläche der Pole durch einen schmalen Schlauch verminderter Gravitation an der Oberfläche austritt. An den Polen wären damit Äther-Wirbel wie Luft-Wirbelstürme auf der Erde mit einem Auge in der Mitte.
Damit wäre die Gravitation auf der Oberfläche des Zentralsterns eines schwarzen Loches unterschiedlich. Daß so etwas sein kann, und für das Aussenden der Licht-Jets auch erforderlich ist, sprengt endgültig alle bisherigen Gravitationstheorien.

Qualitativ erklärt die Freßtheorie für die Gravitation gleich mit, warum diese axial in der Drehachse ausgehenden Lichterscheinungen nur bei einigen schwarzen Löchern entstehen. Es ist anzunehmen, daß solche "Strahler" durch weiteres Wachsen der Massen der Zentralsterne wieder verlöschen, da dadurch die Gravitation auch an den Polen, also der Fluß von Äther dort hinein, anwächst und die Lichtgeschwindigkeit auch dort überschreitet.
Schwarze Löcher mit diesen Strahlen, die mit *Jets* bezeichnet werden, werden allgemein mit ***Quasar*** bezeichnet. Der Name Quasar wurde gebildet, als man Sterne fand, die gar keine sind, sondern ganze Galaxien. Eine Galaxie in großer Entfernung zeigt sich optisch wie ein nur einzelner Stern. Die Galaxie war damit quasi ein Stern. Aktuell werden sie mit den Jets ausstrahlenden schwarzen Löchern in Verbindung gebracht. Da ist aber noch sehr viel Unwissen dabei.

So schwarz, wie schwarze Löcher aussehen, ist die Zukunft für Entdeckungen auch in sie hinein aber nicht zu sehen. Nur *denken* muß man können, denn Mathematik führt garantiert in die Irre.

Natürlich kann die Mathematik mit der hier vorgestellten Theorie mit der Gravitation als Ätherfluß loslegen. Und natürlich ist das sinnvoll und hilfreich. Aber nur, wenn sich die Mathematik dabei nicht wieder selbständig macht und die physikalische Hose auszieht.

Wackelt das Weltall?

Sitzt man in einem fahrenden Zug oder Auto, so wird man etwas durchgeschüttelt. Die Ursache dafür liegt außen, der Untergrund ist uneben und auch Kurvenkräfte wirken auf unsere Gefährte ein.

Solch ein Geschüttele solle auch im Weltall bestehen. Der einzige mechanische Einfluß, der von außen auf z. B. die Erde einwirken kann, ist die Gravitationswirkung von anderen Planeten oder Sternen. Jeder Körper im Kosmos bewirkt einen Ätherfluß zu sich hin, der von ihm bis zu unendlicher Entfernung reicht. Verändert ein Stern zyklisch seine Lage, z. B. dadurch, daß er sich um einen anderen dreht, so ändert sich auch der durch ihn erzeugte Ätherfluß aus seiner Umgebung, also seine Gravitationsauswirkung. Durch das Zyklische seiner Bewegungen müßte also der Äther überall etwas in seiner Bewegung variieren. Man kann es sich so vorstellen wie ein Wackelpudding in sich vibriert, wenn man ein Messer in ihn hinein sticht und dieses leicht schüttelt. Der ganze Pudding vibriert dann in sich mit. Diese Schwankungen der Gravitationswirkungen, also Vibrationen des Äthers, können auch als Wellen angesehen werden. Solche "Wellen" des Vibrierens des Weltalls werden mit *Gravitationswellen* bezeichnet.

Gravitationswellen von "wackelnden" Sternen werden seit geraumer Zeit gesucht. Die ersten Meßgeräte waren Meßzylinder mit einem darin beweglich befestigten Kern in etwa ein bis zwei Metern Größe. In Deutschland ist eine Meßanlage bei Hannover gebaut worden, die ein Dreieck mit Seitenlängen von ca. einem dreiviertel Kilometer einnimmt und optisch arbeitet. In den USA besteht eine gleichartige Anlage mit einer Seitenlänge von ca. 3 km. Die

Phantasien reichen aber schon bis zu Anlagen, die sich im Weltall befinden und Seitenlängen von weit mehr als der Erde-Mond-Entfernung haben sollen. Gravitationswellen werden derzeit optisch unter der Annahme gemessen, daß sich durch variierende Gravitationsfelder Längenänderungen zwischen Meßpunkten ergeben. Das ist die Meßtheorie.
Diese Längenänderungen sind bei nur einem Kilometer Abstand der Meßpunkte aber noch so klein, daß sie nicht einmal das Ausmaß eines Atomdurchmessers annehmen. Deswegen können solche Längenmessungen auch nur mit Licht meßbar gemacht werden. Man braucht dabei aber nicht die Länge selbst zu messen, sondern nur die *Änderungen* als Hin- und Her-Bewegungen. Heutige Meßgeräte können solch kleine Längenänderungen messen. Die Anlage bei Hannover ist z. B. so empfindlich, daß sie sogar die Erderschütterungen durch die Brandung des Meereswassers an der Nordseeküste detektiert.

Wie sehen die Meßergebnisse aus? Um es kurz zu sagen: Es wurden noch keine Gravitationswellen gemessen. Warum? Das ist unklar. Theoretisch müßten sie aber existieren. Das Problem ist nur, *wie* kann man sie messen? Stimmt die Meßtheorie? Wenn man etwas messen will, muß man ja wissen, wie das funktioniert, was man mißt. Und Gravitationswellen zu messen kann nicht gelingen, so lange man nicht weiß, was Gravitation überhaupt ist.

Der rote Faden des bisherigen Buchinhalts besteht ja wesentlich aus einer Hinterfragung des bisherigen Denkens über die Natur. Tun wir das also auch an dieser Stelle.

Die Grundlagen der ersten Meßexperimente zum Nachweis von Gravitationswellen sind, daß lose Körper in einem Meßgerät durch Gravitationswellen in Schwingungsbewegungen geraten. Entweder als Bewegungen des ganzen Körpers oder daß er in seiner Länge vibriert, so, als wenn eine Schraubenfeder etwas gespannt und dann losgelassen wird. Ob es solche hochfrequente Gravitationswellen aber überhaupt gibt, weiß niemand.

Die optischen Messungen von Längen bzw. Abständen zweier Punkte auf der Erde setzt dagegen voraus, daß man einen Maßstab hat, der die erwarteten Längenänderungen *nicht* mitmacht. Wenn man mit einem Bandmaß die Länge eines Gartenschlauches mißt, legt man es an diesem an. Würde man den Gummischlauch in die Länge ziehen, das Bandmaß dabei aber festhalten und dadurch auch mit dehnen, so wäre der Schlauch zwar länger geworden, das mit gedehnte Bandmaß würde das aber nicht anzeigen.

Nun ist Gravitation Fluß von Äther. Dieser ändert sich, wenn sich der ihn auslösende Stern in der Meßrichtung vor und zurück bewegt. Licht ist aber eine Schwingung dieses Äthers. Der Äther ist damit selbst der Maßstab für die Änderung. Das dürfte die Ursache dafür sein, daß diese Meßgeräte nicht funktionieren.

Daß entfernte Sterne keinen Meßwert erzeugen, kann natürlich auch durch nicht ausreichende Empfindlichkeit der Meßgeräte verursacht sein. Auf der Erde bestehen aber so starke Gravitationsschwankungen, daß sie sogar sichtbar sind. Welche sind das? Es sind Ebbe und Flut.

Ein Meßgerät für Gravitationswellen muß nämlich auch dann ausschlagen, wenn ein gravitativ wirkender Körper still steht, also gar keine Gravitationswellen aussendet, sich dafür aber das Meßgerät selbst zyklisch auf ihn zu und von ihm weg bewegt. Da sich die Erde dreht, unterliegen alle Objekte auf ihrer Oberfläche einer zyklischen Änderung der Gravitationseinwirkung des Mondes. Natürlich werden wir etwas leichter, wenn der Mond oder die Sonne über uns stehen. Es ist nur eine Frage der Meßgenauigkeit, das aufzeigen zu können. Die Pflichtaufgabe für ein Gravitationswellenmeßgerät ist also zunächst, die durch die Drehung der Erde vorgetäuschten Gravitationswellen aus der Hin- und Wegbewegung des Standortes des Meßgerätes zum Mond zu detektieren. Kann es das nicht, beruht es auf einer falschen Meßtheorie bzw. falscher Vorstellung dessen, was Gravitation ist.

Und dann ist noch ein weiterer Punkt zu klären. "Gravitationswellen breiten sich mit Lichtgeschwindigkeit aus", so die Meinung der Lehre. Diese Meinung entsteht aus der Auffassung, daß sich eben alles mit nur maximal Lichtgeschwindigkeit bewegen könne. Bewegungen des Äthers gehören da aber nicht hinzu. Lichtgeschwindigkeit ist die Ausbreitung elekromagnetischer Wellen ***innerhalb des Äthers***. Was hätte das für eine Bedeutung dafür, wie schnell sich der Äther selbst bewegen kann? Bestimmt keine. Der Äther fließt ja auch schon mit Überlichtgeschwindigkeit in schwarze Löcher ein, die sonst gar nicht schwarz sein könnten. Es ist nicht undenkbar, daß sich Gravitationswellen mit sogar unendlicher Geschwindigkeit ausbreiten können.

Unendliche Geschwindigkeiten sind sogar schon bekannt und gemessen. Es gibt Paare kleinster Teilchen, die dadurch miteinander verwandt sind, daß sie gemeinsam geboren wurden und entgegengesetzte Zustände besitzen, z. B. das eins sich links herum und das andere rechts herum dreht. An ihnen wurde

schon gemessen, daß, wenn das eine in seiner Drehrichtung, mit Spin benannt, geändert wird, das andere instantan, d. h. gleichzeitig, seinen Spin ebenfalls ändert, egal, wie weit weg es sich befindet. Es vergeht also nicht die Zeit, die das Licht gebraucht hätte, um die Information vom einen zum anderen zu bringen. Man nennt diese "Verwandtschaft" der Teilchen *Verschränkung,* spricht also von *verschränkten* Teilchen.
Weil es nun wirklich absolut gleichzeitig stattfindende Vorgänge gibt, wurde das Dogma, daß sich nichts schneller als das Licht ausbreiten kann, eingeschränkt: Nur "Informationen" könnten sich nicht schneller als Licht ausbreiten. Wobei die Änderungsmitteilungen der verschränkten Teilchen aber schon wieder eine Ausnahme darstellen, oder Information muß so definiert werden, daß sie nicht dabei sind. Das Ganze sieht eher aus wie "Nichts Genaues weiß man nicht!" Auch betreffs der Verschränkung ist noch vieles zu erforschen.

Wie könnte man Gravitationswellen mit absoluter Sicherheit messen?
Mit einfachster Mechanik.
Von einem langen Stab, der in Richtung der Messung ausgerichtet ist, befindet sich das nähere Ende zum Meßobjekt (Mond, Planet, Sonne, Stern) in einem schnelleren Ätherfluß als das andere Ende, das weiter davon entfernt ist. Das zum Meßobjekt nähere Ende will somit schneller fallen als das weiter entferntere. Daraus entstand in Dokumentationen die plastische Aussage, daß Körper beim Sturz in ein schwarzes Loch zu Nudelform lang gezogen werden, was auch so ist.

Wird der Meß-Stab sehr lang gemacht und werden an den Enden des Stabes noch zusätzlich Massen angebracht, so steigert sich die Kraft noch, die den Stab in seiner Länge dehnen will. Um etwas messen zu können, kann der Stab in der Mitte getrennt werden und mittels eines Meßgerätes die Kraft zwischen beiden Teilen ermittelt werden. Die Kraftmessung kann durch Verbindungsfedern in eine Längenmessung gewandelt werden. Somit kann der Abstand beider Teile auch mit Licht gemessen werden, sogar mit den bestehenden Geräten. Zumindest für den Mond dürften damit Meßergebnisse erzielt werden. Die Sonne ist das nächste Objekt, das durch die Bewegung des Meßgerätes detektierbar wäre. Ihr Einfluß ist ja auch in Ebbe und Flut sichtbar. Findet man damit dann auch noch Auswirkungen eines Planeten, so lassen sich mit diesem dann auch noch die Geschwindigkeiten der Gravitationswellen ermitteln. Und Danach wird sich zeigen, wie weit man mit noch mach- bzw. finanzierbarem Aufwand kommt.

Mit alten Dogmen wie ätherlosem Vakuum und einer pauschal geltenden Begrenzung durch die Lichtgeschwindigkeit für Alles kommt physikalische Forschung nicht voran. Aber der Mut, neu zu denken, ist noch zu teuer, da er den Job kostet.

Die rote Ferne

Sehen Astronomen mit ihren Teleskopen in die Ferne, sehen sie "rot". Nicht jedoch aus innerer Erregung, sondern im Licht weit entfernter Sterne. Allerdings sehen sie es nicht mit eigenen Augen, sondern mit Meßgeräten, die das Licht dieser Sterne untersuchen.

Das Licht von Sternen wird nämlich auch darauf hin untersucht, ob Dopplereffekte darin stecken. Diese Dopplereffekte entstehen dann, wenn die Sterne sich auf uns zu- oder von uns weg bewegen. Wie im Kapitel "Eine Reise durch die Welt" schon beschrieben, wird das Licht von Sternen, die sich von uns weg bewegen, röter und das Licht derer, sie sich auf uns zu bewegen, blauer.

Mit diesem Dopplereffekt werden z. Zt. externe Planeten um andere Sonnen gesucht. Dabei werden auch die durch die Planeten verursachten Taumelbewegungen der Sterne gemessen. Eine Sonne steht ja nicht absolut still mit ihrem Schwerpunkt, sondern die Planeten wirken mit ihrer Gravitation auch auf sie ein, so daß auch Sonnen den *gemeinsamen* Schwerpunkt des gesamten Planetensystems umkreisen. Allerdings liegt der Schwerpunkt von Planetensystemen wie auch unserem meist noch innerhalb der Sonnenradien.
Die Meßgeräte, die den Dopplereffekt aus der kleinen "Umlaufbewegung" der Sonnen um den sich in ihrem Inneren befindlichen Gesamtschwerpunkt messen, haben so hohe Genauigkeiten, daß sie Geschwindigkeiten der Sonnen auf uns zu wie weg von nur ein paar Metern pro Sekunde anzeigen können.

Der Dopplereffekt bei Licht führt also, wie bei Schall auch, zu einer Frequenzänderung. Da bei Licht Frequenzen aber Farben bedeuten, verschieben sich diese. Mit einem Prisma, also einem keilförmigen Glas, fächert sich das Licht in die Regenbogenfarben auf, kennen wir ja alle von der Schule. In diesem auf

eine Fläche projizierten "Regenbogen" wandern die Farben von sich bewegenden Sternen zur Seite. Eine Verschiebung zur blauen Seite hin ist eine *Blauverschiebung*, eine zur roten Seite hin eine *Rotverschiebung*.
Das jedoch kann man nicht einfach so sehen. Denn, das Regenbogenspektrum bleibt für den Frequenzbereich, den unser Auge sieht, gleich. Verschiebt sich z. B. das Blau zum Rot hin, wird rotes aus dem Sichtbaren hinaus geschoben, dafür färbt sich das nachfolgende wieder zum gleichen Rot und das Blau, was nun zur Mitte des Sichtfeldes rückt, wird etwas grüner, dafür rückt neues Blau aus dem Ultravioletten nach, so daß der Farbbogen aussieht wie zuvor.

Wie erkennt man dann aber den Dopplereffekt bei Licht?
Dazu muß eine Markierung im Regenbogenfarbbereich gefunden werden, die sich mit verschiebt, so daß an ihr abgelesen werden kann, wohin und wie weit sich das Spektrum des Lichts eines Sterns verschoben hat.
Solche Markierungen hat man gefunden. Wird Sonnenlicht in ein Spektrometer geleitet, wo es in sein Farbband aufgefächert wird, so sind in diesem feine scharfe dunkle Unterbrechungslinien feststellbar. Diese entstehen dadurch, daß das auf Sternen wie auch der Sonne entstehende Licht durch die Gashülle der Sterne hindurch nach außen gehen muß. Die in der Gashülle befindlichen Stoffe wie z. B. Wasserstoff- und Heliumatome verschlucken, man sagt a*bsorbieren,* jeweils eine ihnen ganz eigene Lichtfrequenz, also Lichtfarbe. Die Wellenlängen dieser Absorptions-Frequenzen von Licht kommen also nicht auf der Erde an, so daß an diesen Stellen eine dunkle Linie erscheint. Man spricht dann z. B. von einer *Wasserstofflinie*.

Wo diese sogenannten *Absorptionslinien* ohne einen Dopplereffekt hingehören, läßt sich hier auf der Erde im Labor ermitteln. Damit erstellt sich ein Maßstab, mit dem Dopplereffekte aus dem Licht durch die Bewegung der Lichtquelle gemessen werden können. Die Verschiebungen der Absorptionslinien des Lichts wandern durch Dopplereffekte durch das Regenbogenfarbband hindurch, so daß sie bei hohen Dopplereffekten durchaus auch ins infrarote bzw. ultraviolette kommen. Diese Verschiebungen sind ein Maß für die Bewegungen der Sterne auf uns zu oder von uns weg.

Nun stellte sich zunächst heraus, daß entfernte Sterne eine Rotverschiebung haben. Danach erkannte man, daß diese Rotverschiebung grundsätzlich ist und von der Entfernung abhängt: Sterne haben eine um so größere Rotverschiebung-, je weiter weg sie von uns sind. Und dann stellte sich auch noch heraus, daß die Rotverschiebung bei sehr großen Entfernungen auch noch überproportional anwachsen. Sie entfernen sich also um so schneller von uns, je weiter weg sie von uns sind.

Warum?
Niemand hat eine auch nur blasse Ahnung. Das ist für das bisherige Weltbild etwas völlig Unverstehbares.
Was macht "man" da?
Etwas "Bewährtes": diesmal eine "Gegen-Gravitation", die Materie auseinander treibt. Man muß nur einen interessanten Namen finden für dieses Ungewöhnliche und dem bisherigen Entgegenstehendem. Ein solcher Name wurde, nach der bewährten "Dunkel"-Terminologie gefunden, eine "*dunkle Energie*"! Sie soll die Steigerung des Auseinandertreibens der Welt erklären wie die dunkle Materie das Nicht-Auseinandertreiben der Galaxien.

Die dunklen "Geschäfte" in der Physik haben Konjunktur! Aber, "dunkle Dinge" sind *Erfindungen* ohne Vernunft. Warum macht man sie?
Weil mit Hinzuerfindungen alles gelöst werden kann. Natürlich nicht richtig, sondern nur scheinbar. Aber das merkt ja keiner, da es von großen Geistern der mathematischen Physik vorgetragen wird. Welcher "Kleine" wagt es da, aufzumucken? Er würde sowieso ins Nichts rufen.

Bedenkt man dabei, daß es neben der dunklen Materie, der zuvor erfundenen dunklen Energie auch noch eine weitere dunkle "Sache" gibt, nämlich eine "dunkle Strömung," womit gewisse Schwankungen der Ungleichförmigkeiten des Strahlungshintergrundes des Himmels erklärt werden sollen, so werden die "Lösungen" mit dem "Dunklen" langsam inflationär. Man kann wohl bald einen Lehrstuhl für "dunkle Physik" einrichten.

Ein Wahnsinn! Es gibt sowieso schon drei Physiken: Die normale Denkphysik, die von der zweiten, der theoretischen, besser als mathematischen zu bezeichnen, an die Wand gedrückt wurde und eine alternative Physik, die sich an berechtigten Ungereimtheiten der Lehrphysik anheftet, obwohl sie viel Richtiges auch nicht zustande bringt, jedoch schon mehr als die theoretische. Wie kann so etwas entstehen und auch noch den Anspruch erheben, eine Wissenschaft zu sein?

Alles das ist natürlich keine Wissenschaft. Man darf auch nur deshalb Wissenschaft sagen, weil "Wissenschaft" noch nicht definiert wurde bzw. weil "Wissenschaftler" bestimmen, was Wissenschaft ist. Und das tun sie natürlich für sich wohlgefällig. Ohne sachbezogene ***neutrale*** Definition wird ein Sachgebiet aber weder eine Wissenschaft noch etwas Wahres.

Daß die Rotverschiebungen von Sternen mit ihrem Abstand zu uns immer größer werden, ist natürlich ein ausgezeichneter Entfernungsmesser. Aber, ganz so einfach ist es nun doch nicht. Natürlich ist die Annahme, daß ein Dopplereffekt Bewegungen zu und weg von einem Beobachter aufzeigt, richtig. Aber, es muß auch ein Dopplereffekt sein!
Warum sollte es keiner sein?
Weil es noch andere Effekte gibt, die die Frequenz von Licht ändern. Diese bestehen auf beiden Seiten, an der Lichtquelle, einem Stern, wie am Empfänger hier auf der Erde. Das sind zum Einen "Wind"- und zum Anderen relativistische Effekte, die aus der Zeitdilatation entstehen.

"Wind"-Effekte sind Effekte aus dem Äther-"Wind". Das Licht von einem Stern muß gegen den Gegenwind des gravitativ in ihn einfließenden Äthers starten. Das ist so, als ob ein Lautsprecher den Schall gegen den Wind in die Luft entläßt. In der Luft besteht dadurch eine erhöhte Frequenz, mit der sich der Schall weiter ausbreitet. Diese nun erhöhte Frequenz des Schalls würde von einem Empfänger, der mit dem Wind mit ginge bzw., wenn die Luft ihre Bewegung bis zum Empfängerort verloren hätte, als eine Bewegung des Lautsprechers auf den Schallempfänger zu angesehen werden, obwohl der still steht.
Auf der Empfängerseite geschieht Gleichartiges. Der Empfänger auf der Erde bewegt sich, wenn senkrecht nach oben gemessen wird, *gegenüber dem Äther* mit Fluchtgeschwindigkeit. Damit tritt ebenfalls eine Frequenzerhöhung ein. Beide Frequenzerhöhungen würden in Summe den beobachteten Stern als sich zu uns hin bewegend erscheinen lassen, obwohl diese gar nicht existiert.

Wird an einem Stern eine Rotverschiebung gemessen, so wäre die tatsächliche Geschwindigkeit, mit der er sich von uns weg bewegt, noch um den Betrag höher, der sich aus den unsichtbar darin steckenden Blauverschiebungen aus dem Ätherwind-Effekt ergibt.

Aus der gravitativen Zeitdilatation entsteht ein relativistischer Effekt, der die Frequenz von Licht ebenfalls noch ändert. Er entsteht dadurch, daß durch die Zeitdilatation das Licht schon röter entsteht. Kommt das Licht von einem großen Stern, so ist dessen Licht schon bei der Entstehung zum Roten hin verschoben. Diese Rotverschiebung bedeutet aber noch keine Bewegung des

Sterns auf uns zu und muß theoretisch heraus gerechnet werden. Dazu muß man natürlich aber die Größe des Sterns, d. h. seine Gravitationsstärke, kennen.

Ein Beispiel:
Würde eine Taschenlampe in den Satelliten für das GPS-System auf die Erde strahlen und dieses Licht untersucht werden, so würde eine Rotverschiebung festgestellt werden. Diese entsteht durch die hohe Geschwindigkeit des Satelliten. Sie bedeutet aber keinesfalls, daß sich der Satellit von der Erde weg bewegt. Die Rotverschiebung kommt nur dadurch zustande, weil das Licht in der Glühbirne oder Leuchtdiode der Taschenlampe durch die Zeitdilatation des Satelliten röter *geboren* wird.

Nähert sich die Größe eines Sterns der Masse, die ihn zu einem schwarzen Loch werden ließe, so wird die relativistische Rotverschiebung gewaltig größer. Da Licht aus fernen Galaxien schlecht anzusehen ist, von wie großen Sternen es ausging, sind die Berechnungen der Geschwindigkeiten des Fortbewegens dieser Galaxien aus ihren Rotverschiebungen schon mit vielen Fragezeichen zu versehen.

Und dann kommt noch etwas hinzu, woran kaum jemand denkt. Es ist eine dritter Effekt, der auch noch die Frequenz des Lichts ändern kann.
Z. B. ist die Geschwindigkeit des Schalls in Luft kein fixer Wert. Er hängt davon ab, wie warm die Luft ist. Die Schallgeschwindigkeit ist bei tiefer Temperatur kleiner als bei höherer. Deswegen kommen Flugzeuge in großer Höhe, wo es kälter ist, auch schon bei geringerer Geschwindigkeit in den Überschallflug.

Wie ist es bei Licht?
Nach dem Einstein'schen Dogma ist die Frage, ob die Lichtgeschwindigkeit überhaupt von irgend etwas abhängig sein könnte, schon Ketzerei. Für Einstein, und damit für die heutige Physik insgesamt, ist die Lichtgeschwindigkeit nämlich das absolute Grund-Maß, der Eckstein des Kosmos, das Fundament von allem. Es stelle den Maßstab für Geschwindigkeiten wie für Entfernungen.

Das ist ein großer Anspruch, den das Licht da erfüllen muß.
Weiß es das?
Und wenn ja, könnte es das?
Wohl eher nicht.
Licht ist eine Schwingung des Äthers, genau so, wie Schall eine Schwingung

von Luft ist. Also könnten auch Zustandsänderungen des Äthers einen Einfluß auf die Lichtgeschwindigkeit haben. Man kennt nur noch keine.

Damit an dieser Stelle zum ersten und einzigen Mal in diesem Buch eine Spekulation. Aber eine, die noch Bodenhaftung hat, d. h. nachmeßbar ist und keine unkontrollier- und unmeßbare Interpretation aus mathematischen Formulierungen darstellt oder nur Hinzuerfindungen sind wie z. B. die dunkle Materie und dunkle Energie.

Nehmen wir zum Ersten einmal an, daß die Lichtgeschwindigkeit von der Dichte des Äthers abhängt. Wobei der Äther aber keine Dichte im normalen Sinn hat, da er ja masselos ist. Einzig sein Energieinhalt ergibt eine Aussage dafür, wie "dick" da etwas vorhanden sein kann.

Zum Zweiten nehmen wir an, daß die Lichtgeschwindigkeit von der Dichte des Äthers dergestalt abhängt, daß sie bei niedrigerer Dichte langsamer wird. Das ist zugegebenermaßen deshalb erforderlich, damit ein bestimmtes Ergebnis heraus kommt, das aber sehr gut in die Welt paßt und zwar weitaus besser und fundierterer als die Erfindung einer dunklen Energie!

Diese beiden Annahmen haben dann zur Folge, daß sich Licht, als es nach dem Urknall entstand, mit einer höheren Geschwindigkeit ausbreitete als heute, nachdem die Dichte des Äthers auf Grund der Ausdehnung der Welt geringer geworden ist. Das heute langsamere Licht hat dann zur Folge, daß die Frequenz des Lichtes fällt, also auch daraus eine Rotverschiebung entsteht.

Damit entfällt die bisherige Interpretation, daß sich Sterne um so schneller entfernen, je weiter weg sie sind, sondern, die Rotverschiebung wird nur dadurch größer, weil das Licht aus immer größerer Entfernung, also auch immer früherer Zeit, heute langsamer fließt.
Und es entfällt die Notwendigkeit, eine dunkle Energie überhaupt erfinden zu müssen! Und es ist ein weiteres Indiz dazu, daß es den Urknall wirklich gegeben haben muß, was ja letztlich auch noch nicht bewiesen ist und vielleicht auch nicht jedem schmeckt.

Die Annahme einer Lichtgeschwindigkeitsverringerung durch "Verdünnung" des Kosmos mittels Ausdehnung und Änderung des Ätherzustandes ist eine neue Theorie.

Wann ist eine Theorie richtig?
Wenn Experimente sie *quantitativ* bestätigen?

Nein.
Danach wären die heutigen fünf unterschiedliche Theorien für die Gravitation alle richtig, obwohl sie falsch sind. Die richtige Freßtheorie für die Gravitation sagt ebenfalls richtige Meßergebnisse voraus, weswegen sie sich allein dadurch auch noch nicht von falschen Theorien unterschiedet.

***Theorien können nicht nachgemessen werden*!**

Wer oder was kann sie dann bestätigen?
Theorien müssen *allgemeingültig* sein und sie müssen *alle* Fragen beantworten, die in ihren Bereichen auftreten. Eine einzige unbeantwortbare Frage enttarnt eine Theorie als schon im Grundsatz falsch!

Die Gravitationstheorie muß z. B. beantworten:
Was ist Gravitation?
Warum ist die gravitative Beschleunigung nicht spürbar?
Warum wird die Gravitationswirkung quadratisch zum Abstand schwächer?
Warum ist Gravitation nicht abschirmbar?
Welche Reichweite hat Gravitation?
Die Freßtheorie beantwortet alle diese Fragen "mit links", die etablierten Theorien können sie überhaupt nicht beantworten:

***also ist die Freßtheorie richtig*!**

Die neue Theorie der zur Entfernung überproportionalen Rotverschiebung muß welche Fragen beantworten können?
Im Gegensatz zur Gravitation zuvor sind noch keine anderen Erscheinungen bekannt, die mit dieser Steigerung der Rotverschiebung zu tun haben. Deshalb gibt auch noch keine Fragen.

So bleibt zunächst nur, zu suchen, ob diese Theorie wenigstens durch Messungen nur erhärtet werden kann. Wahrscheinlich ist die einzige Möglichkeit, sie zu bestätigen, die, die Lichtgeschwindigkeit über die Zeit zu beobachten. Dafür ist entweder eine lange Zeit oder/und eine entsprechend hohe Meßgenauigkeit erforderlich. Eines ist aber sicher:

Eine dunkle Energie gibt es genau so wenig
***wie eine dunkle Materie oder eine Gravitationskraft*!**

Das Unverstehbare

Die erste große Erkenntnis der neuzeitlichen Physik war, daß sich nicht Sonne und Sterne um die Erde drehen, sondern sich die Erde um sich selbst. Daß also die Drehung des Himmel über uns nur fiktiv ist, weil wir uns bewegen. Das heißt, daß unsere Sicht auf den Himmel eine relative ist. Und relativ ergibt immer falsche Bilder, die nur scheinbar wahr sind. Was sind wir bis heute noch so stolz darauf, das mit der Nichtdrehung des Himmels erkennt zu haben.
Wie ging es dann weiter?
Wie zuvor.
Was heißt wie zuvor?
Mit dem gleichen Fehler, mit dem auch die Theorie entstand, daß sich der Himmel um uns dreht.
Welcher Fehler ist das?
Daß wir nicht merken, wann und von wo wir relativ schauen.

Relativ ist anscheinend unverstehbar!

Dieses Unverständnis ist die unsichtbare Geißel der heutigen Physik. Es bestimmt die Denke bis in innerste Grundsätze, was zu einer Physik führte, die völlig neben der Wirklichkeit liegt. Der Mensch schafft es einfach nicht, sich aus dem, was er beobachtet, heraus zu halten.

Dazu zwei handfeste Beispiele.
Relativ kommt ein Baum auf uns zu, wenn wir im Auto falsch steuern oder aus der Kurve fliegen. Absolut aber bewegen *wir* uns auf den Baum zu. In diesem Fall ist uns bewußt, daß sich nicht der Baum, sondern wir uns bewegen. Das erkennen wir, weil wir auf die Erdoberfläche als Bezugspunkt gepolt sind: p*sychologisch* gepolt!
Was "macht" aber der Baum, wenn er nur ein paar Zentimeter von der Außenhaut des Autos entfernt ist? Was würden wir sagen, wenn die hinaus gehaltene Hand beim Vorbeifahren vom Baum getroffen würde? "Es war der Baum", der hat gegen die Hand geschlagen. Obwohl es ja genau anders herum ist, die Hand hat gegen den Baum geschlagen. Da wir aber zu diesem Schlag nicht mit dem Arm ausgeholt haben, halten wir uns für unschuldig und geben dem Baum die Schuld, wenn in der Hand etwas gebrochen ist: *Der* hat ja ...!
Gut, mit ein bißchen Überlegung schaffen wir es noch, die Wahrheit zuzugestehen, daß nämlich wirklich wir gegen den Baum geschlagen haben. Fühlen wir außerhalb des Autos aber nur die Luft, dann ist es aus mit der Wahrheit, dann gilt wieder unserer Psyche: Die Luft strömt an *unserem* Auto vorbei, was

sonst. Daß nach wie vor *wir* uns bewegen, wird mit Inbrunst geleugnet, und das auch von Akademikern und sogar höchsten Fach-Geistern, nämlich Aerodynamikern: Die Luft ströme am Auto vorbei, am Flugzeug schon allemal, denn da gibt es ja auch keinen Fußboden mehr, nur der einen mit viel Glück wieder runter zur Vernunft ziehen könnte.
Ein Marienkäfer, auf einem Flugzeugflügel sitzend, sieht die Luftteilchen von vorn nach hinten über sich genau so vorbei ziehen, wie wir in der Nacht die Sterne von Ost nach West. Die Sicht eines Piloten ist die gleiche wie die des Marienkäfers. Aber auch er merkt nicht, daß sie relativ ist. Durch den Tausch der Bewegungen von Flugzeug und Luft ist die Sicht in den Windkanal genau so relativ, wie die Sicht des Piloten, was zur Gesamt"erkenntnis" führte, daß "die Luft an einem Flugzeug vorbei strömt". Dabei bewegt sich nur das Flugzeug. Versucht man einem Fachmann klar machen zu wollen, daß sich doch das Flugzeug und nicht die Luft bewegt, so erhält man nach kürzester Zeit die Abwehr: "Da verstehen Sie nichts von relativ" und außerdem: "Das ist doch sowieso egal!"
Leider ist in der Natur überhaupt nichts egal, sondern definitiv bestimmt. Die Natur weiß ganz genau, was sie wie wo tut! Egal sind einzig mathematische Rechnungen, ob vorwärts oder rückwärts.

Für die Sicht auf die Sterne vom sich drehenden Erdboden brauchte es eineinhalb Jahrtausende, bis der Fehler erkannt wurde. Es bleibt abzuwarten, ob die relative Sicht auf die Luft beim Fliegen wenigsten nach eineinhalb Jahrhunderten durchschaut wird.

Ohne Sicht aus Ruhe vom Fußboden aus verlieren wir sofort das Gefühl für relativ und absolut.

Das Problem bei der Sicht auf die Welt ist, daß unsere meist nur relative Sicht, obwohl grundsätzlich falsch, so plausible Bilder liefert, daß wir sie für wahr halten, zumal sie ja mathematisch auch noch so schön berechenbar sind.
Natürlich spüren wir an der Hand, die aus dem Auto heraus gehalten wird, daß die Luft dagegen prallt. Das ist real, realer geht es gar nicht mehr. Aber, es ist falsch: Nicht die Luft prallt gegen die Hand, sondern die Hand gegen die Luft! Nicht *wir* sind der Bezugspunkt für das Geschehen zwischen Hand und Luft. *Unsere Bewegung* mit dem Auto ist der Verursacher des Ganzen, daß es einen Zusammenprall zwischen Luft und Hand gibt. Der Verursacher prallt gegen etwas, auch wenn es nur Luft ist, denn *er* hat die Bewegung. Würde *er* sich nicht bewegen, würde überhaupt nichts geschehen.

Wenn die Natur richtig erkannt werden will, muß man auch *ihre* Bezugspunkte benutzen und nicht die unserer persönlichen Anschauungen. Wir müssen die Natur mit *ihren* Augen sehen und nicht mit unseren. Das gilt auch für die Mathematik, die die Natur auch nur mit ihren Augen sehen will.

Einstein glaubte, den natürlichen Bezugspunkt, den Fixpunkt der Welt, für die Bewegungen im Kosmos in einem kräftefreien Körper gefunden zu haben. Dessen Kräftefreiheit hielt er für das einzig notwendige Kriterium, das den Fixpunkt der Welt bestimme. Er vergaß, daß neben der Kräfte-, d. h. Beschleunigungsfreiheit, auch eine *Bewegungsfreiheit* bestehen muß. Ein glatter Anfängerfehler. Daß so etwas einem doch ausnehmend gut denken könnendem Menschen passieren kann, ist keine Dummheit, sondern einfach die Fortführung der Sicht auf die Natur mit einer Basis, die nicht nach absolut und relativ fragt. Für keinen beobachteten Ablauf in der Natur wird bis heute gefragt, ob die Sicht auf ihn relativ oder absolut ist bzw. welcher Bezugspunkt für ihn gilt. "Relativ" und "absolut" wurden und werden nicht nach ihren Definitionen benutzt, zumal diese gar nicht geschaffen wurden, sondern nach Gefühl und Zweckmäßigkeit.
Das verhinderte bis heute, daß Physik zu einer Wissenschaft werden konnte, die *sich selbst* bestimmt, denn das gehört zu ihrer Definition. Das Nichtwissenschaftliche an der Physik ist daran ersichtlich, daß nicht Regeln bestimmen, ob etwas richtig oder falsch ist, sondern die Rückfrage, *wer* dieses oder jenes gesagt hätte. Nichts läßt sich heute in der Physik nachprüfen, denn sie hat keine Regeln.

Die *allererste* Regel für die Physik betrifft das Relative:

"*Man kann es doch auch so sehen*"
ist in der Physik *absolut* verboten!

Es gibt keinen Freiraum, ein Ding der Natur so oder so sehen zu dürfen, sondern: Es ist heraus zu finden, welche Sicht zu einem Vorgang eingenommen werden **muß**! Diese Sicht definiert dann das *natürliche Koordinatensystem,* das einen *absoluten* Bezugspunkt haben muß.

Das natürliche und absolute Koordinatensystem der Newton'schen Physik ist der Äther. In ihm laufen Vorgänge in sogenannten *Inertialsystemen* ab. Inertialsysteme sind zusammengehörige Objekte, deren Teile sich gemeinsam mit gleicher Geschwindigkeit bewegen, z. B. ein Auto, ein Zug, ein Flugzeug oder ein Raumschiff mit all seinen Einzelteilen, aber auch einzelne Teilchen allein

wie z. B. Myonen und Teilchen in Beschleunigern. Allen gemein ist, daß Inertialsysteme eine Bewegung gegenüber dem Äther haben, erst das macht sie zu Inertialsystemen.
In Lehre und Wissenschaft besteht die Auffassung, daß in einem Inertialsystem, z. B. Auto, Flugzeug, Schiff, ohne Sicht nach außen nicht festgestellt werden könnte, ob es sich bewegt oder nicht. Sitzen wir am Bahnhof in einem Zug und warten auf dessen Abfahrt und der Zug fährt dann sehr langsam an, so glauben wir beim Blick auf einen noch stehenden Nachbarzug, der würde abfahren. Erst wenn wir bemerken, daß in unserem Zug Erschütterungen auftreten, kommen wir per Überlegung zur Erkenntnis, daß nicht der, sondern wir uns in Bewegung gesetzt haben. Auch diese Lebenserfahrung führte zum zuvor genannten Glauben, daß in einem Inertialsystem dessen Bewegung nicht ermittelt werden könne.
Inertialsysteme sind als beschleunigungsfrei definiert, sie bewegen sich mit gleichförmiger Geschwindigkeit. Schulisch wird deshalb das Raumschiff "Erde" nicht als Inertialsystem eingeordnet, weil auf der Erdoberfläche eine Beschleunigung herrscht, die gravitative. Trotzdem stellt die Erdoberfläche in der Horizontalen doch ein Inertialsystem dar. In dieser Richtung erfüllt sich nämlich die Bedingung der Beschleunigungsfreiheit. Ein physikalischer Beweis dafür, daß wir in der Horizontalen in einem Inertialsystem leben, ist, daß Billard gespielt werden kann. Das geht nämlich nur, wenn der Billardtisch keinen Beschleunigungen unterliegt. Befände er sich in einem Zug, so wäre dieser während seinen Beschleunigungs- und Bremsphasen und in Kurven kein Inertialsystem mehr.
In der Vertikalen besteht auf der Erde kein Inertialsystem, es liegt ja eine Beschleunigung vor. Wir erinnern uns an die Messungen mit dem Beschleunigungsmesser.

Inertialsysteme sind räumlich zusammengehörige Materieansammlungen, die eine gemeinsame gleiche Bewegung gegenüber dem Äther haben. Bis auf eines, nämlich das, das sich *nicht* gegenüber dem Äther bewegt. Ein solches besonderes, man sagt "*ausgezeichnetes*", Inertialsystem gäbe es nach derzeitiger Lehre nicht. Das ist natürlich deshalb logisch, weil die Lehre ja auch den Äther als absoluten Fixpunkt nicht kennt: Sie kennt nämlich überhaupt keinen Fixpunkt, alles sei relativ. Ob man sich bewege, ließe sich nur dadurch bemessen, gegen wen anderen oder anderes man schaut. Danach kann man gegenüber einem Objekt langsam, gegenüber einem anderen sich anders bewegenden schnell sein, und das gleichzeitig. Oder bewegt man sich selbst gar nicht und

nur die anderen bewegen sich? Niemand weiß es.
Doch!
Wer?
Die Natur: In ihr ist alles bestimmt.

Unbestimmtheiten gibt es in der Natur nicht!

Das gilt auch für Inertialsysteme. In ihnen kann sehr wohl festgestellt werden, ob und wie schnell sie sich bewegen. Obwohl die Sicht aus ihnen relativ ist, da sie sich ja bewegen. Inertialsysteme erleiden durch ihre Bewegungen nämlich eine Zeitdilatation. Das heißt, ihre Uhren gehen langsamer. Und das läßt sich an der Größe ablesen, die *die* Zentrumsgröße der Physik ist, an der Lichtgeschwindigkeit.

Lichtgeschwindigkeit ist der Maßstab für Geschwindigkeiten gegenüber dem Äther.

Nur in dem *ausgezeichneten* Inertialsystem, dem im Äther ruhenden, ist die Lichtgeschwindigkeit in alle Richtungen gemessen die gleiche mit ihrer absoluten Größe. In bewegten Inertialsystemen läßt sich aus Messungen der Lichtgeschwindigkeit in alle Richtungen deren absolute Geschwindigkeiten gegenüber dem Äther bestimmen.
Für das *ausgezeichnete* Inertialsystem sollte noch ein prägnanterer Name gefunden werden, da es ja auch eine Art Nullpunkt darstellt. In der Natur liefern nur Messungen aus dem ausgezeichneten, also dem gegenüber dem Äther ruhenden Inertialsystem, wahre, d. h. absolute Werte.
Das gilt natürlich auch für das Auto, das gegen einen Baum fährt. Dabei haben aber beide eine Grundgeschwindigkeit gegenüber dem Äther mit dem Wert der Umfangsgeschwindigkeit der Erdoberfläche und vertikal mit der Fluchtgeschwindigkeit. Da diese für beide gleich sind, kann man sie in der Praxis weg lassen. Aber nicht in der Physik! Und da war die Umfangsgeschwindigkeit der Erdoberfläche die Größe, die in der Vergangenheit den Himmel über uns drehen ließ.

Vom Problem relativ will niemand etwas wissen, da es alles scheinbar nur verkompliziert, so daß es nicht mehr ohne Denken verstanden wird. In eine Wissenschaft darf so eine Denkfaulheit aber nicht einfließen, was aber geschehen ist.

Nun ist das Problem "relativ" aber nicht einmal das einzige. Da gibt es noch so eine Eigenschaft für Sichten in die Welt, die bei Nichtbeachtung und falschem Verständnis Falsches in der Physik produziert. Was ist es? *"Relativistisch"*.

Relativ ist die Sicht aus Bewegung. Deshalb wird alles relativ Beobachtete falsch gesehen.
Relativistisch ist die Sicht aus einem anderen Zeitgang. Damit ist Beobachtetes auch falsch, und zwar mit seiner Ablaufzeit.
Beides liegt immer gleichzeitig vor, da ja beides durch die gleiche Bewegung entsteht. Wobei das Relativistische aber erst bei sehr hohen Geschwindigkeiten wirklich sichtbar wird.

Sichten aus bewegten Inertialsystemen sind zusätzlich zum relativen Einfluß auch noch durch den Einfluß der Zeitdilatation falsch.

Die gute Nachricht:
Bei der Beobachtung der Natur gibt es nur diese beiden Ursachen, die ein Beobachter bei der optischen Sicht auf sie falsch machen kann.

Die schlechte Nachricht ist, daß der Mensch die relativ/relativistischen Fehler weiterhin macht. Er fällt immer wieder auf *seine subjektive* Sicht herein. Und zwar in einem Ausmaß, das die gesamte Physik zu einer Pseudophysik werden ließ. Diese ist technisch verwertbar, von Wahrheiten aber weit entfernt.

Was heutzutage mit dem Begriff relativistisch alles angestellt wird, geht auf keine Kuhhaut mehr.
Da wird z. B. von einem relativistischen Dopplereffekt gesprochen. So etwas kann es gar nicht geben. Ein Dopplereffekt entsteht durch bewegende Wellenquellen oder/und Wellenempfänger. Das hat mit Relativistischem nicht das Geringste zu tun. Der relativistische Dopplereffekt wurde auch nur erfunden, damit das Einstein'sche Postulat einer relativ konstanten Lichtgeschwindigkeit nicht verletzt wird, das bei Licht gar keinen Dopplereffekt möglich machen würde. Der entsteht aber und mußte somit irgend wie anders benamst werden. Relativistische Effekte können aber auch Dopplereffekte vortäuschen. Die Funkfrequenz des Senders eines Satelliten wird z. B. dadurch geringer, weil die höhere Zeitdilatation des Satelliten gegenüber der auf der Erde die Funkfrequenz kleiner *entstehen* läßt. Diese kleinere Frequenz ist aber kein Dopplereffekt, der bedeuten würde, daß der Satellit absinkt, sondern der bleibt schön dort oben, obwohl seine Funkfrequenz eine Rotverschiebung besitzt, die aber nur durch die Erhöhung der Zeitdilatation aus der hohen Geschwindigkeit des Satelliten entsteht.

Das Neuste, das im Internet auftaucht, sind "relativistische Sterne". Was soll das sein? Relativistisch ist, von einem Zeitgang in einen anderen zu sehen. Relativistisch ist nur *eine Sicht*.

Ein materielles "Ding" kann niemals relativistisch sein!

Ein Ding mit "relativistisch" zu bezeichnen, spricht eine deutliche Sprache: Es gibt kein richtiges Verständnis (von *verstehen*) für das, was relativistisch überhaupt ist.

Die Attribute relativ und relativistisch, also wie Bewegungen von Objekten gesehen werden können, sind das traditionell Unverständlichste in der Physik. Und dabei sind sie doch wirklich korrekt lehrbar, da weder fiktiv, virtuell, imaginär oder übernatürlich, nur muß man es erst einmal verinnerlichen. Und daran mangelt es, bis in höchste wissenschaftliche Kreise. Im Internet kreist noch ein anderer Unsinn: Es könnten grundsätzlich nur Zeitgang*verlangsamungen* beobachtet werden. Natürlich ist Zeitdilatation immer nur eine Verlangsamung des Zeitablaufs, aber: Selbstverständlich muß ein Raumfahrer, der die Erde beobachtet, seinen Uhrengang schneller stellen, damit er die Erde "richtig" sieht. Denn mit *seiner* Uhr sieht er sie sich schneller drehen, obwohl sie das natürlich nicht tut. Ein Insasse der internationalen Raumstation sieht mit seiner von der Erde mitgenommenen Uhr die Erdoberfläche sich pro Tag schon um etwa 10 Kilometer weiter drehen.

Für den Kosmos gibt es sehr wohl einen für alles gemeinsamen Zeitablauf. Diesen hat ein Körper, der von Anbeginn bis heute keine Bewegung gegenüber dem Äther erhielt. Nur in bewegten Inertialsystemen läuft die Zeit je nach deren Geschwindigkeiten gegenüber dem Äther langsamer
Um die Arbeitsweise der Natur richtig erkennen zu können, ist die *absolute* Sicht vonnöten, also die vom absoluten Fixpunkt aus, dem Äther. Daß dieser sich aber ausgerechnet bei uns bewegt, vertikal in die Erde fallend und sich dabei auch noch beschleunigt, wir trotzdem aber eine Sicht auf die Welt erhalten, die eigentlich nur von festem Punkt im Äther möglich sein sollte, ist ein nur glücklicher Zufall. Unglücklich aber dafür, diese Zusammenhänge auch erkennen zu können. Aus diesem bisher undurchschaubaren Zusammenspiel von Wahr und Schein entstanden die Relativitätstheorien.

Die Sicht von der Erde ist nur zufälligerweise die, die das richtige Abbild des Sternenhimmels ergibt, somit heißt unser Glück:

Die Natur ist genau so, wie sie von der Erde aus gesehen auch aussieht!

Eine Krümmung des Raumes, wie sie die allgemeine Relativitätstheorie prognostiziert, gibt es nicht. Sie ist ja auch noch nie gesehen, geschweige denn vermessen worden. Lichtstrahlen krümmen sich nicht, weil sich der Raum krümmt, sondern weil sie von Ätherbewegungen im fixen dreidimensional trigonometrischen Raum mitgenommen werden wie Schall von bewegter Luft.

Was ist wahr?

Thomas Görnitz in "Quanten sich anders", 2006:
"*Von keiner der physikalischen Theorien, auch nicht von den erfolgreichsten, können wir heute beweisen, daß sie wahr sind, noch nicht einmal, daß sie in unserer Erfahrung mit Notwendigkeit gelten müßte*".

Wofür wird dann eigentlich Physik gemacht, wenn nicht mehr dabei heraus kommt? Wenn wir die Wahrheiten in der Natur doch nicht finden, kommen dann auch die alten Götter wieder? Nein, dafür neue, wissenschaftlich klingende, wie Raumkrümmung, Raumzeit, dunkle Materie, dunkle Energie und dunkle Strömung. Diese sind aber so abgehoben, daß sie für keine Vernunft mehr verstehbar sind, eben "Götter". Glaube ist das Credo dieser Physik.

Görnitz schreibt weiter:
"Für die Griechen hatten die Axiome (trigonometrisch-physikalische Gesetze) *offensichtliche Wahrheiten auszudrücken. Heute fordert man nur noch, daß sie widerspruchsfrei sind, während keine anschauliche Bedeutung mehr verlangt wird*".

Mit dieser Legitimation raste die Mathematik los und übernahm die Regie in einem Bereich, von dem sie gar nichts versteht, verstehen kann, nämlich dem der Physik. Noch denkende Physiker wurden an die Wand gedrängt. Einstein begann damit, sein heutiger Nachfolger, Stephan Hawking, rechnet seit seiner Schulzeit und rechnet und rechnet und rechnet, immer neue Welten. Und merkt nicht, daß unsere Welt da gar nicht dabei ist! Es entstehen immer neue physikalische Interpretationen, die Anschaulichkeiten erbringen sollen, aber mit

gewissen Halbwertszeiten immer wieder geändert oder neu erfunden werden müssen und von denen Honerkamp sagt, daß sie sowieso wertlos sind. Als z. B. andere verlangten, daß "Informationen" in einem schwarzen Loch nicht verloren gehen dürften, *interpretierte* Hawking aus seiner Mathematik, daß es unendlich viele Kosmen gäbe, damit dem Rechnung getragen wird. Einwendungen über seine Ansicht über den Ereignishorizont schwarzer Löcher parierte er damit, daß es einen Ereignishorizont gar nicht wirklich gäbe. Was soll man dazu sagen?
Was hat Hawking an Dinglichem in der Natur entdeckt? Nichts. All sein Wirken ist fauler Zauber, mathematisch genial, physikalisch jedoch genau so irreal wie die Relativitätstheorien.

Physik hat Wahrheiten zu erbringen: ***Etwas ist oder es ist nicht !***

Dazu gehören natürlich Theorien. Aber nicht die, die Görnitz als nicht beweisbar meint. Wenn in der Physik nichts beweisbar wäre, kann es genau so gut auch gleich vom Lehrplan entfernt werden und man beschränkt sich nur noch auf die Technik. Die erbringt ja auch jede Menge Erfolgserlebnisse, während die heutige falsche Physik im mathematischen Dickicht kein Licht mehr sieht. Allerdings wären schon auch bestehende Theorien beweisbar, wenn man denn die Kriterien für Beweise kennen würde.

Selbstverständlich ist es Aufgabe der Physik, Wahrheiten aufzudecken, was denn sonst? Wahrheiten sind aber nicht dadurch zu finden, daß die Mathematik einen Strauß theoretisch Möglichem vorlegt mit der Bitte, daß sich die Natur daraus etwas aussucht. Die Erfolgsquote mit dieser Methodik ist, seitdem es die theoretische Physik gibt, auch null. Fragen und Probleme vermehren sich inflationär, was ein eindeutiges Indiz dafür ist, daß die Suche nach Wahrheiten in die falsche Richtung läuft. Jeder Wanderer würde sofort umkehren, wenn er merkt, daß immer mehr unbekanntes Land vor ihm erscheint. Mathematiker haben aber kein Gefühl für das physikalische "Land". Sie glauben weiterhin, daß sich am Ende alles mit einem lautlosen geistigen End-"Knall", einer einzigen Formel, der Weltformel, zusammenfindet. Eher findet sich die Jungfrau mit ihren langen goldenen Haaren auf dem Loreleyfelsen, als daß es eine Welt-*formel* gibt.

Wahrheiten müssen explizit *aussprechbar* und nicht in Formeln versteckt sein. Nur mit Wahrheiten kann richtig *gedacht* werden. Nur sie können zu neuen Schlüssen führen, die weitere Wahrheiten aufdecken und nur sie passen *nahtlos*

zusammen, und das von ganz allein. Vereinigungstheorien dürfen gar nicht erforderlich sein, sie sind einzig Indikator dafür, daß mit den zu vereinigenden Theorien etwas nicht stimmt.
Theorien, die wahr sind, können automatisch alle Fragen für ihren sachlichen Inhalt beantworten. Z. B. sagt die wahre Theorie des Fliegens, daß ein Flügel Luft runter drückt, daß diese dadurch auch vor dem Flügel hochquillt und an der Oberseite des Flügels den Fahrtwind nach hinten erhöht und mit nur(!) dieser etwa 10-proznetigen *Erhöhung* auch einen Bernoullieffekt entstehen läßt, der aber viel zu klein ist, um das Flugzeug tragen zu können und nur eine *Folge* dessen ist, daß der Flügel Luft schon *zuvor* runter drückte, was aber schon kausal den Auftrieb entstehen ließ. Dann geht es ***verbal stringent*** weiter, was Mathematiker der Sprache gar nicht zutrauen: Die abwärts gedrückte Luft verursacht die zwei großen Wirbel, die, sich gegenseitig drehend, die gefürchtete Wirbelschleppe darstellen und die nur dadurch, daß sie durch den von den Flügeln erzeugtem *Abwärts*luftstrom stammen, sich weiter abwärts bewegen. Die richtige Flugtheorie hätte ihre Entstehungen und Abwärtsbewegungen ungefragt vorausgesagt, so daß sie nicht erst dadurch entdeckt werden konnten, weil Menschen durch von ihnen verursachte Flugzeugabstürze starben. Weiter erklärt die richtige Flugtheorie, warum die zwei Flügel eines Doppeldeckers nicht auch zwei mal so viel tragen: Ist der Abwärtsluftstrom von einem Flügel in Gang gesetzt, so kann der zweite nahe über oder unter ihm diesen nur noch ein bißchen erhöhen. Aus der gleichen Ursache ist es bei Gebläsen und Kreiselpumpen ziemlich egal, wieviel Schaufeln sie haben. Jede Schaufel macht dasselbe, wodurch jede nachfolgende der voraus gehenden kaum noch etwas hinzufügen kann. Fliegt ein Flugzeug dicht über dem Boden, z. B. beim Starten oder Landen, so wird der Auftrieb dadurch größer, daß sich der Abstrom unter den Flügeln am Erdboden staut und sich dadurch der Luftdruck unter den Flügeln erhöht. Dieser Luftstau führt auch dazu, daß Luft seitlich über das Flügelende hinaus weht und zuweilen Pinguine und kleinere Flugzeuge dicht neben der Starbahn beim Starten oder Landen eines Großen umwerfen. Da gab es schon die These, daß die Pinguine beim Schauen zum Flugzeug durch das Hochrecken der Hälse das Gleichgewicht verlören, welch wirklichkeitsfremde Phantasterei.

All diese *Erklärungen* zum Fliegen sind der etablierten Bernoulli- und Coandatheorie fremd, weshalb diese einfach nur falsch sind. Beide stehen all den zuvor genannten Erscheinungen sprachlos gegenüber.

Die Fähigkeit einer Theorie,
lückenlos verbale Antworten geben zu können,
ist der einzige und zwingende Beweis für ihre Richtigkeit.

Wahrheiten sind immer verbal und lassen sich auch nur verbal beweisen. So, wie im vorstehenden Beispiel: *Ein Flugzeug kann fliegen, weil es sich auf abwärts beschleunigter Luft kinetisch abstützt.* Das ist die allgemeingültige, einsichtige und verständliche Theorie für das Fliegen, gültig für Flugzeuge, Hubschrauber, Drachen, Vögel, Insekten einschließlich der Hummel und für den Unter- und Überschallflug. *Wie* Flugobjekte es machen, Luft abwärts zu stoßen, ist eine rein technische Angelegenheit, da sind praktischen Erfindungen keine Grenzen gesetzt.

Daß nach Thomas Görlitz "keine der heutigen Theorien beweisbar wären" bedeutet eindeutig, daß sie falsch sind. Denn, Richtiges läßt sich beweisen. "Beweisen" ist aber kein Monopol der Mathematik, nur weil es bei ihr quantitativ so schön geht. Wissenschaft hat die ureigenste Aufgabe, Richtiges, also Wahrheiten, von Falschem abzutrennen. Dazu muß sie auch die Beweismöglichkeiten besitzen. Und die gebären sich nur aus physikalischen Kriterien und nicht aus mathematischen.

Die zwingende Anforderung einer Wissenschaft, beweisbare Theorien zu finden, auch nur zu verwässern oder gar auf nur "Widerspruchfreies" zu reduzieren, bedeutet eine geistige Kapitulation, ein Eingeständnis, daß man unfähig ist, Wahrheiten zu finden.

Man muß sich wundern, daß aus dieser nur rückwärts orientierten angeblichen Wissenschaft entstandenen Lethargie noch niemand ausgebrochen ist. Thomas Görnitz macht da eine rühmliche Ausnahme, hat aber Glück, daß er nicht in Deutschland forscht. Er wäre sonst schon "weg vom Fenster". So, wie es Halton Arp ergeht, der an Galaxien, die gleich weit von der Erde entfernt sind, unterschiedliche Rotverschiebungen maß. Das kann nach (deutscher) Auffassung nicht sein und ist somit verboten zu erforschen.

Die Freiheit der Forschung? Ein Märchen. Sie gilt nur für die, die durch ihre Vernetztheit und Einfluß auf die Vergabe von Forschungsmitteln das Sagen haben. Was sie, wenn sie wollen, auch mal erfolgreich dafür nutzen, anderen keine Erfolge zukommen zu lassen.

In Wissenschafts-, besser Forscherkreisen, gibt es keine wirklichen Teams, jeder arbeitet heimlich gegen jeden anderen, insbesondere, wenn Neuentdeckungen möglich erscheinen. Der Nobelpreis ist sicherlich keine schlechte Sache, aber er verhindert wirkliche Zusammenarbeit und sät Zwietracht.

Die heutige Physik bewegt sich auf einem falschen Gleis, dem mathematischen. Auf ihm kann sie nur noch durch einen Prellbock gestoppt werden. Eine komplette Umkehr, eine Revolution, ist schon länger erforderlich, denn es geht nicht mehr weiter voran mit Erkenntnissen, die endlich auch jahrtausende alte Fragen beantworten können müssen wie z. B. die, *was* ist Gravitation?
Alexander Unzicker ("Vom Urknall zum Durchknall" und "Auf dem Holzweg durchs Universum") hat damit begonnen, die Fahrt auf dem falschen Gleis zu verlangsamen. Allerdings kratzt er nur an der Peripherie, nicht jedoch an den falschen und noch nie bewiesenen Grundsätzen der Physik wie den Interpretationen aus dem Michelson-Morley-Experiment und den daraus entstandenen Relativitätstheorien, die ja die Ursache der Irrungen über die große Welt sind. Die Welt ist nicht kompliziert, sondern einfach erklärbar, was der Autor, so weit er es vermag, hier versucht.

Nun noch ein Beispiel für den Unterschied zwischen Technik und Physik. Wie funktioniert eine Photokamera?
Ihr physikalisches Grund-Prinzip ist, daß sich Lichtstrahlen geradeaus bewegen. Das ist alles, so einfach ist Physik.
Daß es Abbilder der Natur geben kann, wurde zuerst mit der camera obscura verwirklicht. Ihr "Gehäuse" war ein dunkles Zimmer, in dem die "Bild"-betrachter saßen. Durch ein Loch an einer Wand kamen die vielen einzelnen geraden Lichtstrahlen der Punkte der Objekte aus der Außenwelt hinein und zeichneten damit ein auf den Kopf gedrehtes Bild auf die Gegenwand des Zimmers.

Das Zimmer wurde kleiner und zum Gehäuse eines Photoapparates. Mit dieser *Lochkamera* kann man in der Praxis aber noch nicht so richtig photographieren. Also mußte sie verbessert werden.
Das geschah durch den Austausch des Loches durch ein Objektiv mit anfangs nur einer Linse. Physikalisch wird es nicht benötigt, aber praktisch. Ist nämlich das Loch ohne Linse zu klein, werden die Bilder zu dunkel oder es mußte zu lange belichtet werden. Ist es zu groß, werden die Bilder zu unscharf. Es gab keine Lochgröße, die vernünftige Photos entstehen ließ. Also mußte zusätzlich ein Objektiv hinzugefügt werden, das die von jedem einzelnen Punkt eines

Objektes ausgehenden Lichtstrahlbündel bis zum äußeren Rand des Objektivs wieder auf den gleichen einen Punkt des Abbildes lenkt, der von dem Lichtstrahl, der durch das kleinst mögliche Loch geht, gezeichnet wird. Das Bild wird damit heller. Damit wurde dann aber eine Entfernungseinstellung notwendig, die nach dem physikalischen Grundprinzip gar nicht erforderlich wäre.
Wird die Blende, also der offene Durchmesser der Linse, auf ein kleinst mögliches Loch verringert, wird auch eine Entfernungseinstellung fast überflüssig.
Man sieht, die Physik ist einfach, die für Anwendungen notwendige Technik und Berechnungen werden meist komplizierter. Und man sieht auch, daß Physik und Technik etwas ganz anderes sind. In der Technik ist Mathematik zwingend erforderlich, in der Physik führt sie mit Garantie in die Irre.

Das richtige Weltbild

Die bisherig bestehende nur Kenntnis-Physik ohne die Funktionismen der Natur ist nicht in der Lage, ein schlüssiges Weltbild zu erstellen. Es paßt so gut wie nichts zu nur einem "Ganzen" zusammen. Vereinheitlichungstheorien sind weder ausreichend noch gar möglich. Das "Ganze" nach Goethe ist aber das, was für die Natur gesucht und von der Physik zu erbringen ist.

Dieses "Ganze" sieht mit den zuvor gefundenen Erkenntnissen so aus:
Der Kosmos ist eine "Wolke" aus für uns unsichtbarem nichtmateriellen, aber energiehaltigen, *Äther*, die den nur dreidimensionalen Raum vollkommen ausfüllt. Ob der abgegrenzt ist oder nicht, wird sich in der Zukunft hoffentlich einmal erkennen lassen.
Dieser Äther ist durch seinen Energieinhalt der Ursprung von allem, was sich materiell in ihm befindet. Weiter ist er schwingungsfähig und stellt damit das Medium, dessen Schwingungen, die elektromagnetischer Natur sind, auch dem Licht ermöglichen, sich als Welle in ihm auszubreiten.

Alles, was wir in dieser Wolke an Bewegungen von Materiellem beobachten, ist dinglich gekoppelt. Substanzlose Fernwirkungen wie z. B. eine Gravitationskraft, die durch ein Nichts hindurch fern wirken könnte, gibt es nicht. Das ahnte schon Newton. An jedem Ort, an dem Geschehnisse passieren, sind alle dafür notwendig beteiligten Dinge ***dinglich*** vorhanden.

Im Äther befindet sich Materie in gewissen Ansammlungen, die wir insbesondere dann, wenn sie leuchten, gut beobachten können. Der Äther ist aber nicht nur der Erzeuger von Materie, sondern fließt auch in Materie hinein, was die gravitativen Erscheinungen erzeugt, die wir auf Himmelskörpern als Fallen bezeichnen. Fallbeschleunigungen sind also keine nach Newton'scher Physik, da Materie vom Äther nur so mitgenommen wird wie Schmutzpartikel von strömendem Wasser. Die so mitgenommene Materie wehrt sich *nicht* mit ihrer Trägheit gegen dieses beschleunigte Mitnehmen, denn Materie ist nur eine andere Form von Äther.

Neben diesen von uns fehlverstandenen gravitativen Bewegungen gibt es die nach Newton'scher Physik, das sind die *gegenüber* dem Äther. Sie zeugen die vielen verschiedenen Naturgeschehnisse wie Stern- und Planetenbildungen wie auch das biologische Leben. Alle diese Bewegungen beziehen sich auf den Äther, auch, während der sich gravitativ in Himmelskörper hinein bewegt. Der Äther ist der absolute Nullpunkt für alle Geschehnisse. Diese werden von der Newton'schen Physik vollumfänglich beschrieben. Eine zusätzliche andere Physik für das, was sich im Äther, das heißt im Kosmos, abspielt, gibt es nicht.

Kräfte sind der Antrieb aller Geschehnisse in der Natur. Sie entstehen dadurch, daß sich die Materie aus noch unbekannten Gründen gegen Bewegungs*änderungen* gegenüber dem Äther wehrt.

Zeit ist in der dinglichen Natur das Voranschreiten von Bewegungsabläufen. Zeit ist Änderung, ohne Änderungen von irgend Etwas gibt es keine Zeit. Eine grundlegendes Zeitmaß ist die Dauer einer Umdrehung eines Elektrons um seinen Atomkern. Die Umdrehung eines Elektrons um seinen Atomkern dauert aber nicht eine gewisse Zeit, sondern sie ***ist*** die Zeit!
Für alle Vorgänge, biologische wie technische, z. B. eine Umdrehung des Schwungrades eines Automotors, wird eine gleiche Anzahl von Umdrehungen aller Elektronen der Atome benötigt, aus denen der Motor besteht. Ein Elektron ist das "Anriebsritzel" der Newton'schen Physik. Auch biologische Vorgänge wie sogar unser Denken sind rein mechanisch und bestehen aus Wechselwirkungen zwischen Atomen und Elektronen.

Was noch vollkommen unklar ist, sind elektromagnetische Vorgänge. Was ist Ladung? Was eine Magnetlinie? Das wird sich wohl erst dann aufklären, wenn der Äther näher untersucht wird.

Bewegt sich Materie gegenüber dem Äther, müssen sich die Elektronen und die Atomkerne der Materie *eigenständig* gegenüber dem Äther bewegen. Da die Elektronen dabei gleichzeitig die Umkreisungen und das Mitgehen mit dem Atomkern vollführen müssen, dauern ihre Umkreisungen länger. Die Folge, die Zeit für diese bewegte Materie läuft langsamer. Damit laufen auch Maschinen langsamer und auch das biologische Altern. Dieser Vorgang der Verlangsamung von Abläufen von Objekten, die sich *gegenüber dem Äther* und damit in ihm bewegen, ist die Zeitdilatation. Die Newton'sche Physik für bewegte Objekte bleibt dabei *unverändert*, da sie auf dem Zeitgang der Umkreisungen der Elektronen basiert.
Äther wie Zeitdilatation wie Gravitation als Einfließen von Äther in Materie sind meßtechnisch nachgewiesen. Trägheit und Elektromagnetismus sind derzeitig noch nur Kenntnisse, deren Verursachungen noch gefunden werden müssen, damit ein Wissen entsteht.

Wann ist ein Weltbild richtig?
Wenn es alle Beobachtungen verständlich erklärt und diese Erklärungen ohne Hilfen, ***also von ganz allein***, in das Weltbild hinein passen und es Fragen ohne Umschweife beantworten kann. Das ist für das Weltbild mit dem Äther der Fall. Und das ist der höchst mögliche Beweis für die Richtigkeit physikalischer Aussagen.

Schlußerkenntnis

Die heutige Physik besitzt eine Unmenge von Kenntnissen über die Natur. Darauf ist sie stolz. Dieser Stolz ist so mächtig, daß er die ***Er***kenntnis verdeckt, daß Kenntnisse kein Wissen sind! Heraklit von Ephesus: "*Vielwisserei macht noch keinen Verstand.*" Mit *-wisserei* (wenn die Übersetzung so sein sollte) meint Heraklit aber nicht das Verständnis von "Wissen", sondern das von "Kennen". Denn: Viel"*wisserei*" würde ja zu Wissenschaft führen.

Bloße Kenntnisse von Naturphänomen wie z. B. die, daß es eine Zeitdilatation gibt, ist noch kein Wissen, obwohl man sie schon lange berechnen kann. Wissen heißt, jeden Naturvorgang "*in sich selbst*" erklären zu können und nicht *mittels Vertauschung und Wechsel von Standorten, Uhren, Maßstäben, Bezugs-*

systemen, Bezeichnungen usw., mit ablenkenden, verschleiernden und verwirrenden Gedankenspielen (Lothar Pernes) in die Breite zu verschmieren um zu wohlgefälligen und oft ideologisch gefärbten Ergebnissen zu kommen.

Die Natur läßt jeden ihrer Vorgänge nach einem ihrer vielen Grundprinzipien für sich allein ablaufen. Junktims, wonach eine Sache so sei, weil eine andere Sache soundso sei, gibt es nicht. Jeder Naturvorgang läuft im und gegenüber dem Äther so ab, als ob er ganz alleine wäre oder nach Einstein, *seinem eigenen* "Witz der Sache".

Ernst Mach's Rätsel, das ihm auch Einstein nicht lösen konnte, nämlich, ob in einem ansonsten vollkommen leeren Weltraum eine Flüssigkeit in einem Eimer bei dessen Drehung vom Boden zu den Seitenwänden fließt oder nicht, hängt nicht davon ab, ob es einen anderen Körper gibt, der sagt, ob er sich dreht oder nicht. Ob sich ein Eimer dreht oder nicht, bestimmt sich gegenüber dem Äther. Alle Geschehnisse im Kosmos bestimmen sich ***am Ort*** des Geschehens. Sichten von anderen Orten haben keinen Einfluß darauf.

Einstein's Entfernung des Äthers führte zum größten Irrtum, der in der Physik möglich war. Das heutige Relativ-Denken, nach dem sich Bewegungen wie auch die Drehung des Mach'schen Eimers nur durch Vergleich mit Anderem bestimmen ließen, daß man ohne Anderes also gar nicht weiß, ob sich ein Ding bewegt oder nicht, führte dazu, daß die physikalische Forschung heute "am Ende" ist, obwohl so gut wie noch nichts zusammenpaßt.

Physik ist als Naturwissenschaft mit ***Er***kenntnissen über *Zusammenhänge* in Naturerscheinungen zu definieren. Das bedeutet, daß eine Wissenschaft Physik etwas zu erklären und nicht zu berechnen hat. Damit sie das kann, muß für sie die Sprache präzise gemacht werden, denn erklären geht nur verbal. Diese Präzisierung der Sprache ist schwierig, aber es gibt keine Alternative. Man wird es ja wohl noch schaffen, Etwas, das es auszudrücken gilt, mit definierten Begriffen auch unzweideutig und stringent ausdrücken zu können.

Die Hauptaufgabe für Physik als Wissenschaft ist, falsch von richtig zu trennen ***und das auch zu sagen***! Das ist nämlich der "Witz" einer Wissenschaft. Durch den bisherigen überwiegend nur kenntnishaften Inhalten ist die Physik dazu aber noch nicht in der Lage. Es kann zudem auch erst dann gelingen, wenn die Regeln der Natur dahin gestellt werden, wo sie hingehören: nämlich ***über*** die Mathematik. Die Natur-Regeln bestimmen, was in der Physik wie zu berechnen ist.

Die Funktionismen der Natur kann ein jeder mit Interesse dafür verstehen. Denn, physikalische Wirkprinzipien sind von grundsätzlicher Einfachheit und oft so trivial, daß sie gar nicht mehr beachtet werden.
Mathematik ist dazu nicht erforderlich. Ist eine Naturerscheinung nicht mit einfachsten wenigen Worten für sich allein ***für jeden*** nachvollziehbar und verständlich darlegbar, ist ihr Funktionismus auch noch nicht erkannt.

Die wertvollsten Antworten, die für die Natur gesucht sind, sind die auf die Fragen mit "*Was*", z. B.:
Was ist Materie?
Was ist Elektrizität?
Was ist Magnetismus?
Was ist Gravitation?
Was ist Zeitdilatation?
Was ist Äther?
Solche Fragen decken die größten Probleme allen Forschens auf.

Aber: Ist eine Antwort für ein Problem zum ersten Mal ausgesprochen, sinkt der Wert dieser Erkenntnis binnen Sekunden auf Null! Dieses mühsamst errungene Wissen wird zu trivialem Gemeinwissen und dient nur noch als Futter für z. B. die Mathematik, die sich daraus neuen Kopfschmuck flicht um sich damit selbst als Erfinder der "Brotsuppe" zu präsentieren und alles andere zu überblenden.
Wissen, das naturgemäß im wahrsten Sinne des Wortes nur verbal ausdrückbar ist, wird damit zum "Mohr", der gehen kann. Nicht mehr das *Wissen* hat noch Geltung, sondern nur noch das, was sich mathematisch daraus machen läßt. Das ist aber keine Physik mehr; Physik ist "nur" Wissen!

Die Natur erkunden und dann verstehen zu können, geht nur mit Beobachten und:

Denken, nicht Rechnen!

Weitere Publikationen des Autors:

2001 Der wahre Grund des Fliegens

2005 Innovative Physik (nicht mehr lieferbar)

2010 Die neue Physik

www.flugtheorie.de

www.kosmosphysik.de

www.physicsfuture.org